湛庐 CHEERS

与最聪明的人共同进化

HERE COMES EVERYBODY

U0913987

给科学家的科学思维

THE SCIENCE OF SCIENCE

Albert-László Barabási
[匈牙利] 艾伯特－拉斯洛·巴拉巴西 著

王大顺 贾韬 汪小帆 译

天津出版传媒集团
天津科学技术出版社

上架指导：科技趋势 / 网络科学

The Science of Science by Dashun Wang and Albert-László Barabási.
Copyright © 2021 by Dashun Wang and Albert-László Barabási.

Published by arrangement with Dashun Wang and Albert-László Barabási.
Unauthorized duplication or distribution of this work constitutes copyright infringement.

All rights reserved.

本书简体中文版由作者授权在中华人民共和国境内独家出版发行。未经出版者书面许可，不得以任何方式抄袭、复制或节录本书中的任何部分。

图书在版编目（CIP）数据

给科学家的科学思维 / 王大顺，（匈）艾伯特 – 拉斯洛 · 巴拉巴西著；贾韬，汪小帆译．— 天津：天津科学技术出版社，2021.12

ISBN 978-7-5576-9685-6

Ⅰ．①给… Ⅱ．①王… ②艾… ③贾… ④汪… Ⅲ．①科学思维 Ⅳ．① B804

中国版本图书馆 CIP 数据核字 (2021) 第 184380 号

给科学家的科学思维
GEI KEXUEJIA DE KEXUE SIWEI
责任编辑：刘　鸫
责任印制：兰　毅

出　　版：天津出版传媒集团 / 天津科学技术出版社
地　　址：天津市西康路 35 号
邮　　编：300051
电　　话：（022）23332377（编辑部）
网　　址：www.tjkjcbs.com.cn
发　　行：新华书店经销
印　　刷：唐山富达印务有限公司

开本 710 × 965　1/16　印张 25.5　字数 368 000
2021年12月第1版第1次印刷
定价：129.90元

版权所有，侵权必究
本书法律顾问　北京市盈科律师事务所　崔爽律师

大数据时代，科学家需要养成的科学思维

郑志明
北京航空航天大学人工智能研究院院长，中国科学院院士

近三十年来，国际学术界对于复杂性科学尤其是网络科学的关注方兴未艾，数学、物理、计算机、生物、社会科学等领域的科学工作者从理论和实证两方面，在这一交叉学科领域进行了大量创新性研究，在多个方面取得了突破性进展。科学学这一新兴领域，即研究科学本身的发展与演化规律的学科，本质上就是一个复杂、自组织的社会系统，其形成和演化过程具有时变、非线性、多重耦合等复杂系统的常态特征。学术团队是以人为基本单位的群体，学术团队间的合作互动也构成了一类典型的复杂网络。由于此类系统的个体为人，因此比自然界的其他复杂系统具有更高的随机性和多样性，而实证数据中的噪声和多种多样的扰动因素又令这类系统更加复杂。此外，科学学的研究内容涉及学术论文发表、经费资助、高校招聘与升职等方面，直接关乎国家科研系统的体制改革和创新工作，为探索新一代科学人才培养和奖励机制提供理论支持。这就需要我们在现有的数理研究基础上，结合实际数据探索新型理论和模型，研究和预测学术系统的实证发展规律，为个人学术工作者、高校和科研院所以及国家科学发展政策的制定提供新思路。

随着互联网和计算机技术的普及推广，在大数据时代的背景下，我们得以大规模采集和整理关于论文发表、学术引用、经费资助以及学术工作者其他方面的数据，为研究科学学这一新兴学科提供了基础。本书结合复杂系统、网络科学、统计学、机器学习等方法，对科学学几个重要方面的研究内容做了系统而翔实的综述。本书两位作者利用多年时间，深入研究了“科学家个人的年龄、机构背景等因素与其长期学术产出和影响力之间的关系，尤其深入剖析了“马太效应”，即“成功孕育成功”现象在科学家职业发展过程中的作用。他们的研究成果对一线学术工作者具有重要的指导意义。在研究团队对于个人的影响方面，两位作者以合作者网络为切入点，探讨了团队规模对团队课题选择与学术影响力的关系，并对团队成果中个体荣誉分配问题做了定量研究。此外，两位作者以独特的视角论述了在互联网和大数据时代，随着社交媒体、人工智能等新技术的普及推广，科研工作者将面临的机遇与挑战。对于科学学研究中的注意事项，例如因果推断方法的使用场合和幸存者偏差等现象，两位作者也给出了建议，从而提升课题设计的合理性，避免陷入错误解读统计结果等误区。

本书的第一作者王大顺为美国西北大学凯洛格商学院和麦考密克工程学院教授，美国西北大学科学学与创新研究中心主任，并荣获复杂系统学会和网络科学学会颁发的多项突出成就奖，包括“厄尔多斯 - 伦伊奖”（Erdős–Rényi Prize）。他致力于运用复杂系统、网络科学、人工智能等理论方法研究科学学。他的研究成果发表在《科学》《自然》等顶级国际学术期刊上。本书的另一位作者艾伯特 - 拉斯洛 · 巴拉巴西是美国东北大学教授、网络科学研究中心主任、网络科学 Robert-Gray-Dodge 教授、杰出教授，以及哈佛大学媒体学院医学院教授。巴拉巴西教授是复杂网络领域的领军人物，他提出的著名无标度网络模型，以及网络抗毁性、信息传播、脑网络和其他生物、医药和社会学网络的产生和演变理论，深刻影响了过去二十年复杂网络研究的发展。同时，他在科学学等方面取得了大量重要成果，其中很多成果已发表在《科学》《自然》上。

两位作者联合其他知名学者于 2018 年发表在《科学》杂志上的关于科学学的综述文章，系统地总结了科学学近年来的发展和研究成果，为未来研究提供了新的思路和方向。如今，两位作者再次合作，撰写了《给科学家的科学思维》。这部作品称得上科学学领域首部系统性研究论著。随着《给科学家的科学思维》的出版，我们有理由期待，本书将会为有志于科研的学生和已经进入研究阶段的博士生提供职业规划方面的帮助。同时，本书还能为学术工作者、高校和科研院所管理者、基金评审机构、国家科研政策制定者等各类从事科研相关工作的个人和团体提供理论和实证方面的帮助，为更好地建设新型大学、提高我国科学管理水平提供参考和建议。

大数据时代，科学家更需要科学想象力以及客观的科学思维

马费成
武汉大学人文社科资深教授

今年十月上旬的一天，我正出差外地，收到王大顺教授从美国发来的邮件，邀请我为他和巴拉巴西教授的新作中译本写序。当时，我还不知道书名和书的主要内容，便欣然接受了。回到武汉后，我收到了本书尚未出版的电子文件。书名《给科学家的科学思维》赫然在目，我有些犹豫了。科学家会怎么想？他们可能会说：什么人、什么学科竟如此胆大，敢于提出给科学家的科学思维？收到预读本后，手边的工作稍缓时，我随意翻阅了书的目录，随即被各章节富有冲击力和感染力的标题吸引。说实在话，我还很少看到一本学术著作如此谋篇布局、妙趣横生，继续浏览全书内容，则如行走在山林中的曲径，沿途风景优美，前路更令人期待。如果不是近期手边工作太多，我定会一口气仔细读完。

我最早接触的科学学著作是 20 世纪 70 年代末 80 年代初读研究生时指定的参考书。那些书内容大同小异，无外乎科学学的起源、历史沿革、研究对象、研究内容、学科体系以及主要的分支学科，是骨架式的科学学，内容枯燥无味，导致我后来再没有触碰过任何科学学的著作，对学科研究进展一无所知。而眼前的这本书如

此生动，不仅有血有肉，还有灵性。我在“工作负担”和“知识负担”如此繁重之际，不断挤时间读下去，并真正了解科学的科学，即科学学，其本质是关于科学（of the science），属于科学（by the science），服务于科学（for the science）的学问。

身处大数据时代，我们的生活与工作、进步与变革，都被数字围绕、描绘以及解构。实际上，大数据并没有“告诉”我们世界如何运转，而仅仅是呈现给我们需要解读的材料。大数据时代，科学家更需要科学想象力以及客观的科学思维，从而更好地理解世界与改变世界。我想这也是大顺与巴拉巴西两位教授写《给科学家的科学思维》这本新书时，与我不谋而合的地方。

作为科学家，我们永远在追索世界运行的大问题和人类发展的大未来，也同样在探究：我们什么时候能够达到最佳的工作状态？什么样的团队与合作方式能为科学带来最终进步？我们如何能做出改变世界的科研成果？这些问题的答案根植于一个新兴的研究领域“科学学”。它脱胎于传统的科学史、科学哲学，成长于文献计量学的量化分析，并在近期伴随着复杂网络、物理学、系统科学的交叉，进入了一个崭新的发展阶段。我们可以使用量化的模型大规模地分析科学出版物和科学家以及他们之间的引用、合作等关系，深入挖掘科学背后隐藏的内在机制，从而对这些科学家常常思考的问题做出解答。

鉴于科学学产生的背景和特征，本书非常重视量化分析，乍看上去，似乎一切从量开始——科学家的发文量、总引量用、平均引用量、h 指数、Q 因子等，而这也是当前广被诟病的科学评价方式。作者对此有清晰的认知，他们指出，任何计量指标，无论多么出色地实现了预期目标，其作用都是有限的。用它来评价一个人的产出率、研究质量或者科研影响之前，我们要对此有充分的认识。因此，本书运用计量指标分析问题时，特别关注隐藏在计量指标后面那些不可计量的因素。爱因斯坦告诫我们：“许多能数清楚的东西并不重要，许多数不清楚的东西却极有价值。”本书在量化科学和科学家时始终坚守这一信条。

王大顺和巴拉巴西都是网络科学领域的知名学者。他们有物理学背景，研究科学学，因此既熟悉自然科学，又了解社会科学。他们深谙网络科学和数据科学，将大数据与网络科学的方法结合，在科学计量领域发表了大量产生重要影响的论著。本书是两位作者多年研究成果的汇集，而不是一本简单的有关“科学学”的专著，是一本写给所有科学家读的书。它讲述了科学家如何让自己的职业生涯更精彩，如何让团队获得更大的胜利，如何最大限度地提升自己的科研影响力。它更像是一本写给年青科技工作者的成才指南，引导科学家们重新思考自己的职业生涯与预期的科学贡献。在本书中，他们用科学学的最新研究成果，重塑了一个科学家应该具备的全新的思维框架，这个框架分为 3 个层面——关于职业生涯成功的科学新思维，关于团队合作成功的科学新思维，关于科学家影响力升级的科学新思维。

首先，关于职业生涯成功的科学新思维。以前很多科研工作者关注更多的是科研成果的产出率、论文的发表量，但在现在这个时代，我们还要兼顾科研成果的影响力，就像本书中写的一样：没有人的职业生涯应该用单一数字衡量，只有产出率与影响力二者合力，才能孕育出连战连胜的科研神话。当然，最关键的是我们不应该被年龄所困扰。虽然中青年时期是科学成就的巅峰，但是年长的科学家也不必气馁，只要一直努力，仍然有可能获得想要的成果。

其次，关于团队合作成功的科学新思维。以前我们对于团队合作比较保守，但是这个数智时代，我们更要合作，要做超级合作者。我们应该联合全世界的力量，只有这样才可能真的做出改变世界的事情。而且，我们不应该拘泥于团队的大或者小，因为大顺和巴拉巴西的科学研究发现，大团队与小团队各有千秋，各有所长，大团队可以让我们发展科学，拓展创新规模，小团队反而常常是颠覆创新的关键。这样看的话，不管是大团队还是小团队，在组建的时候最重要的是符合科学规律，而这些规律就包含在这本书中。

最后，关于科学家影响力升级的科学新思维。科学家要明白的一点是，只有成功才能带来更多成功。所以，想要提升影响力，要一直不断地去积累影响力，积累成功，这就是科学中的马太效应。当然，努力的方向非常重要，在这个数智时代，适者生存，适者成功。

作者对以上三个层面的思维不是说教式论述，而是既有理论分析，又有数据支撑，还有生动的案例佐证。特别是科学史上那些充满传奇色彩的经典故事，使得本书内容丰满，有经验、有教训、有启迪、有思考。这些故事有的令人惋惜，有的催人奋进，读罢令人掩卷深思。毫无疑问，科学家的未来正在被全面重塑。只有掌握符合时代的科学思维，才能做好符合时代的科学研究，也才有可能获得更好的职业发展和影响力。作为新时代的科学家，我们应该重新建立一个新的科学思维框架，而本书恰好可以作为“起点”，值得每一个科学家去阅读。

当然，作者也没有忘记呼啸而来的新科学对创造性科学和科学家创造的影响，比如人工智能可以通过两种主要途径影响我们从事科学的方式：一种是极大地改进信息的获取，优化科学的各个方面，另一种是对复杂问题迅速给出创造性答案。也许，人工智能会在反乌托邦的世界里取代科学家，以一种我们今天难以想象的速度和精度推动科学进步。那时，我们还需要评价科学、科学创造和科学家的影响力吗？但我相信到了那时，科学、科学家和科学学一定会有全新的任务！

本书非常具有可读性。感谢大顺和巴拉巴西教授为我们奉上了一部值得一读的好书，同时也感谢贾韬和汪小帆教授为读者呈上了一部出色的译著。

2021 年 11 月 16 日于珞珈山

一位成功的科学家，对科学的认知可能也是有限的

贾韬
西南大学教授

我们不妨思考一个类似的问题：田间地头的种地能手和高校院所里的农业科学家，谁更懂农业，谁又能在一块田地里获得更好的收成？我所在的西南大学在农业科学上有深厚的研究基础，让我有机会向学校的几位农学教授实地询问这个问题：他们无一例外地对自己的农业知识充满自信，但也都流露出产出上的不自信。

其实这也不难理解。经过严格科学训练的农业科学家，对农业有系统性的钻研，掌握的规律经过了经验范畴之外的严格验证，因此他应该更懂农业。而种田能手，也许在操作中发现了实用的诀窍，也许从日常实践的规律中获得了经验性的总结，或者更加身强力壮、吃苦耐劳，所以能在某几种作物的种植上获得更好的产出，但对农业科学的认知，仍然是碎片化、非体系化的。

换言之，科学产出是成功科学家的重要标志，但是产出与“更懂”之间，没有必然的等号。

当然，与田间地头的体力劳动不同，擅长脑力劳动的科学家具有更强的逻辑思维和归纳总结的能力。我们完全可以预期，一位成功的科学家在科学研究的实践中，通过观察自己以及身边的科研活动，对各种规律进行符合逻辑的归纳总结，也很有可能形成系统化的科学认知，而这些认知又将进一步为他的成功助力。

然而，一个不可忽视的问题是，个人对科学的观察往往局限于“身边”。在涉及跨学科、跨国家的复杂问题时，缺少大规模数据的量化分析，仅仅依赖身边的经验，科学家们是否会陷入盲人摸象的困局中呢？

答案可能并不那么乐观。比如，国内的科研人员很可能会直观地认为，医学、生物、农业和化学这样的学科是“劳动密集型”的，六七个人共同完成一项工作，合作发表一篇论文是学科的常态，因此人力投入是发展的必要条件。这种直观感受一定程度上是正确的，充分表明科研人员对于“身边”数据的准确归纳能力：2017 年，作者人数小于 5 人的论文，占我国在这些领域中产出的 25% 或者更低。然而，如果从全球来看，仅仅基于“身边”的感知存在极大的偏差：这一比例在全球其他国家为 50% 甚至更高[①]。也就是说，规模较小的研究队伍创造了领域内一半的科研产出，而这才是这些学科在全球发展的常态。脱离大数据的系统性分析，仅仅依赖自身的感知，我们很可能会走向与世界其他国家不同的学科发展道路。考虑到小型研究队伍在颠覆性创新上的特有能力（参见第 12 章），这样的选择有可能会带来一系列其他问题。

如果成功的科学家对科学的认知都可能是有限的，那什么人才更懂科学呢？

---

① L Lin, J Yu, J Huang, F Xia, T Jia, The dominance of big teams in China's scientific output. Quantitative Science Studies, 2(1), (2021), 350–362.

一定是把“科学”作为研究对象，用科学的方法和工具去研究“科学”的人。这样的理念 40 多年前就在我国出现了。1977 年，钱学森首次提出：“当现代科学技术已经发展到高度综合而又有从基础到应用的严密结构的体系，就应该有一门代替消亡了的自然哲学的学问，它专门研究科学技术体系的组织结构，研究体系的逻辑性和严谨性、研究科学技术与哲学的联系等。这也可以称为‘科学的科学’”。随后，他进一步指出，科学学“是把科学技术的研究作为人类社会活动的一个方面来考察，研究和总结其运动变化的规律”[①]。因此，当阅读这本书时，虽然很多内容都是基于国外的研究成果，我们也可以当之无愧地认为，科学学的研究也源自我国。

随着大数据与计算工具的广泛采用，曾经依赖哲学思辨的科学学研究更加定量化、实证化。这一趋势不可阻挡，也是本书区别于其他类似作品的最大特点。本书将一系列重要的研究结果系统性地归纳总结，呈现给我们一份连贯一致的综述性报告。普通读者可能会从书中提及的数据与逸闻趣事中，获知科学的运转规则。但更为重要的是，对于我国从事科学研究的科研人员，本书所讨论的问题可能会激发更多的深度思考。比如，在创新的需求下，我国大型研究队伍在科研产出中的主导性地位，以及我国自然科学基金对大型的研究队伍的资助偏好[②]，将会对我国未来的科学发展产生怎样的影响？本书的第二部分探讨了科研合作，对于其中涉及的研究队伍（team）与我国科研实践中更常见的科研团队，它们的分界线在哪里？研究队伍或科研团队，它们更能促进哪一方面的科学发展？虽然为了方便读者阅读，我们将 team 翻译为团队，但是两者的差异仍然是显而易见的。最后，本书重点着墨的是科学中的普适性规律，但相关的规律是否在我国的

① 刘则渊，论钱学森的科学学思想．科学学研究，2012, 30(1): 5–13.

② L Lin, J Yu, J Huang, F Xia, T Jia, The dominance of big teams in China’s scientific output. Quantitative Science Studies, 2021, 2(1): 350–362.

科研活动中存在，仍然是一个尚无答案的问题。例如，本书第 11 章讨论的团队多样性，所基于的数据是 4 个英语国家的论文产出，相关的结论是否适用于我国？我们在一些初期工作中，已经发现了我国高被引论文的国际影响力呈现出与其他国家不同的规律[①]，但是这些观察结果到底是对应着不同的机制（例如高被引论文在我国不能准确地反映其科学影响力），还是对应着相同机制下的不同参数（例如我国的论文发表增速全球最高），还需要大量的后续研究分析。

过去几十年，我们经历了经济、能源、人口等方面的重大结构性变革。当我国逐步从科技的追赶者变为全球的创新中心，科学的结构性变革也将到来，而且必然会到来。在这样一个背景之下，科学学的研究将极为重要。发掘科学的规律，让科学家和相关人员更懂科学，从而科学地从事科学、管理科学，这将造福我国的科技发展，也将造福每一位科研人员。

① “科学学”视角下的科研工作者行为研究 . 大数据 , 2019, 6(5): 38–47.

用科学方法衡量科研成果的长期影响力

汪小帆
上海大学教授

2016 年，《中国计算机学会通讯》邀请我组织了一期网络科学的专题，发表于当年的第 4 期。李国杰院士专门写了主编评语《网络科学：21 世纪的元科学》，我则写了一篇题为“数据时代的网络科学”的综述性介绍。在组织其他 4 篇专题文章时，我就想到了王大顺和巴拉巴西等基于网络科学研究科研成果影响力的创新性工作。于是，我就邀请时为美国宾夕法尼亚州立大学助理教授的大顺写一篇专题文章。大顺表示愿意写但有点担心中文表述问题，我说这点我可以帮忙，于是就成交了。我在那期的综述中做了如下介绍：

> 如何更为科学地衡量科研成果的创新性和影响力，一直是科研评价中的难点。例如，衡量一篇文章水平高低的传统标准往往是，基于文章所在期刊的影响因子、文章的他引次数以及他人评价等已有数据，而没有关注文章未来的长期影响力。宾夕法尼亚州立大学助理教授王大顺和迈阿密大学助理教授宋朝鸣以前也是师兄弟，他们和导师巴拉巴西

于2013年在《科学》上发表的文章基于网络科学方法研究了科研文章的长期影响力。在本期中，两人合作撰写了《关于影响力的刻画与预测——透过网络科学视角来审视成功》，介绍了近年来关于学术影响力的有特色的研究。两人在文章中对他们在研究中的心路历程的阐述，对于网络科学领域的年轻学者应该颇有启发。

大顺和朝鸣在那篇专题文章的开篇即指出，创新是人类社会发展和进步的根本动力。如何在一个新事物出现的当下判断出其价值？为什么有的科学发现可以造福人类，有些艺术作品可以对文化产生巨大推动作用，而大多数的科研或艺术成果却默默无闻、鲜为人知？读者手中的这本《给科学家的科学思维》则生动阐述了科学家们对于这些问题的探索历程。

巴拉巴西无疑是一位讲故事能力极为出色的科学家。几年前，巴拉巴西来上海做讲座，私下交流时他特别提到大顺不仅科研做得好，演讲能力也棒，也很会讲故事。本书译者贾韬也是巴拉巴西的学生，国内网络科学领域杰出的青年学者，同样是科研能力和讲故事能力都很棒。《给科学家的科学思维》就是由会讲故事的科学家师徒二人联袂写作，一位会讲故事的科学家徒弟领衔翻译的。我则是被他们所吸引而借此机会向他们学习，并且收获颇丰。期待读者也能和我一样被本书吸引并且有所收获。

前　言

科学学，正在全面重塑科学的未来

科学革命通常由新工具的发明所驱动，显微镜、望远镜、基因组测序等工具和技术的发明从根本上改变了我们对世界的感知、度量和推理能力。我们可以使用的最新工具是什么呢？是当今社会意外衍生出的大量数据资源，它足以勾勒出科学事业的全景，能够出色地帮助我们在深度和广度两个层面上了解科学事业自身的发展规律。实际上，现今的科学家每年都会产出数以百万计的出版刊物、预印本、基金申请书和专利，从而使那些令人叹服的成果及其实现方式得以巨细靡遗地保留下来。对这些数据的运用催生了一个新的多学科交叉研究领域——科学学。通过帮助我们以定量的形式认识科学的演化，这门学科有望在科学、技术、教育领域具有巨大的价值。

随着这种数据不断提高的可用性，人们终于有机会来认真探讨科学的产出和回报了。数据科学、网络科学以及人工智能方面的平行发展，为我们理解数以百万计的数据点提供了强有力的工具和技术。所有这些要素的结合，给予我们一些复杂而深刻的启迪，从科学事业是如何发展的，到协作如何促进科学发现以及如何通过多种相互关联的因素的组合来促进科学的进步。这些机遇以及随之而来的挑战，催生了一个多学科交叉的新兴研究群体，这个群体中的科学家为了进一步认识和了解科学而走到了一起。这些科学学的践行者运用科学的方法研究他们自身，审视那些运行正常或者业已失败的项目，量化科学发现与创新的各种模式，为科学的整体进步提供经验教训。本书将致力于介绍这一快速发展的新兴学科，探讨它丰富的历史背景、令人振奋的近期发展以及广阔的应用前景。

在撰写本书的过程中，我们主要考虑的读者是所有对科学背后的机制充满好奇心的科学家与学生。科学学的创立者之一托马斯·库恩（Thomas Kuhn），原本是一位物理学家，后来成为哲学家。他于 1962 年出版的《科学革命的结构》（*The Structure of Scientific Revolutions*）一书，激发了全世界对科学进行研究的兴趣。库恩提出的“范式转移”（paradigm shift）概念，今天仍然适用于几乎所有的创造性活动，并且继续主导我们对科学界新思想的产生与普遍认同的认识。沿着这个思路，科学学在很多方面都应该是下一个重要的里程碑式研究领域，它有望解决每位科学家都极为关注的一系列问题，甚至超出库恩的最初设想：科学家什么时候能够达到他们的最佳工作状态？科学创新的生命周期是多久？职业生涯中出现突破性进展的迹象是否存在？什么样的合作会带来成功，什么样的合作则注定会导致灾难？年轻的研究人员怎样将他们的成功概率最大化？所有一线科学家都可借助本书这个工具，并且依托数据，更好地洞察科学事业的内在发展规律，从而有可能在科研机构和学术圈中明确方向，实现职业生涯的良性发展。

科学学的广泛影响力还包括它对政策制定的影响的可能性。因此，本书对学术机构的管理者大有裨益，他们可以借助科学学做出基于实证的决策。从系主任到院长，再到负责科研的副校长，高校的管理人员在制定和实施科研战略时需要面对重大的人事和投资决策。虽然这些问题有大量的实证经验可以借鉴，但是由于缺乏连贯性的总结归纳，很难从可能的信息噪声中提取出问题的本质。正因为如此，本书将提供资料与数据，帮助他们更好地利用科学学研究所提供的深刻见解。例如，对于物理系教师寻求终身教职的问题，h 指数为 25 究竟告诉了我们什么样的信息？是招聘青年教师还是资深学者可以让学院受益最大？我们什么时候需要投入巨资雇用一位学术大佬？而我们期待他们发挥的作用是什么？

对于美国国家自然科学基金会、美国国家卫生研究院以及其他公共机构和私人基金资助机构的项目负责人，我们也希望他们能够发现本书的价值，从而更好地资助高绩效的个人和团队，以解决科学中出现的挑战。当前，许多民事机构、军事机构、政府机构、非营利性组织、私人基金会都已在收集数据，开发基于科学学理念的工具。在接下来的章节中，我们要介绍的框架将帮助他们更好地利用这些数据实现各自的目的，建立有效的资助机制，最终造福科学与社会。

不断变化的科学版图同样还影响着学术出版商。他们相互竞争，期望出版对科学发展的方向和进度产生重大影响的学术论文。我们希望期刊编辑们也能够发现科学学在一系列实用目标上的价值，不管是认识某一发现的影响力所具有的自然生命周期，还是提前甄别能引起轰动的观点。这同样也能增加他们的刊物的影响力。

此外，本书也适用于那些目前正在从事科学学研究的科研人员，或者希望进入这一令人兴奋的研究领域的人。本书的目的就是总结这一学科中的现有成果，提供一份连贯的综述。我们相信这样的综述是极有必要的，因为这一领域的研究人员具有高度的学科交叉特点。事实上，科学学研究的重要进展源自多学科研究者的共同努力，其中所涉及的领域十分广泛，从图书情报学到社会科学、物理学和生物学，再到工程和设计。正因为如此，不同研究人员的方法和视角存在差别，在各自领域中发表的成果也没有完全重合的读者群。因此，科学学的研究群体通常被学科边界所分割，这助长了狭隘的行业术语、领域用词以及学科自身价值的盛行。在本书中，我们致力于将各学科领域内迥然不同的见解进行归纳总结，予以解释，将它们连贯而全面地呈现给学生和研究人员。我们不仅会强调这个领域内那些从各种思想中沿袭下来的共同知识传承，还将提供新的研究方法，指引新的研究方向。因此，我们也希望本书对初涉该领域的研究人员以及感兴趣的学生，具有参考价值。

本书由 4 部分构成：第一部分关注科研人员个人的职业发展道路，探讨我们何时能进入最佳工作状态以及如何衡量个体特征。第二部分探讨团队合作的优势和隐患，分析如何组建成功的团队以及团队成果的荣誉归属等问题。第三部分讨论科学见解与其影响力的内在机制。第四部分总结了学科前沿最热门的课题，从人工智能的作用到偏差性和因果性。每个部分都以各自的引言开始，用问题和逸事诠释主题，这些问题也将在各章相关部分予以讨论，并且每章都涵盖了与此相关的科学领域。

科学学通过分析科学界通行的产出与奖励体系中的海量数据，发现具有普适性或领域特异性的规律，它不仅能就各自学科的特点提供独到的见解，同时也可能有效地改善我们的工作。随着对具有影响力的科学先行者了解的深入，我们将极有可能改善科研体制和政策，让每一位科研人员和每一笔科研投资都有更高的成功率，从而让科学整体具有更好的发展前景。

目 录

推荐序 1　大数据时代，科学家需要养成的科学思维

郑志明　北京航空航天大学人工智能研究院院长，中国科学院院士

推荐序 2　大数据时代，科学家更需要科学想象力以及客观的科学思维

马费成　武汉大学人文社科资深教授

译者序 1　一位成功的科学家，对科学的认知可能也是有限的

贾韬　西南大学教授

译者序 2　用科学方法衡量科研成果的长期影响力

汪小帆　上海大学教授

前　言　科学学，正在全面重塑科学的未来

第一部分　事业成功的科学新思维

产出与影响力，合力孕育连战连胜的科研神话

01 科学家的产出，能否决定科学家的影响力　005

我们发表了多少论文　007

不同学科的产出量有何不同　007

产出量：你有可能会明显超出竞争者 010
为什么会这样多产 013

02 *h* 指数，综合考虑产出和影响力的指标 019

什么是 *h* 指数 021
h 指数，预测个人影响力的最佳指标 025
没有人的职业生涯应该用单一数字衡量 029

03 成功孕育成功，科学声誉的马太效应 033

姓名的魅力 035
身份地位，影响力提升的红利 039
这真是马太效应吗 042

04 年龄与科研成就，科学界头号问题 047

职业生涯的中期，科学成就的巅峰 049
科研人员的职业周期 051
知识负担与工作性质，影响我们攀上科研高峰的时间 052

05 成功概率恒定，你需要在成功前反复尝试 063

被打乱的科学家的职业生涯 065
巅峰会在职业生涯的任何时刻出现 068

06 *Q* 因子，运气之外的成功参数 077

纯粹的巧合 078
Q 因子，将运气转化为持久的高影响力 080

你的 *Q* 值是多少 083
预测影响力 086

07 **连战连胜，描绘职业生涯更为精细的画面 091**

成功的爆发 093
连战连胜模型 095
连战连胜意味着什么 099

第二部分 **团队组建的科学新思维**
大团队解决现有问题发展科学，小团队提出新问题颠覆创新

08 **团队在科学中日益增长的主导地位 107**

最优秀、最聪明的科学家更愿意合作 109
科学团队化的两大驱动因素 111
距离的消失 112

09 **看不见的大学：科学家互相之间具有高度的依赖性 119**

活跃的氛围 122
在科学上，没有孤独的天才 124

10 **科学合作背后的复杂网络 129**

合作者网络的两大特征 131

合作者的数量 132
小世界与大世界 134
连通分量：80% 的科学家都在同一个网络中 137

11 一个成功团队的组建，取决于人才的平衡 139
有“能人太多”这回事吗 141
适当的平衡：多样性与团队的表现 144
组建一个常胜团队 149
合作的演化 152

12 大团队与小团队 155
不是规模上的简单变化 157
团队规模：总是越大越好吗 159
大型团队发展科学，小型团队颠覆科学 161
既需要大团队，也需要小团队 164

13 “谁应该获得荣誉” Vs.“谁将获得荣誉” 167
论文属于哪位作者 169
排名第一或是末尾 171
从 A 到 Z，每个人都是公平的 175
合作对女性的不公 180

14 功劳分配：谁最终获得了合作成果的功劳 183
马太效应与反转马太效应 185
集体荣誉分配算法带来的新见解 189

第三部分 影响力升级的科学新思维

优先连接 + 适者成功，影响力源自“积累”的力量

15 大科学时代，指数级增长的科学仍然拥有前所未有的朝气与活力 203

科学体量的指数级增长 205

指数级增长的意义 206

当一名科学家越来越难了吗 210

“苹果”越来越难以摘到了吗 216

16 论文引用量的差异 219

引用量也遵循二八定律 220

引用分布的普适性 223

引用能反映什么 228

17 适应度，最终决定论文影响力的高低 231

累计优势，“锦上添花”现象之源 232

先发优势，不是推动引用量增长的唯一动力 234

适应度，后来者居上的秘密 235

18 创新与报道，改变科学影响力的两个因素 239

创新的涌现和科学影响力的关系 240

报道可以提升你的“能见度” 245

19 科学的时间维度 251

是站在巨人的肩膀上，还是关注最新的成果 253

科学发现的热点 255

早期发现不断增长的影响力 257

你的失效日期 260

小结 263

20 引用动态演化规律，决定最终的影响力 265

单篇论文引用的动态演化 267

引用的动态演化：显著的普适性 269

最终的影响力 272

未来的影响力 275

第四部分 呼啸而来的新科学
爆发的前沿新科技，正在催生科学学的全新使命

21 当机器可以做出新发现时，科学能否被加速 281

机器科学家的知识闭环 283

选择下一个实验 286

白色空间，我们将迎来全新挑战 288

22 人工智能颠覆下的科学与科学家 291

“刚才发生了什么” 292

这波人工智能浪潮有什么不同 293

更智能的人工智能，更多的创造性创新 296

人工智能与人类智能 299

23 科学中的偏差和因果性 303

失败让你成为更好的自己 305

影响力更广泛的定义 309

解释因果性，做出更好的科学决策 311

结语 拥抱科学学，进入全新时代 317

附录 1 模拟团队组建 319

附录 2 引用建模 323

参考文献 339

The Science of Science

Part I The Science of Career

第一部分

事业成功的科学新思维

产出与影响力，合力孕育连战连胜的科研神话

爱因斯坦在有生之年发表了 248 篇论文，达尔文发表了 119 篇，路易·巴斯德发表了 172 篇，迈克尔·法拉第发表了 161 篇，泊松发表了 158 篇，西格蒙德·弗洛伊德则发表了 330 篇 [1]。① 相比之下，彼得·希格斯的成果数量就很少了，他在 84 岁因预测希格斯玻色子而获得诺贝尔奖时，仅发表了 25 篇论文。而遗传学家孟德尔的署名论文仅有 7 篇，却为他带来了不朽的声誉 [2]。

这些差别表明，从长远来看，影响个人职业生涯的关键因素并不是产出量，而是影响力。的确，论文的影响力存在巨大的差异。即使是明星科学家，发表的所有论文也仅有少数能被后辈所铭记。我们倾向于将爱因斯坦与相对论，或将玛丽·居里与放射性联系在一起，而忽略他们做出的其他科学发现。换句话说，某一项或者少数几项重大发现，也就是那些离群值（outliers），似乎成了某位科学家职业生涯的标签。那么，这些离群值真的能准确地表现一位科学家的职业发展吗？或者说这些巨星科学家在其职业发展道路上仅是靠一两次运气而得以成功吗？

而且，如果仅有一篇或少数几篇论文能被大家记住，那么科学家是什么时候做出的那些决定性的发现呢？爱因斯坦曾经诙谐地说："如果一个人没有在 30 岁之前达成最大成就，那么他终生也不会再有这种机会了。" [3] 确实，爱因斯坦发表奇迹年论文 ② 时年仅 26 岁。但他对年龄与科学发现之间关系的观察并不仅针对自己，与他同时代的许多物理学家也都是在职业生涯早期就做

---

① 本书中的注释顺序同英文原书。——编者注

② 指的是爱因斯坦于 1905 年在当时的权威专业杂志《物理学记事》（*Annals of Physics*）上发表的 4 篇论文（也有人认为是 5 篇），主题包含了光电效应、布朗运动、狭义相对论和质能方程。——译者注

出了决定性的科学发现：沃纳·海森堡（Werner Heisenberg）和保罗·狄拉克（Paul Dirac），24 岁；费米（Fermi）和维格纳（Wigner），25 岁；卢瑟福（Rutherford）和尼尔斯·玻尔（Niels Bohr），28 岁。但青春年少就是能够做出杰出科学贡献的必要条件吗？显然不是。亚历山大·弗莱明（Alexander Fleming）在发现青霉素时已经 47 岁，卢克·蒙塔尼耶（Luc Montagnier）51 岁时才发现了艾滋病病毒，而约翰·芬恩（John Fenn）直到 67 岁才开始从事后来使其获得诺贝尔化学奖的相关研究。那么，由重大发现所反映出的创造力，在职业生涯中是如何分布的呢？

本书的第一部分，将深入探讨这些有关科研生涯令人着迷的问题。的确，当审视那些年轻和不那么年轻的科研同行时，我们禁不住会问：突破性研究成果何时在科研生涯中产生，是否存在可量化的规律？是什么机制控制着科学家的产出量和影响力？这一部分的各章，将对这些问题做出量化回答，并对如何培养科学家以及如何认可和奖励英才等问题提供深刻见解。

01

科学家的产出，能否决定科学家的影响力

The Science of Science

保罗·厄尔多斯（Paul Erdős）可以说是20世纪最多产的数学家，从各方面看，他都是一个非常怪异的人。这位匈牙利数学家（第二次世界大战前移民美国）会将所有生活必需品都装在一个破箱子里，他就拖着这个箱子出没于世界各地的学术会议、大学，乃至同事的家中。这也成了他的一件逸事。他可以在未提前知会的情况下突然出现在某一位同事的家门前，欣喜地大叫："我有灵感了！"然后与主人一道工作几天，随后又突然出现在另一所大学的某个同事家门口。这种经常性的辗转最后甚至引起了美国联邦调查局的特别关注。在数学界的同行眼中，他是一位性情古怪但讨人喜欢的数学家。但对于冷战期间的执法部门来说，他这样随意穿越铁幕的行为是极其可疑的。而他也确实在 1941 年遭到过逮捕，原因是他在一座秘密的无线电发射塔下闲逛。"你明白吗？我是在思考数学定理呢。"他用浓重的匈牙利口音向当局解释。最终经过数十次跟踪调查，联邦调查局才相信了他，认为他的漫步闲逛纯粹是为了思考数学问题。

他的一生也如此怪异。他没有妻儿，没有工作，甚至没有一个稳定的居所。他用担任各所大学客座讲师所得的酬金以及各种学术奖金，来应付旅行和基本的生活开销。他谨慎承诺，努力不让任何因素影响到工作。1996 年，他在 83 岁的高龄去世，生前与 511 位同行合作，以独立或合作的方式共撰写了 1 475 篇学术论文，令人叹为观止。如果用论文总体发表量来衡量产出量，那么厄尔多斯与普通科学家相比，其产出量是什么样的水平？看起来，他确实非常出色，但究竟有多出色呢？

我们发表了多少论文

学术出版物是科学交流的主要媒介，有助于传播知识。科学家的产出反映了他在本领域内增加知识单元的速率。在 20 世纪，出版物的数量呈指数级增长，其中关键问题在于，知识体量的增加，究竟是由于科学家数量的增多，还是因为每位科学家的平均产出高于他们过去的同行？

相关研究分析了超过 5 300 万名作者和他们在科学界的所有分支学科发表的近 9 000 万篇论文，结果表明，论文和科学家的数量在 20 世纪都呈指数级增长[4]。一方面，作者的增长速度比论文的发表速度略高［见图 1-1（a）］，这意味着人均论文数随着时间而降低。另一方面，对于每位科学家来说，个人的产出率在 20 世纪基本保持稳定。例如，在整个 20 世纪，科学家每年发表的论文数量一直约为 2 篇［见图 1-1（b），蓝色］，在 20 世纪末的 15 年内略有增长。到了 2015 年，一名普通的科学家平均每年独自或合作撰写 2.5 篇论文。个人产出率增加的原因在于合作：当更多的论文以合作方式完成时，个人产出率也得以提升［见图 1-1（b），红色］。换言之，就一篇论文所包含的作者数量而言，其趋势在 20 世纪是上升的。得益于合作研究，个人产出率在过去 10 年间才得以增加。

不同学科的产出量有何不同

但是当我们跨学科讨论科学家的产出时，问题就不那么简单了。首先，每一篇出版物可能涵盖一个知识单元，可是不同知识单元的规模却大相径庭。对于一位社会学家来说，如果论文前言没有十几页，他可能就觉得自己没表达清楚。而最权威的物理学期刊之一《物理评论快报》（*Physical Review Letters*），却会严格地把论文篇幅限制到 4 页，这 4 页还包括插图、表格和参考文献。讨论个人产出量的时候，我们倾向于将某个人在科研期刊上发表的论文数量作为衡量手段。但在社会科学和人文科学的某些分支学科中，专著才是学术成果的主要表现形式。虽然一本专著也被算作一个出版物单元，但不可否认，产出这样的单元要投入更多的时间。

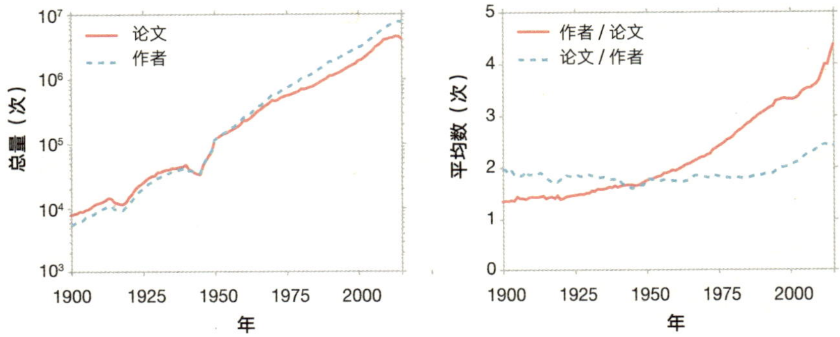

(a) 总引用量　　(b) 平均引用量

图 1-1　不断增加的科学家数量

(a) 在 20 世纪，科学家的数量和论文数量都呈指数级增长。

(b) 每位科学家每年撰写的论文数在过去 100 年约为 2 篇，但在 1985—2000 年逐渐增长。这种增长的直接原因是合作效应：科学家以共同作者身份发表的论文数量增加了。使用某一独立研究领域内的数据进行分析也反映了相似的趋势[5]。例如在物理学领域，过去 100 年每位物理学家每年撰写论文的数量不足 1 篇，但在 1985—2000 年则急剧增加[4,5]。

另外再看看计算机科学。作为一门最年轻的学科①，计算机科学采取了较为独特的出版传统。由于该领域发展迅速，计算机科学家一般选择会议论文而不是学术期刊，作为交流学科发展的主要方式。考虑到这一领域从互联网到人工智能所取得的一系列成就，这种方式在学科内运行得很成功，但对业外人士来说就有

① 第一个计算机科学系于 1962 年在美国普渡大学建立。

些难以理解了。

如果罔顾不同学科专业特点的不同出版习惯，后果可能比较严重。比如，针对大学、研究生院以及 MBA 课程的全球权威排名机构《美国新闻和世界报道》(*US News and World Report*，简称《美新周刊》)，曾在 2017 年首次发布世界最强计算机科学院系的排名。这个排名如此荒诞，以至于美国计算研究会不得不发表一个特别声明，称此排名为“胡说八道”，是对读者的“严重伤害”。

为何这样一个专门从事学术机构排名且经验丰富的组织错得如此离谱呢？原来《美新周刊》是根据科学网（Web of Science）数据库中记录的期刊论文发表数量来评估排名的①。这一方法对其他所有学科都很有效，但是由于忽略了学术会议上发表的同行评审论文，《美新周刊》的排名完全偏离了计算机科学家对质量和影响力的认知。

不同学科之间产出量的差别，可以使用美国国家科学研究委员会针对美国博士培养所收集的数据进行量化[6, 7]。用每个系全体教师在 5 年间发表论文的平均数作为指标，研究人员发现，这个数值从历史系的 1.2 篇到化学系的 10.5 篇不等，在不同学科间差异巨大。即使在相似的专业之间，我们也能看到很大的产出量差距。比如，对于生物学科，科学家的产出量从生态学的 5.1 篇到药剂学的 9.5 篇不等。

总而言之，这些数据至少极其清楚地表明了一项信息：无论我们如何衡量，一位普通科学家的论文产量与厄尔多斯都相差十万八千里。厄尔多斯总共发表了 1 475 篇论文，这意味着在 60 年里，他每个月写 2 篇论文，这实在令人难以置信。相比之下，一项针对 1996—2011 年 1 500 万名科研人员的调查发现，每年能够发

① 可近似理解为根据 SCI 论文排名。——译者注

表一篇论文的同行占比不足 1%。[8] 因此，只有少部分人才能保持一个稳定的发表频率。有趣的是，这个小小的百分比还包含了许多最具影响力的研究人员。尽管他们在所有曾发表论文的科研人员中占比不足 1%，但这一稳定的核心群体却产出了 41.7% 的论文，并且其中 87.1% 的论文的总引用量超过 1 000。如果某位多产科研人员的步伐慢下来，其学术贡献的影响力也将降下来。即使只停止发表 1 年，他的论文的平均影响力也会大幅降低。

虽然厄尔多斯只是一个特例，但他令人惊叹的产出量，表明了研究人员产出量之间的巨大差异。为什么会有这么大的差异呢？毕竟，每个人每天都只有 24 小时。为何厄尔多斯等人会比其同行的产出高出那么多呢？要回答这些问题，我们需要探访一下全盛时期的贝尔实验室。

产出量：你有可能会明显超出竞争者

将硅带入硅谷的是威廉 · 肖克利（William Shockley），他的职业生涯充满争议。20 世纪五六十年代，他在将一种新型晶体管商业化的过程中，把硅谷改造成了电子学的孵化基地。但是他对优生学的鼓吹给他带来了麻烦，最终使他与同事、朋友和家人的关系疏远甚至形同陌路。肖克利在贝尔实验室度过了他最多产的年代，在那里他同约翰 · 巴丁（John Bardeen）和沃尔特 · 布喇顿（Walter Brattain）合作发明了晶体管。这项发明不仅使 3 人共同赢得了 1956 年的诺贝尔物理学奖，同时也开启了时至今日仍在继续的数字革命时代。

在贝尔实验室负责管理一个研究小组时，肖克利开始对这样一个问题感到好奇[9]：他的同事在产出上的差异可量化吗？带着这个问题，他收集了洛斯阿拉莫斯国家实验室（Los Alamos National Laboratory）和布鲁克海文国家实验室（Brookhaven National Laboratory）等美国国家实验室中雇员的论文发表统计数据。

在对这些数据进行分析后，他得到了一个极为惊人的结果：曲线表明，若以 N 表示个人的产出量，即某研究人员发表的论文数量，那么它服从对数正态分布：

$$P(N)=\frac{1}{N\sigma\sqrt{2\pi}}\exp\left(-\frac{(\ln N-\mu)^2}{2\sigma^2}\right) \tag{1-1}$$

对数正态分布具有肥尾的特点，表明产出量存在巨大的差异。换句话说，肖克利意识到，大多数研究人员发表的论文数量非常少，而不可忽略的少数研究人员发表了比平均数多几个数量级的论文。公式 1-1 的证据见图 1-2，其中标出了 INSPECT 科技文献数据库中列出的所有作者撰写论文的数量分布情况以及对数正态拟合[10]。

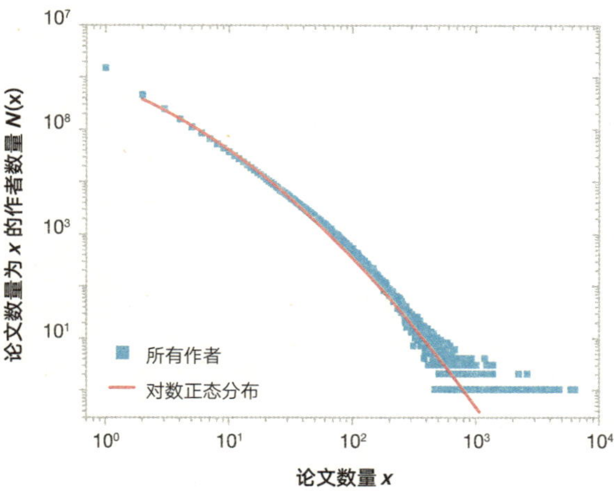

图 1-2　产出率分布

方块符号表示 1969—2004 年，INSPECT 科技文献数据库列出的所有作者（超过 300 万）发表的论文数量。红线对应数据的对数正态拟合（公式 1-1）。

科学的真相 The Science of Science

对产出的研究具有悠久的历史 [9-15]

1962 年，阿尔弗雷德·J. 洛特卡（Alfred J. Lotka）[11] 注意到科学家的论文产出量呈肥尾分布。换言之，他发现少数科学家完成了大部分的科研论文。洛特卡分析了 1907—1916 年《化学文摘》（*Chemical Abstracts*）上的 6 891 名论文作者，得出的结论是，具有 N 篇论文的作者数量遵循下列幂律分布：

$$P(N) \sim N^{-\alpha} \tag{1-2}$$

其中，幂指数 $\alpha \approx 2$。幂律预示产出量有一个长尾，表明了个体之间的巨大差异。注意，我们需要大量的数据才能可靠地区别幂律分布与对数正态分布，而这是洛特卡在 1962 年时所缺少的。

肖克利很快就注意到，产出量的这种对数正态分布有些奇怪。确实，在大多数充满竞争的领域，个人能力表现的衡量指标几乎总是呈现一个狭窄的分布。以跑步为例，在 2016 年的里约奥运会上，尤塞恩·博尔特（Usain Bolt）以 9.81 秒完成 100 米决赛，贾斯廷·加特林（Justin Gatlin）和安德烈·德·格拉斯（Andre De Grasse）分列第二名和第三名，成绩分别是 9.89 秒和 9.91 秒。这些数字极其接近，反映了一个众所周知的事实，即人与人之间能力表现上的差异通常是有限的 [16]。同样，即使在泰格·伍兹（Tiger Woods）的巅峰时期，他也只能领先最强的对手几杆。最快的打字员比一名普通打字员每分钟也就多打几个字。能力差异的有限性提醒我们，在任何领域，要以显著优势在竞争中获胜，并非完全不可能，但十分困难①。然而，图 1-2 显示，这种有限性在学术表现上似乎说不通。显然，就论文数量而言，你有可能会明显超出竞争者。为什么会这样呢？

为什么会这样多产

肖克利提出了一个简单的模型，解释他观察到的产出量的对数正态分布（见公式 1-1）[9]。他认为，要发表一篇论文，一名科学家必须同时兼顾多个因素。比如：

- 因素 1（F_1），发现一个好的选题；
- 因素 2（F_2），就这一选题取得进展；
- 因素 3（F_3），找到有价值的结果；
- 因素 4（F_4），决定何时结束研究并开始整理记录结果；
- 因素 5（F_5），充分论述；
- 因素 6（F_6），从批评中获得建设性意见；
- 因素 7（F_7），决定向期刊提交论文；
- 因素 8（F_8），应刊物或审稿人要求还要对论文进行修改。

这些环节中任何一步出错，论文发表就会泡汤。假设一个人清除障碍 F_i 的概率是 p_i，那么一位科学家的论文发表量与清除后续每项障碍的概率成正比，即 $N \sim p_1 p_2 p_3 p_4 p_5 p_6 p_7 p_8$。如果这些概率的每一项都是独立的随机变量，那么这

① 本书作者之一拉斯洛·巴拉巴西在《巴拉巴西成功定律》中深入探讨了能力表现的有界性和成功的无界性。该书中文简体字版已由湛庐策划、天津科学技术出版社出版。——编者注

个过程的乘性表明，$P(N)$ 遵循公式 1-1 形式的对数正态分布。

要理解离群值来自何处，想象一下，科学家 A 与科学家 B 在所有这些因素上的能力都相同，仅有的差异在于 A 在解决问题（F_2）、知道什么时候结束研究（F_4）以及决心（F_7）方面比 B 优秀 1 倍。那么结果就是，A 的产出率将是 B 的 8 倍。换句话说，B 每发表一篇论文，A 将发表 8 篇论文。因此，科学家在障碍清除能力上的微小差别，可能导致总体产出量的巨大不同。

肖克利的模型不仅解释了产出量为何服从对数正态分布，同时也提供了一个提高自我产出的理论框架。这个模型提醒我们，发表论文并不能依靠有一个好点子这样的单一因素。相反，它要求科学家在多种因素上都要足够优秀。看到某人极其高产时，我们倾向于将此归结为单一的独特因素，比如某个教授在构思新选题（F_1）或将想法写成文字（F_5）方面确实突出。但该模型显示，单一因素是无法解释离群值的。一位研究人员只有在诸多因素上都出类拔萃，没有弱项，才有可能成为最高产的科学家。

这个障碍模型表明，一项弱点就有可能扼杀某人的产出量，即使他有许多优点。这也告诉我们，厄尔多斯并不一定是我们想象中的超人，他的产出量有可能是通过对不同技能的精心打磨而实现的。的确，如果我们能够在论文写作的各个步骤上加以改进，即使每个步骤的改进都非常微小，综合起来，这些进步带来的产出率提高将是指数级的。当然，这说起来容易做起来难。但是你可以用这个模型进行自我诊断，看看到底是哪个步骤对你的产出率影响最大。

产出量上的明显差异，会对回报产生影响。实际上，肖克利做了另外一项重要论述：虽然一位科学家的产出量是非线性的，他的薪酬——通常与能力表现挂钩的奖励形式，却是线性的。收入最高的雇员，薪酬比其同事最多能高出

50% ～ 100%。这其中的原因有很多，比如，这样肯定看起来更公平一些，也更有利于培养合作氛围。但如果从“一篇论文对应一份薪水”的角度来看，肖克利的发现引出了一些有趣的问题，比如是否可以利用线性的薪金和非线性的产出量之间的不对等。现实情况也的确如此，一个科研机构雇用几个明星科学家可能就赚大了，即使付给他们比同行高得多的报酬也不亏。肖克利的论点经常被当作理论依据，来解释科研密集型机构为何会用高薪和额外待遇聘用顶尖人才，以及大学的一流院系为何能获得高得不成比例的经费和资源。

当然，仅以论文发表数量来衡量个人的职业发展，无疑是对科学运作机制的严重曲解。但有研究表明，个体的产出量与科学家在各自领域的显性贡献以及他的知名度是紧密相关的。这样的范例早在 1954 年就被韦恩·丹尼斯（Wayne Dennis）所证实[1]。丹尼斯调查了 71 名美国国家科学院院士和声名显赫的欧洲科学家。他发现，几乎无一例外，高产的研究人员同时也在科学界享有崇高的声望，他们或被列入《大英百科全书》，或其科学贡献被记录在重大科技发展史中。高产出率能增加获得终身教职[17]以及获得后续研究经费[18]的概率。在院系层面上，导师的论文发表速度不仅是学位点声誉的可靠指标，也影响着毕业生是否能够获得教职[19]。

总而言之，持续的高产出尽管稀有，但它与科学影响和声望紧密相关。考虑到这个例证，产出量似乎是科研职业发展是否顺利的关键指标。但正如我们将在后续章节里看到的那样，在用于量化科研工作是否优秀的许多指标中，产出量的预测能力是最差的。原因很简单：尽管伟大的科学家往往非常高产，但并不是所有高产科学家都能做出举足轻重的学术贡献。事实上，大多数科学家都没有做到。能够获得高产出的途径有很多，比如，某些领域内的实验室技术人员的名字可能会出现在上百篇乃至上千篇的论文上。如果单看署名的论文数量，他们看起来极其多产，但他们极少被认为是该研究的知识产权人。人们发表论文的方式也在发生变化[20]。共同作者的数量在不断地增加，基于同一份数据发表多篇论文的现象也越来越多。当前，关于“最小出版单元”(Least Publication Unit)[20]，也被称为“香肠论文”(salami publishing)①，科学界已有许多讨论，这一现象可能进一步造成产出数量的虚高。

如果科研产出量不是职业发展的决定性因素，那什么才是呢？

科学的真相 The Science of Science

解决“谁是谁”②的问题

要想精确跟踪某人的科研产出，我们需要找出他所写的论文以及他名下的所有其他成果[21,22]。这看起来似乎非常容易，实际上却根本做不到。这主要受制于 4 个方面[21–23]。第一，同一作者在论文中可能存在多个名字。原因可能在于拼写差异及错误以及因婚姻状态、宗教信仰和性别改变所导致的姓名改变，或者是使用了笔名。第二，一些常见的名字导致重名严重。第三，一些必要的元数据往往不完整或缺失，包括这样一些情况：出版社和文献目录数据库没有记录作者的姓氏、所在地理位置，或者其他有助于身份识别的信息。第四，越来越多的论文不仅作者众多，而且也是多学科、多院系合作的产物。在这样的情况下，确认一部分作者的信息，并不能有效帮助我们确认剩余的作者。

① salami 字面上的意思是“意大利香肠”。salami publishing 指为了增加文章数量，将一项工作拆分成若干篇小论文发表的做法。这样的行为就像把一根香肠切成很多薄片一样。——译者注

② 这一问题对应的专业术语为人名消歧（ name disambiguation ），在后文中还会出现。——译者注

虽然人们现在已经开始采取多种方法来解决“谁是谁”这一问题，但我们还必须意识到本章和后续章节中的一些结论可能也会受到“谁是谁”的影响。总之，与仅仅发表少量论文的人相比，高产科学家不容易产生人名混淆问题，因为他们有一个长期的、可追踪的论文发表记录。因此，许多研究通常会关注具有较长职业生涯的高产学者，而不是“普通的”科学家。

02

h 指数，综合考虑产出和影响力的指标

The Science of Science

苏联物理学巨人列夫·朗道（Lev Landau）的笔记本里保存着一张手写名单，上面用对数坐标对物理学家取得的成就进行排名，并将他们分为不同的“等级”[24]。按照朗道的分级，牛顿和爱因斯坦属于最高等级，比其他任何人都高：他给了牛顿 0 级，爱因斯坦 0.5 级的打分，接下来的 1 级，包含了量子力学的创始人，如尼尔斯·玻尔、沃纳·海森堡、保罗·狄拉克和埃尔温·薛定谔（Erwin Schrödinger）这样的大科学家。朗道最初谦虚地把自己定为 2.5 级，但在他发现超流态并以此获得诺贝尔奖之后，最终将自己提高到 2 级。朗道的分级体系并不局限于著名科学家，还包括普通物理学家，他们被划为 5 级。曾经合作撰写著名教材《固体物理学》(*Solid State Physics*）的戴维·默明（David Mermin），在他 1988 年题为《与朗道在一起的日子：4.5 级向 2 级表达的敬意》(*My Life with Landau: Homage of a 4½ to a 2*)的访谈中，他将自己“勉勉强强地列为 4.5 级”[25]。

当科学家将 5 级抛在身后，开始向朗道这样的学科奠基人靠近时，显而易见，他们的研究已经具有了影响力和重要性。但是，对于余下的人，情况则是不明朗的。我们如何量化个人科研产出逐渐累积起来的影响力？在回答这一问题时，我们面对的挑战根植于这样一个事实：要想衡量某位科学家的研究水平，不能只看他发表了多少篇论文，而应综合考量他的产出量和影响力。我们需要对这两个方面审慎地加以平衡。

在评价和比较科学家的众多指标中，有一种指标因为使用频率高而显得尤为突出，这就是乔治·E. 赫希（Jorge E. Hirsch）于 2005 年提出的 h 指数[26]。什么是 h 指数？怎样计算它？为何它在评测科学家的职业发展方面会如此有效？它能够预示一位科学家未来的产出量和影响力吗？它的局限是什么？如何克服这些局限？接下来，我们将回答这些问题。

什么是 h 指数

一位科学家的指数是 h，代表他的 h 篇论文每篇至少有 h 次引用，而余下的论文每篇不足 h 次引用[26]。比如，如果某位科学家的 h 指数是 20，这意味着他有 20 篇引用量不低于 20 的论文，而他的其他论文的引用量不足 20 次。要测量 h，我们要将一位科学家的论文按引用量由高到低排序。我们可以将每篇论文的引用量绘制成一幅图，最终得到一条单调递减的曲线。图 2-1 使用了爱因斯坦和彼得·希格斯的职业生涯作为研究案例，演示了怎样计算他们的 h 指数。

h 指数为 8，是大还是小？一位科学家 h 指数的期望值是多少？要回答这些问题，我们来看一看赫希提出的一个简单而独特的模型[26]。假定某位研究人员每年发表 n 篇论文，同时我们假定一篇论文的引用量随时间呈线性增加，每篇论文每年新增的引用量为 c。这个简单的模型预示这位科学家的 h 指数与时间变化的关系为：

$$h = \frac{c}{1 + c / n} t \qquad (2\text{-}1)$$

因此，如果我们定义：

$$m \equiv \frac{1}{1/c + 1/n} \tag{2-2}$$

我们可以将公式 2-1 改写为：

$$h = mt \tag{2-3}$$

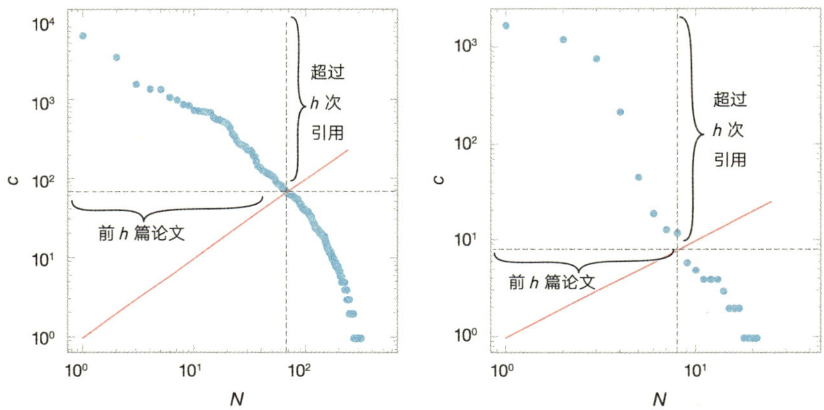

图 2-1 爱因斯坦（a）和彼得 · 希格斯（b）的 h 指数

为计算 h 指数，我们按论文引用量递减的顺序，做出论文数量与引用量的关系曲线。曲线与 45 度直线的相交点对应 h 值。曲线下的面积代表总引用量[26]。根据微软学术图谱（Microsoft Academic Graph），爱因斯坦的 h 指数为 67，希格斯的为 8。爱因斯坦被引用最多的 3 篇论文是：① Can Quantum Mechanical Description of Physical Reality Be Considered Complete, *Physical Review*, 1935；② Investigations on the Theory of Brownian Movement, *Annalen der Physik*, 1905；③ On the Electrodynamics of Moving Bodies, *Annalen der Physik*,1905。希格斯的 3 篇是：① Broken Symmetries and the Masses of Gauge Bosons, *Physical Review Letters*,1964；② Broken Symmetries, Massless Particles and Gauge Fields, *Physics Letters*,1964；③ Spontaneous Symmetry Breakdown Without Massless Bosons, *Physical Review*, 1966。

这表明科学家的 h 指数随时间大体上呈线性增长。显然，科学家并不是每年都发表相同数量的论文（参见第 1 章），一篇论文的引用量也遵循不同的时间演化轨迹（我们将在第 19 章详细讨论）。然而，尽管模型略显简单，但总体而言，公式 2-3 预测的线性关系还是能很好地描述科学家的长期职业发展状况[26]。

这一线性关系具有两个重要意义。

- 如果某位科学家的 h 指数随时间大致呈线性增长，那么它的增长速度是衡量这位科学家知名度的一个重要指标。换言之，个体之间的差别可以由斜率 m 表示。正如公式 2-3 所示，m 是 n 和 c 的函数。因此，如果一位科学家具有较高的产出率（较大的 n 值），或者他的论文的引用量更多（较高的 c 值），那么他就会有一个较高的 m 值。m 值越高，该科学家的知名度就越高。
- 基于 m 的一般取值，公式 2-3 所体现的线性关系能为一般的职业生涯发展提供指导。比如，赫希在 2005 年建议，在重要的研究型大学工作的物理学家，$h≈12$ 可能会是取得终身教职（即晋升为副教授）的典型值，而某位教师的 $h≈18$，则可以考虑让他申请教授职位。成为美国物理学会会士通常需要 $h≈15$ ～ 20，而成为美国国家科学院的院士则要求 $h≈45$，或者更高。

一经问世，h 指数便催生出大量指标，并极大地普及了这样一种观点，即可以采用客观指标来量化科学质量、科学影响或科学声望这些原本模糊不清的概念[27]。根据谷歌学术（Google Scholar）统计，到 2019 年年初，赫希发表于 2005 年的论文已经被引用 8 000 多次，足以证明其影响力。这甚至导致了一些不太道德的科研行为变化：科学家通过引用自己的论文，让自己处于某一等级边缘的 h 指数得以升级[28-30]。由于 h 指数使用的普遍性，我们不得不问：h 指数能够预测个人未来的影响力吗？

科学的真相 The Science of Science

爱丁顿数

与科学家的 h 指数相似的是自行车运动中的爱丁顿数，它以亚瑟·爱丁顿（Arthur Eddington）爵士的名字命名。爱丁顿爵士是英国的一位天文学家、物理学家和数学家，因在相对论方面的研究而为人们所熟知。作为一名自行车运动爱好者，爱丁顿设计了一种量化自行车手长距离骑行成绩的方法。爱丁顿数 E 是你生活中骑行超过 E 英里①的天数。因此，爱丁顿数为 70 代表车手有 70 次单日骑行超过 70 英里。

要取得高的爱丁顿数非常困难，比如从 70 升到 75，需要新增的长距离骑行要大于 5 次。这是因为任何短于 75 英里的骑行将不再计算在内。那些希望增加自己的爱丁顿数的骑行者不得不提前计划。骑行 15 次，每次 15 英里，取得 E=15 并不难。但要将 E=15 提高到 E=16，骑行者不得不一切从头再来，因为 E 为 16 时，只有 16 英里或更长距离的骑行才有效。亚瑟·爱丁顿在他于 1944 年去世前曾达到 E=87。他非常清楚，如果要取得很高的 E 数，他必须尽早积累长距离骑行的次数。

① 1 英里≈1.6 千米。——编者注

h 指数，预测个人影响力的最佳指标

要理解 h 指数的价值，我们先回顾一下一些通常被用来评价科学家学术能力的“旧”指标，同时也总结一下它们的优点和局限[26]。

- 论文发表总数（N）

  优点：能够衡量个人的产出量。

  缺点：忽略了论文的影响力。

- 总引用量（C）

  优点：能够衡量科学家的总体影响力。

  缺点：它可能受到少数影响力极高的论文的影响，而这些论文可能并不代表个人的整体成就，尤其是某些论文是由多位作者共同撰写的。它还可能过多依赖于具有高被引的综述论文，而不是原创性的研究论文。

- 每篇论文的引用量（C/N）

  优点：能比较不同年龄层次的科学家。

  缺点：高被引论文可能影响取值的准确性。

- 引用量超过 C 的“有重大意义的论文”的数量

  优点：排除了前 3 种方法的缺点，能衡量广泛的、持续的影响力。

  缺点：“重大意义”的界定将引出一个任意参数，可能对某些科学家有利，而对其他科学家不利。

- 前 q 篇最高被引论文分别获得的引用量（例如 q=5）

  优点：克服了前面提到的许多缺点。

  缺点：不能提供一个单独的数字来表示特定的职业发展，使科学家的相互比较显得困难。此外，对 q 的选择也具有任意性，可能有利于一些科学家，而不利于另外一些人。

h 指数的主要优点是规避了所有上述计量指标的缺点。但它在衡量个人工作的影响力方面真的更有效吗？当涉及计量指标的预测能力时，通常有两个紧密相关的问题。

第一个问题：给定一个计量指标在某一特定时间 t_1 的取值，它在预测自身或另外一个计量指标在未来时间 t_2 的取值时，准确度如何？

这个问题在需要做出聘用决策时显得尤为有趣。比如，某个学院聘用员工的参考标准，是申请者在 20 年后成为国家科学院院士的可能性，那么，我们就需要基于 20 年后的预期累积成果对申请者进行排序。赫希抽样选取了部分凝聚态物理学家，查看了他们职业生涯前 12 年和随后 12 年的论文发表情况[31]。具体而言，他基于前 12 年的记录计算了 4 种指标，包括 h 指数［图 2-2（a）］、整体引用量［图 2-2（b）］、论文发表总数［图 2-2（c）］和每篇论文的平均引用量［图 2-2（d）］。然后他提出了一个问题：如果我们需要挑选在 24 年内引用量最多的申请者，那么这 4 个指标中的哪一个能给出最佳的预测呢？通过关联未来时间 t_2 时的总引用量与 4 种指标在 t_1 时的数值，计算它们之间的相关系数，赫希发现 h 指数与 t_1 时的引用量这两个指标的预测效果最好（见图 2-2）。

虽然图 2-2 表明，h 指数能预测累积影响力，但在很多情况下，未来的科研产出才是最重要的。比如，如果我们要决定谁能获得一笔科研经费，申请人早期的论文在以后数年增加的引用量基本上不起作用。我们所关心的是，潜在的经费获得者现在还未撰写的论文及其影响力。这一事实就引出了第二个问题。

第二个问题：不同的衡量指标在预测未来科研产出方面的效果如何？

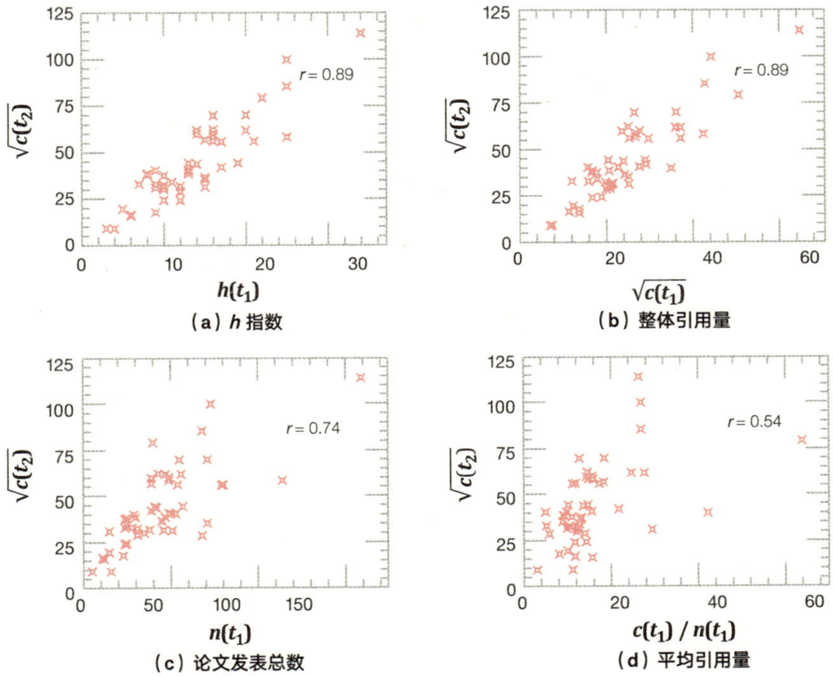

图 2-2　量化 h 指数的预测力

散点图对样本中的每个个体在 t_2=24 年之后的总引用量 c 与 t_1=12 年的不同指标的值进行了比较。赫希假定 c 可能随着时间呈平方增长，因此在计算总引用量时用了它的平方根。通过计算相关系数，他发现，h 指数（a）和时间 t_1 时的引用量（b）是时间 t_2 时的未来累计引用量的最佳预测指标。论文数量的相关性量表现稍差（c），每篇论文的平均引用量表现更差（d）[31]。

要回答第二个问题，我们则需要使用 t_1 时刻的指标，来预测个体在以后的一段时间里取得的科研成就，从而需要忽略在他 t_1 前所发表论文的所有引用量。赫希重复使用了这 4 个衡量指标，以完成相似的预测任务，但这一次是分别使用每种衡量指标来预测下一个 12 年个体所发表论文的总引用量。这自然是一项更加困难的任务，但对于分配研究经费来说，这很重要。赫希发现，只预测在未来时间范围内个体取得的成就时，*h* 指数仍然是最好的指标[31]。

这些发现表明，两个 h 指数相似的人，即使在论文的数量或引用的数量上存在很大的不同，他们的总体科研成就也是差不多的。反过来说，两个有着相同科研年限的人可能拥有相似的论文发表量或引用量，但他们的 h 指数则可能差别很大。在这种情况下，h 指数高的科学家通常会被认为具有更高的学术造诣。总之，这些结果强调了 h 指数的主要优势：在评价科学家方面，它可以对个体的总体科研成果给出一个简单但相对准确的评估。但同时，我们也必须问一问：h 指数的局限是什么？

科学的真相 The Science of Science

h 指数的诞生

自从 h 指数这一概念出现，它就成了科学家科研生涯中不可或缺的一部分。它的特殊影响促使我们向赫希发出询问，他是怎样想到这一量化方法的。对此，他友好地回复道：

“我是在 2003 年年中时开始思考它的，在随后的几周，我计算了我认识的每个人的 h 指数，发现结果与我的预期基本吻合。然后，我把它分享给了学院的同事，好几位都觉得这很有趣。”

“2005 年 6 月中旬，我写了一篇简短的初稿，发给这里的 4 位同事。一位同事浏览了一下，觉得不错，并且提了一些建议。另一位赞同其中的某些部分，对另一些内容不置可否，另外两位则没有回复。因此，我还不确定我该怎么做。”

“到 2005 年 7 月中旬，我突然收到德国斯图加特的曼纽尔·卡多纳（Manuel Cardona）发来的一封邮件，说他从弗吉尼亚理工大学的迪克·扎伦（Dick Zallen）那里听说了 *h* 指数一事，而扎伦又是从加州大学圣迭戈分校我的一个同事那里听说了此事（扎伦没有说对方的名字，但我能猜出是谁）。到那时，我才决定对论文进行整理修改，把它提交到 arXiv，那是 2005 年 8 月 3 日，实际上在那时我仍然没有把握该对它做些什么。很快，我就收到许多积极的反馈，当然也有一些负面的。于是，我在 8 月 15 日就向《美国国家科学院院刊》（*Proceedings of the National Academy of Sciences*）投稿了。”

没有人的职业生涯应该用单一数字衡量

宾夕法尼亚州伊斯顿学院山的主街，是拉斐特学院（Lafayette College）的所在地。该街道是以詹姆斯·麦基恩·卡特尔（James McKeen Cattell）的名字命名的。卡特尔是美国的一位心理学家，他在将心理学建设成一门严肃科学的过程做出了重要贡献。他对心理学的倡导也令《纽约时报》在为他所发的讣告中，称其为“美国科学的泰斗”。

虽然许多人想到要开发新的测量工具来系统性地评价科研同行，但卡特尔是第一位将科学家分级这一主张普及开的人。他在 1910 年出版的《美国科学家传记》（*American Men of Science: A Biographical Directory*）[32] 中写道：“毫无疑问，科学界人士现在就应该运用科学方法来明确什么事情可以推动或阻碍科学发展了。”因此，当前推崇使用越发复杂的指标来衡量影响力的做法绝不是一种现代现象。在学科开始形成时，科学家就已经在评估他们的同行了。卡特尔的专著已问世一个世纪，而对于运用可靠的工具集来评价科学家的需求和基本原理还没有发生任何变化[33]。

由于 h 指数已经成为量化科研成就经常使用的计量指标，我们必须考虑到它的局限性。比如，较高的 h 指数在一定程度上标志着一个人的高成就，但反过来却不一定成立[31]：对于 h 指数相对较低的科学家，几篇影响深远的论文也能让他们获得卓越的影响力，就像彼得·希格斯的例子所反映出的那样［见图 2-1（b）］。相反，一位 h 指数较高的科学家可能被过度推崇，因为他的 h 指数基本上都是通过与许多共同作者一起发表论文而获得的。此外，即使在特定的分支学科内，引用的分布也存在相当大的差异：在大规模合作研究为常态的分支学科（如高能实验物理）中，h 值普遍较大。这表明我们应该考虑怎样将 h 值标准化①，从而更有效地比较和评价不同的科学家。

下面，我们将讨论一些经常提到的 h 指数的局限以及能够（至少在一定程度上）带来改进的一些 h 指数的变体。

- **高被引论文。** h 指数的主要优势在于它的值不会因为某次意外成功而飙升。但这也意味着它忽略了研究人员最有影响力的成果。确实，一旦论文的引用量超过 h，它的相对重要性在 h 指数上就体现不出来了。这就产生了一个问题：离群值论文不仅在很大程度上决定了个人发展，而且也是决定科学自身发展的重要因素。人们提出了许多改进方法以纠正这一缺陷[34-39]，包括 g 指数（同时获得 g^2 或更多引用量的

① 数据的标准化（normalization）是指将数据按比例缩放，使之落入一个小的特定区间以方便比较和处理。——译者注

最大论文数量 g）[40,41]，还有 o 指数（某位科学家最高被引论文 c^* 及其 h 指数的几何均值：$o=\sqrt{c^*h}$ [42]）。其他纠正偏差的措施还有 a 指数[36,38]、$h(2)$ 指数[39]、h_g 指数[34]、q^2 指数[37]等[35]。

- **跨专业差别。**分子生物学家的论文通常会比物理学家的论文获得更多的引用，而物理学家的论文引用量通常又比数学家的高。因此，生物学家的 h 指数经常会比物理学家更高，而物理学家的 h 指数又会高于数学家。要跨越不同研究领域来比较科学家，我们就必须考虑引用的学科特性[43]。这一点能通过 h_g 指数得到解决，该指数使用同一年、同一专业所发表的论文平均数，重新调整每篇论文的排名[43]。还有 h_s 指数，h_s 指数使用同一专业领域内论文作者的 h 平均值，将 h 指数标准化[44]。
- **时间依存性。**正如我们在本章“h 指数的预测力”中讨论的那样，h 指数具有时间相关性。当比较处于职业生涯不同阶段的科学家时，我们可以使用公式 2-2 的商值 m [26]或同时期的 h 指数[45]。
- **合作效应。**也许 h 指数的最大缺点，就是它不能对具有不同合作类型的论文作者做出区分[46-48]。想想看，两位具有相似 h 指数的科学家，第一位通常是论文的思想引导者，多数情况下与年轻的研究人员合作撰写论文；而第二位则是年轻的科学家，多数情况下与德高望重的科学家合作发表论文。或者再考虑另一种情况。一位作者总是独立发表论文，而另一位通常是同一大群合作者共同发表论文。用 h 指数来衡量的话，所有这些科学家都是无法区分的。人们为考虑合作因素也做过一些尝试，包括在多位作者署名的论文中以分数形式分配各自的功劳[48-50]，或通过诸如区分第一作者和最后一位作者，计算每一位共同作者在论文撰写过程中所起的作用[51-54]。赫希本人也多次承认，这是个问题[46,47]，进而提出了 h_α 指数[47]来量化个人在合作研究成果中的科研领导作用。在所有对科学家 h 指数有所贡献的论文中，只有他作为最资深作者（在所有共同作者中 h 指数最高）的论文才计入 h_α 指数。这意味着，一个高的 h 指

数连同一个高的 h_{α}/h 比率才是衡量科研领导力的真正指标[47]。

除了 *h* 指数的这些变体，还有其他一些对科学家个人总体科研成就进行量化的指标，包括谷歌学术专用的 *i*10 指数[55]，用来计算每篇至少有 10 条引用的论文数量；还有 SARA 计算法[56]，它使用一种扩散算法来模拟科学信誉度在引文网络上的传播，从而量化个人知名度。尽管有许多计量指标试图克服 *h* 指数的缺点，但迄今为止还没有出现比 *h* 指数更可取的其他选择，这也强化了 *h* 指数作为一种普遍使用的科学成就衡量指标的地位。

随着更深入地研究 *h* 指数以及由此所激发的大量研究工作，我们很容易忘记这么一个观念，也许这才是最重要的，即不能够单靠个数字来衡量科学家的职业生涯。任何计量指标，无论能多么出色地取得预期目标，都是有局限的。将它用来评价一个人的产出率、研究质量，或者科研影响之前，我们要对此有充分的认识。更重要的是，科研生涯并不只包含科学发现和引用。更确切地说，科学家的职业生涯还包含更广范围的活动，比如课堂教学、指导科研、组织学术会议、论文审稿以及到编委会任职等。当我们接触到更多衡量科学家知名度的指标时，关键是要记住这些指标可能帮助我们了解科研产出的某些方面，但都不能单独反映科学家为科学界及社会所做出的多种贡献[57,58]。正如爱因斯坦所告诫的那样："许多能数清楚的东西并不重要，许多数不清楚的东西却极有价值。"

因此，我们必须牢记在心，*h* 指数只是一个用于量化知名度和成就的标志。但问题是，在科学界，地位具有实实在在的重要性，它会影响人们对某位科学家科研工作质量和重要性的认知。这也是我们在下一章关注的问题：地位是否重要？什么时候重要？有多重要？

03

成功孕育成功，科学声誉的马太效应

瑞利男爵（Lord Rayleigh）是物理学界的巨人，好几个自然定律都是以他的名字命名的。瑞利散射定律解答了一个著名的问题：天空为什么是蓝色的？他因此在学术圈外也享有盛誉。1886 年，作为一位受人尊敬的大科学家，他向英国科学促进协会递交了一篇有关几个电动力学悖论的论文，却很快被拒稿了，理由是该论文的内容相关性和质量没有达到期刊的标准。然而，编辑们很快就改变了主意。这并非因为论文本身有什么改动，而是由于第一次投稿时，瑞利的名字无意中被漏掉了。当编辑们明白这是瑞利的大作时，马上就接收了它，并且还向瑞利连连致歉[59,60]。换句话说，最初被视为某位“悖论发现者”所写的不成熟的文章，一旦被证明出自一位享誉世界的科学家之手，突然就有了发表价值。

这则趣闻凸显了一个在科学界至关重要的信号传递机制：科学声誉的作用。根据《圣经·马太福音》的一节，罗伯特·K. 默顿（Robert K. Merton）在 1968 年将此现象称作马太效应[60]。书中这样比喻才能：凡有的，还要加给他，叫他有余；凡没有的，连他所有的也要夺去。过去几十年，多个学科各自都发现了马太效应这一现象。第 17 章在讨论引用时还会提及这个概念。就职业发展而言，马太效应其实表明，科学家的地位和声誉本身就能带来额外的关注和认可。这也意味着，地位不仅影响着科学界对科学家信誉的认知以及对其工作成果的评价，而且还可以转换为有形资产，无论是获得科研经费，还是能接触到杰出的学生和同事，这一切都能进一步提升拥有地位者的声誉。我们将在本章剖析马太效应在职业发展过程中的作用。

姓名的魅力

互联网工程任务组（IETF）是一个开发互联网运行协议的计算机工程师与科学家社团。为保证质量和功能性，工程师们必须将所有新协议以初稿的形式提交，并通过严格的同行评审。有一段时间，每份稿件都会列出全部作者的姓名。但在 1999 年初，一些初稿会将作者的完整名单替换为“某某等”（et al.）这种带有缩略语的一般形式，对评审委员会隐去了一些作者的姓名。

使用“et al.”标签隐去著名作者与不知名作者，通过比较这两种情况，研究人员对瑞利男爵的经历进行了一次真实有效的实验[61]。他们发现，如果提交的稿件上出现一个显赫的名字，比如某个工作组的主席（这一般标志着某个人的专业地位），那么该稿件得以发表的可能性将提高 9.4%。但是，当资深作者的名字被“et al.”遮盖时，“主席效应”将下降 7.2%。换言之，如果有一位资深作者是稿件的共同作者，那么这种情况所带来的好处，有 77% 源自姓名的信号传递效应。

有趣的是，当将这一分析限定在部分经过“预先筛选”或严格审查的稿件上时，作者姓名的溢出效应便消失了。这表明，只有当审稿人面对大量投稿时，地位效应才存在。换句话说，当评审者真正读了稿件，并对内容进行仔细评判，地位信号就会逐渐消失。

随着科学体量的爆发式增长，我们常常遇到稿件“多得读不过来”的局面。而同行评审通常又是一个极其复杂的过程，作者和评审专家要经过许多轮的交流，这意味着地位信号对于科研稿件来说，可能不是那么令人担忧的因素，对工作的客观评价有望通过对论文的不断反驳和修改而实现。但是，就像我们会在下面见到的那样，地位效应很难根除。

作者的地位是否会影响人们对其论文质量的感知，这一直是科学界争论的话题。要真正评估地位的作用，我们需要随机的对照实验：同一篇初稿要经历两次独立的评审，一次显露作者的身份，而另一次则将其隐藏。由于显而易见的道德和组织管理上的种种原因，这样的实验难以付诸实践。但在 2017 年，谷歌的一组研究人员受邀成为第 10 届美国计算机协会“网络搜索与数据挖掘”（WSDM）国际会议程序委员会的共同主席。这是一个高标准的计算机学术会议，论文接受率仅为 15.6%。这些研究人员决定借此契机来评估地位在论文接受与否中的重要作用[62]。

同行评审有很多方式。最常见的是“单盲”（single-blind）评审，即评审者完全清楚作者的身份及其所属机构或公司，但论文作者却不知道评审者的身份。与此相对的是“双盲”（double-blind）评审，即论文作者及评审者都不知道对方的身份。在 2017 年的 WSDM 大会上，程序委员会的评审者被随机划分到单盲组和双盲组。每篇论文指派 4 位评审者，两人来自单盲组，另外两人来自双盲组。换言之，每篇论文由两组评审者独立审查，其中一组评审者知道作者是谁，而另一组不知道。

通过瑞利男爵的例子，结果可想而知：那些知名作者，即在此前的 WSDM 大会上至少发表过 3 篇论文，同时迄今为止在计算机科学领域共发表过超过 100 篇论文的作者，他们在单盲组的论文接受率，比在双盲组高了 63%。这两个组评审的论文完全相同，因此接受率上的差别只能用作者的身份来解释。同样，来自顶尖大学的作者，一旦他们与大学的隶属关系被评审者所知，其论文接受率也会增加 58%。此外，在谷歌、脸书（Facebook）或微软等在计算机科学领域声誉卓著的机构工作的作者，其论文的接受率增加了 110%。

这些结果表明，在科学界，当评判一篇科研论文时，人们确实信赖声誉，看重作者的地位和研究机构的声望。尽管这种信息的使用对于决策制定的影响是好是坏仍有争议，但地位信号却仍是论文在某些著名的场合得以发表的关键因素。

双盲法与单盲法

如果两篇论文内容非常接近，其中一篇出自不知名的科研人员，而另一篇出自相当有声望的研究者，它们显然应该有相同的发表机会，但这只有在采用双盲法评审时才有可能发生。这难道不是科学界应全部采用双盲评审的有力理由吗?然而，新的证据表明，这一简单的问题可能并不容易解决。

《自然》杂志进行的一项实验表明，如果双盲评审是非强制性的，那么这一问题并不能得以解决[63]。《自然》在2015年开始提供双盲评审选项。分析了从2015年3月至2017年2月期间《自然》名下25种期刊的所有论文，研究人员发现，通讯作者来自名望稍逊的研究机构时，更有可能选择双盲评审，其原因可能是试图纠正已有的偏见。但无论是初审还是同行评审，采用双盲评审时论文的通过率都明显低于单盲评审。

以《自然》这一旗舰刊物为例，在单盲评审程序下，论文送审的概率是23%。但如果你选择双盲评审，这个概率将下降到8%。论文进入评审环节以后，这一情况也没有改进：单盲评审的论文接受率大约为44%，而双盲评审的论文接受率仅为25%。换句话说，评审者在不知道作者身份的情况下，会更挑剔。这些差别非常重要：如果将论文送审的概率与评审后得以接受的概率相乘，论文经双盲评审程序后能被《自然》所接受的概率是 2%，真令人难以置信。单盲评审尽管希望依然不大，但成功率仍有 10.1%。换言之，仅仅因为选择了双盲评审，论文的接受率一下子就变成了原来的 1/5。

对于这个明显的差异，一种解释是论文质量的差异[63]。的确，如果作者不那么知名或者来自名声不是那么响亮的研究机构，那么比起经验丰富或来自卓越机构的作者，两者的论文在学术水准上可能并不一致。但是，很有影响力的经济学领域期刊《美国经济评论》(*The American Economic Review*) 所做的一次随机试验反驳了这一论点[64]。从 1987 年 5 月至 1989 年 5 月，《美国经济评论》对提交的论文进行随机试验，一半论文被指定采用双盲评审，另一半采取单盲评审。由于选择方式随机，所以这两组论文的总体质量没有差别。但是，双盲评审组的论文接受率仍然低了不少。

这些结果表明，积极歧视 (positive discrimination) 可能是这一现象更恰当的解释：地位已知的作者容易受到“姑且信之”态度的纵容，而没有地位的那些人，无论在研究设计还是研究方法上都要经历更严格的审查。然而，人们仍然很难找到客观的理由来解释为何双盲评审不能成为科学出版的评审标准。它的广泛应用将创造公平的竞争环境，降低地位对作者的影响，无论这种地位是来自其先前成果的影响力，还是仅仅来自其隶属的某个声名显赫的研究机构。

身份地位，影响力提升的红利

科学家的声望有助于论文的顺利发表，但这会不会提高他们科研成果的长期影响力呢？论文只需要评审者们一时达成肯定的共识就能被接收，但它的影响力却取决于科学界更广泛的认可，人们也许会在该成果的基础上展开更深入的研究，也可能会忽略它。著名科学家发表的论文是否也享受到了影响力的红利呢？

声誉该如何测量呢？或许应该先考虑一下 $C_i(t)$，它相当于在新论文发表前，作者所有已发表论文的总引用量[65,66]。实际上，$C_i(t)$ 结合了产出量（作者所发表的论文数）和影响力（这些论文被其他作者引用的频率）这两个因素，而这种结合基本上就可以代表作者在其研究领域里的认可程度。

一篇论文获得新引用的速度，往往与这篇论文已获得的引用量成正比[67,68]。高被引论文阅读量更高，因此也更有可能被再次引用。这种现象被称作优先连接（preferential attachment），我们将在第 17 章对此进一步讨论。要明白作者的声誉对发表的论文有什么影响，我们可以测量著名作者的论文在发表早期的引用红利[65]。例如，对一组著名物理学家而言，优先连接在论文获得约 40 条引用之后才显现（C_x≈40）（见图 3-1）。与此形成对照的是，对于物理学界的年轻科学家（比如副教授），C_x 从 40 降到了 10。也就是说，论文一经发表，资深作者的论文被引用的可能性是年轻作者的 4 倍①。

① 如图 3-1 所示，引用量的增速在论文刚一发表时就相当于引用量为 C_x 时的增速。因此 C_x 越小，意味着论文早期吸引引用的能力越低，具体可参考附录 2 中的公式 25-2。——译者注

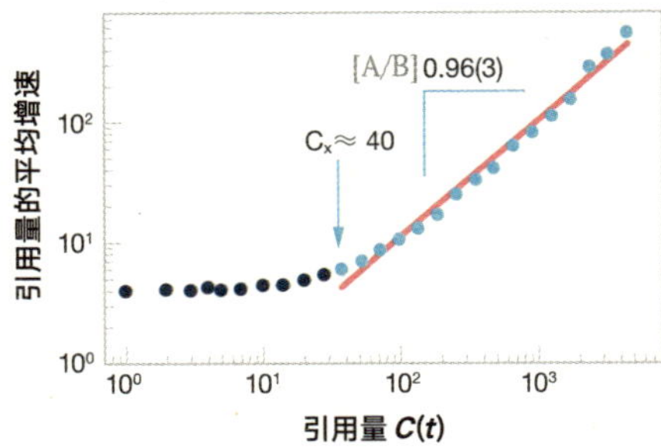

图 3-1　声誉对引用的交叉效应

线性附着率在 $C < C_x$ 时不再成立，表明有额外的因素助推引用的增长，使 $C(t)$ 得以抬升，偏离了完全由优先连接机制所预测的趋势。数据集包括 100 名具有最高引用量的物理学家以及 100 名最多产的物理学家[55]。

图 3-1 表明，在引用量还较小的早期（当 $C < C_x$），声誉起着重要的作用。但随着时间的推移，声誉效应也逐渐减退，论文的长期影响力主要还是取决于论文的内在特质，而不是论文的作者。换言之，著名学者享受了早期的引用优势，他们的研究更容易被科学界关注，对早期的引用也有所裨益。但这种声誉效应随着时间的推移而逐渐消失，优先连接会取而代之，最终使得引用率主要取决于科学界同仁对成果内在价值的集体认知。

以上所讨论的声誉提升并不局限于新发表的论文，声誉还可能使早期的研究成果产生溢出效应，提升它们的影响力。像获得诺贝尔奖这样突如其来的认可，让我们可以量化这种效应。以约翰·芬恩为例，他因为发明了电喷雾离子化技术而获得 2002 年诺贝尔化学奖。这一发现于 1989 年发表在《科学》杂志上，也是他引用量最高的论文[69]。根据谷歌学术统计，截至 2018 年，该文共获得近 8 500 次引用。当这一里程碑式的论文发表后，它便以罕见的速度积累着引用量，而芬恩的几篇早期论文的引用量也开始迅速增加。针对 124 名诺贝尔奖获得者的分析表明，这种提升带有普遍性[70]：一项重要科学发现的公布也连带增加了作者以前发表的论文的引用量。有趣的是，那些引用量提升的早期论文与新发现的课题并不一定相关。也就是说，声誉信号通过将对专业关注引向个人而产生作用。结果，当学者在某一科学领域突然声名显赫时，他的声誉也可能会延伸到研究工作的其他方面，即使是不相关的领域。

从升到降：反转的马太效应

一项突破性成就有利于科学家过去和未来的学术研究，一项丑闻对他的职业发展会带来什么影响呢？科学家肯定是会犯错的，严重错误和学术不端的事件也经常会在科学界出现。这些事件会导致论文被撤稿，特别是涉及审查严格的顶级期刊时[71]。撤稿在多大程度上影响科学家的职业发展？比起年轻的同事，声名卓著的作者所受到的负面影响是更严重还是更轻微？尽管论文撤稿有助于其他研究人员规避错误假设，对科学自身大有裨益，但对撤稿论文的作者来说绝非好事：他们也会经历一种溢出效应，这会给其先前取得的整体科研成果的引用量造成损害[72-74]。但这种负面影响并不是同等施加的：有名望的科学家因论文撤稿所受到的惩罚，比起不那么出名的同事而言要更加严厉[74]。不过，关键在于这一结论只适用于撤稿涉及学术欺诈或不端时。换句话说，当论文撤稿被认为是由于“无心之过”，作者地位所导致的惩罚差异性就会消失[74]。

但是，当资深学者和年轻科学家的署名同时出现在一篇被撤的论文上时，他们所受到的惩罚却会因地位不同而迥异[75]：资深学者往往会逃过一劫，而年轻的合作者则承担了多数责任，有时他们甚至可能因此提前退出科研领域。我们在第 13 章探讨合作研究的利弊时，会再讨论这一效应。

这真是马太效应吗

很多伟大的科学家都拥有不止一项突破性成就[60,76]。牛顿就是一个典型的例子，除了牛顿力学，他还创立了万有引力理论、微积分、牛顿运动定律、光学，还有最优化理论。事实上，著名科学家往往会涉及多项科研发现，这种现象也可以用马太效应来解释。初始的成功可能会使科学家备受认可，改善同事对他的看法，获得在竞争中赢得优势并最终取胜的经验，提高社会地位以及吸纳各种资源和优秀的合作者，这每一项回报都增加了其下次成功的可能性。但是，另一种解释也同样有趣：那些伟大的科学家只是因为超常的天赋，才能在科研事业中取得多项轰动性发现，并不断地获得成功。因此，未来的成功仍属于先前已经取得成功的那些人，并非是以前的成功给他们创造了有利条件，而是因为以前的成功验证了他们的潜在天赋。而根据马太效应，仅仅是成功本身就能增加未来成功的可能性。这就引发了一个问题：地位决定了结果，还是反映了潜在的杰出天赋或素质？换句话说，马太效应真的存在吗？

如果结果是相同的，我们为什么还要纠结哪一种解释更合理呢？不管在哪种机制下，那些先前已经获得成功的人，在将来都更有可能成功。但是，如果一些人能成功而其他人不能成功的唯一原因是天赋上的差别，那就意味着命运从一开始就青睐某些人，同时又忽视了其他人。然而，如果马太效应是真实存在的，那么你所经历的每一次成功，都将为下一次成功创造更好的机遇。你可能不是爱因斯坦，但是如果能幸运地赢得先机，你就有可能缩小自己与大师之间的差距，因为成功会像滚雪球一样越来越大。

可惜，要区别这两种相互冲突的理论相当困难，因为它们产生的经验观测结果非常相似。对这两种相互对立的假设所做的一项测试，源于法兰西学院神奇的“第41把交椅”。学院最初决定只设置40个席位，将它的成员数限制在40人，称其为“不朽者”。只有当某位成员去世，席位出现空缺，才会考虑新成员的提名或者申请。在这一限制条件下，许多实至名归的个人从未入选该学院，永远安坐在第41把交椅上。该席位上挤满了很多真正的不朽者，这些人包括笛卡尔、帕斯卡、莫里哀、卢梭、圣西门、狄德罗、司汤达、福楼拜、左拉和普鲁斯特等[60]。而可悲的是，许多在这间受人尊敬的俱乐部里占有一席之地的人却不为人知。随着时间的推移，第41把交椅成了一个符号，代表着许多才华横溢的科学家。他们作为各自领域的巨人，本来应该获得正式的认可，却从来没有得到过。

但是，获得正式认可与否真的重要吗？那些重要奖项的获奖者以及与其成就相近却从未获得正式认可的科学家，大众对这两种人的看法有何差异？换句话说，坐在第41把交椅上的那些人，如果入选了法兰西学院，他们的职业发展会有不同吗？有一项研究探究了提升学术地位的大奖的影响力，为这一问题提供了答案[77]。

霍华德·休斯医学研究所（Howard Hughes Medical Institute，HHMI）是美国生物医学研究领域久负盛名的私人基金组织，他们看中的是“人，而不是项目”，慷慨地支持科学家，而不是资助基于同行评审的特定研究提案。该研究所每年大概会为每位研究者提供100万美元的资金，其资助具有长期性与灵活性，允许受资助人按照自己的意愿自由研究，必要时还可改变研究方向。除了资金上的自由，成为HHMI研究员还被视为一项声名显赫的荣誉。要想度量

HHMI 奖金的影响力，关键在于如何建立一个对照组，其中的科学家与 HHMI 的研究人员水平相近，却没有获得奖金，然后再对两组人员的研究成果进行比较。

假设确定了对照组的人选，而且确实有证据表明 HHMI 的研究员具有更大影响力，那么我们又如何确定这种差别是不是纯粹由他们新近获得的地位所致？毕竟，每年 100 万美元的项目资金，能够带来丰富的资源，可以更好地进行科研工作。要解决这个问题，我们可以只关注他们在获得 HHMI 奖金之前所写的论文。如此一来，两组人员在论文引用量上的差异就不能简单地归结为更优厚的资源了。果然，分析显示科学家在获得 HHMI 研究员任命后，其早期论文的引用率有明显增长，这证明了在科学界声誉高低确实影响着职业的发展。

这种“成功孕育成功”的效应并不局限于 HHMI 研究员。当一位科学家成为诺贝尔奖获得者，他先前发表的论文，无论能否达到诺贝尔奖水准，都会赢得更多关注[78]。同样，就像前面提到的约翰·芬恩的例子一样，一个人无论成了 HHMI 研究员，还是荣膺诺贝尔桂冠，他以前的研究成果都不会改变。但在新荣誉的加持下，这些研究成果受到的关注却增加了。

然而有趣的是，严格的对照实验表明，地位对影响力的作用还不算太大，仅限于一个短暂的窗口期。当论文质量还不确定以及获奖者在获奖时地位相对较低的情况下，获奖所带来的影响明显更大，这一点与马太效应的理论是一致的。总之，这些结果显示：一方面，在判断地位对学术表现的影响上，常规研究可能夸大了其真正的影响力；另一方面，声名卓著的科学家，其科研产出确实能够获得更大的认可，从而进一步支持了马太效应理论。

马太效应具有因果关系的证据：实地实验

随机实验可以极好地将地位的作用与天赋等个体差异进行隔离。我们可以选择两个组（对照组和实验组），然后赋予实验组随机的有利条件，而忽略对照组。如果不根据各人先前的成功经历或地位对有利条件进行分配，那么随后获得有利条件的那一组比未获得的那一组所表现出的差异，只能归结为前者在实验初期获得的由外部分配的有利条件。

虽然我们不能将改变人生的大奖或项目资金授予随机选择的科研人员，却能够通过在真实环境下的实验来探讨这一现象，使干预的损害减至最小[79]。这也正是阿尔纳特·范·德·瑞杰（Arnout Van De Rijt）和他的同事们在一系列实验中所采取的手段[80,81]。在位居前 1% 的维基百科编辑中，他们随机选择了一些最多产的贡献者，并随机地将这些贡献者分为两组，然后给实验组颁发冒牌的“维基星章”。这种奖章是维基百科社区对杰出编辑们予以认可的奖励。就像图 3-2 所显示的那样，由于他们都是从同样多产的编辑样本中随机选取的，两个组的活跃度在干预之前难分伯仲。然而，当冒牌的维基星章被授予实验组之后，获奖者展示出比对照组成员更积极的参与度，他们的产出率更加稳定，退出编辑活动的概率也降低了。事实上，与对照组相比，收到维基星章使实验组的平均产出率增加了60%。更重要的是，他们还继续从其他编辑那里额外获得了真正的维基星章。这些额外奖励并非仅仅是由于产出率的提升，因为实验组内收到额外奖励的个人并不比没有收到额外奖励的个人更活跃。这种能够观察到的“成功孕育成功”现象，被证明持续存在于众筹、社会地位、商业背书以及声誉等诸多领域[81]。这表明初始的赞助，即使是随意的，也能够在个人成功方面带来持久的差别，进而通过具有因果关系的证据证明了马太效应的存在。

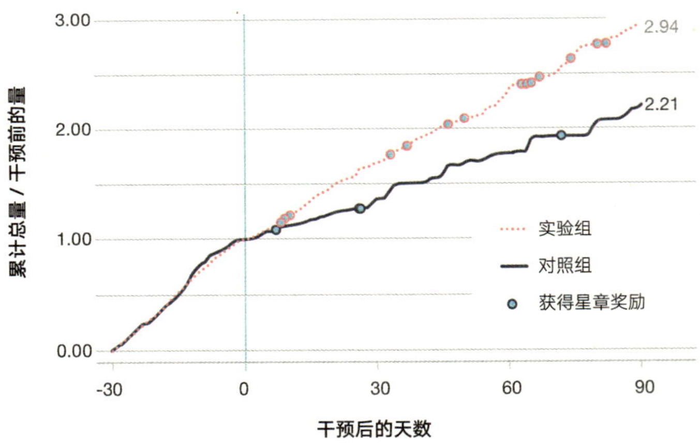

图 3-2　马太效应——来自实地实验的证据

研究人员将维基编辑们随机分为两组，给实验组颁发维基星章，而不为对照组颁发星章。圆圈显示被区别对待后编辑们收到额外的真正奖励的时间。实验组有12位被试总共收到14个奖励，而对照组只有2位被试总共收到3个奖励[80]。

04

年龄与科研成就，科学界头号问题

The Science of Science

当伊莱亚斯·泽霍尼（Elias Zerhouni）于 2002 年被任命为美国国家卫生研究院院长时，他正面对着一场看似棘手的危机：研究院资助的研究人员正以令人担忧的速度逐渐衰老。在 1980 年，大约 18% 的 R01 项目（针对个人最常规的研究资助）的资助者是 36 岁及以下的青年科学家，年龄在 66 岁及以上的资深研究人员占比还不到 1%。然而，30 年之后，情况出现了明显的反转（见图 4-1）[82]：2010 年，受资助的资深研究人员的人数增加了 10 倍，而青年研究人员的比例则从 18% 急剧下降到 7%。也就是说，在 1980 年，美国国家卫生研究院每资助一位资深研究人员的同时，也为 18 位年轻科学家提供了经费；而到了 2010 年，获得资助的资深研究人员则是青年研究人员的两倍。泽霍尼声称这种趋势是“美国科学界的头号问题”[83]。

为什么美国国家卫生研究院院长会对这种趋势如此焦虑？毕竟，资深研究人员拥有已被认可的科研记录，知道如何管理项目，也了解各种风险，经验丰富，可以为年轻一代的科学家充当导师。因此，在严格的同行评审下，资深学术带头人往往比初出茅庐的年轻人更容易胜出。纳税人的钱由前者安全地掌管，难道我们不应该更放心吗？

要理解人口结构变化对美国科学界的产出率和显赫地位所构成的威胁，我们需要探讨一个吸引了研究人员几个世纪的问题：科学家在多大年纪时做出他最重大的科学贡献？

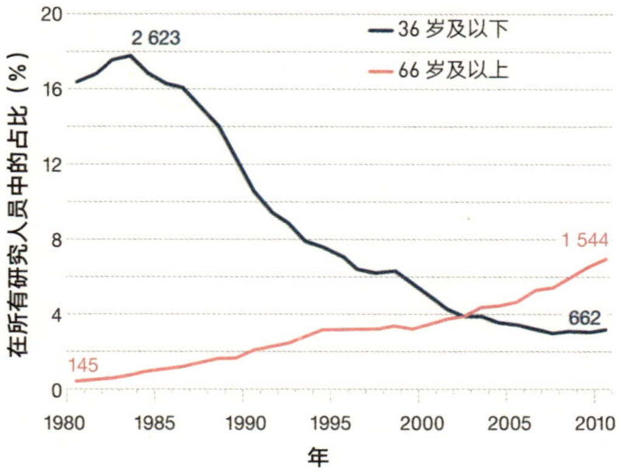

图 4-1 美国科学界的人员老龄化

1980—2010 年，在美国国家卫生研究院的 R01 项目受资助者中，年龄为 36 岁及以下和 66 岁及以上两组人员的比例发生的变化[82]。

职业生涯的中期，科学成就的巅峰

对个人年龄和卓越成就之间关系的研究，最早可追溯到 1874 年。当时，乔治·M. 比尔德（George M. Beard）估计，每个人在科学与创造性艺术上的成就巅峰发生于 35 ～ 40 岁[84]。之后，哈维·C. 莱曼（Harvey C. Lehman）又花了差不多 30 年时间研究这一问题，并将发现总结在 1953 年出版的《年龄与成就》（*Age and Achievement*）这一专著中[85]。从那以后，有数十项研究探讨了年龄在一系列创造性领域中的作用，揭示了一个相当稳定的规律：无论对于何种创造性领域，或是成就界定方式，一个人最出彩的成果往往发生在职业生涯的中期，或者说发生在他的 30 ～ 40 岁[2, 66, 85–87]。

图 4-2 以 20 世纪的诺贝尔奖得主以及一些卓越的技术创新者的数据为样本，显示出他们做出标志性成就时的年龄分布情况[88]。图 4-2 传达了以下 3 个关键信息。

- 年龄的差异很大。虽然很多重大的创新是在他们30多岁完成的（42%），但40多岁完成的占比也很高（30%），还有大约14%的人是在50岁以后才取得了重大突破。
- 没有人在19岁以前获得重大成就。虽然爱因斯坦的“奇迹年”是青春韶华的26岁，牛顿甚至更小，是在23岁，但这个世界上像牛顿、爱因斯坦这样的天才的确太稀少了，因为仅有7%的人在26岁或更早做出了他们最伟大的成就。
- 诺贝尔获奖者和创新者来自两个独立的数据源，两个名单之间仅有7%的重叠。但这两组样本的年龄分布惊人地相似。

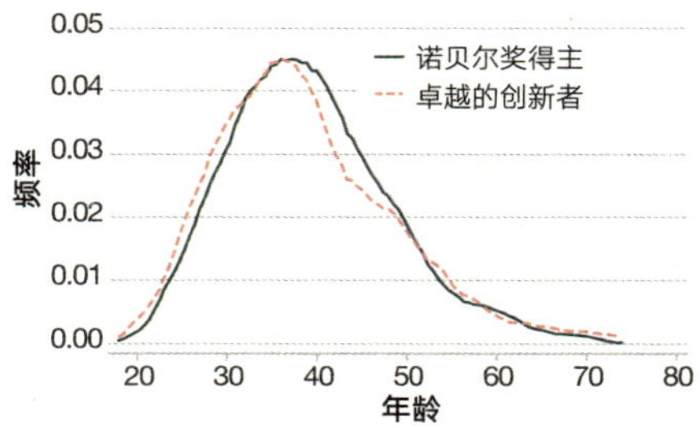

图 4-2　伟大创新的年龄分布

这幅曲线图结合了20世纪所有的观察结果，显示出创新者做出伟大创新时的年龄[88]。

综上所述，图4-2显示了科学成就的巅峰出现在中年[2,66,85-87]。科学家的职业周期一般始于学习，这时他们通常没有重大的创新成果。随后迎来创造性产出的快速跃升期，巅峰期在30岁后期或40岁，最后随着他们进入晚年而缓慢下降。这种规律相当普遍。研究人员以各种不同方式对科学家进行考察，通过是否获得诺贝尔奖、是否收入百科全书以及是否在英国皇家学会或美国国家科学院这类组织里有一席之地，进而确定那些重要的科学家。无论怎样切分数据，得到的模式基本与图4-2相同。这就引发了两个问题：为什么在20岁和30岁早期，创造性会与我们保持距离？为什么在我们的晚年它会衰减？

科研人员的职业周期

职业周期的早期

科研人员职业发展的一个显著特征是在初始阶段没有什么贡献[89]。简单地说，没有哪位科研人员能在 18 岁时做出够得上诺贝尔奖水平的成果。职业生涯的早期与学校教育的时间重合，这意味着对于教育的需求可能是科研人员早期没有优秀成果的原因。这也和创造力理论一致，“创造力”通常被界定为对已有的知识进行有趣组合的能力[90–92]。如果我们将知识视为一块块的乐高积木，新的发明和创意则取决于能否找出崭新的方式来组合这些组件。我们首先需要积累足够的组件，然后才能开始构建有意义的东西。

用第一次世界大战和第二次世界大战作为自然实验所得到的经验证据也支持这一观点，即训练是职业早期缺乏发现和创新的原因[88]。的确，战争打断了正常的生活，影响了职业生涯的训练阶段。当诺贝尔获奖者在 20 ～ 25 岁经历了“一战”或“二战”，即使战争已经结束，他们在 25 ～ 30 岁产出创新性成果的概率也大大降低。这也意味着，科学家并不是在某一特定年龄就能变魔术般地开始创新，相反，训练阶段被中断的时间必须得补上。这项发现与心理学广泛讨论的“1 万小时定律”是一致的，该假设估计，要在人类能力所及的任何领域取得卓越成就，需要差不多 10 年的专门训练[93–95]。

职业周期的中期和晚期

当科学家完成训练阶段，可能就会迎来一个成果多产期，就像图 4-2 中事业峰值与所处年龄对应关系所展示的那样。但图 4-2 同样也显示了，在中年时达到事业峰值之后，取得科研上重大突破的可能性就会逐渐下降。与早期的快速上升相比，这种衰减相对要缓慢一些。

这种衰减可能源于多种因素，如技能过时、健康退化等。但是，这些都无法解释为何衰减会发生得这么早，因为它通常在 50 岁前就出现了，而这一年龄段远远早于生物学所定义的老年。正是这个原因，其他一些解释就显得更加合理，它们考虑了科研过程中的现实情况，包括家庭责任和不断增加的管理职责。也就是说，年龄偏大的科学家也许完全有能力产出重要的科研成果，却受制于有限的时间。相反，他们要投入大量时间管理实验室、申请科研经费、审阅论文以及决定职位任免等事务。有趣的是，科学家的职业生涯有时会在其退休之前迎来“第二次巅峰”，这可以解释为他们可能急于将剩余的想法和未发表的研究结果付诸成文[89, 96–98]。

这些发现可以帮助我们更好地回过头来思考美国科学界所面临的挑战（见图 4-1）：虽然资深研究人员经验更为丰富，但科学家往往是在他们更年轻时产出了最重要的成果，这意味着科研资金偏向于较年长的研究人员可能会扼杀创新。比如，自 1980—2010 年，共有 96 名受到美国国家卫生研究院资助的科学家获得了诺贝尔生理学或医学奖和诺贝尔化学奖，但他们在做出这些获奖成果时，平均年龄为 41 岁[99]，这比当前首次获得美国国家卫生研究院资助的研究人员的平均年龄小了整整 1 岁。

知识负担与工作性质，影响我们攀上科研高峰的时间

什么因素决定我们的创造力达到巅峰的时间点呢？许多人相信，科学家的研究领域最为关键，因为有些领域比较新颖，可以说是“年轻”领域，而另一些领

域则相对传统，较为“年长”。的确，盛行一时的猜想是，在那些以推理和直觉为主的学科里，科学家会在较年轻时取得重大成就，这就解释了为何相对于医学，在数学或物理这样的学科中，科研巅峰会更早出现[85,100-102]。

但是，人们越来越质疑这些刻板印象：凡是物理学家，就一定是年轻有为，而医学博士则往往形容枯槁。通过对文献的全面分析，研究人员将不同研究领域内达到巅峰时期的年龄制成表格。将所有这些数字集中放在一起，他们发现巅峰时期的年龄覆盖了全年龄段[89]，并没有明显的所谓“年轻”或“年长”的领域。即使是物理学对比医学这样的经典例子似乎也经不起推敲。例如，虽然在 20 世纪二三十年代，诺贝尔物理学奖获奖者要比其他领域的获奖者年轻，但自 1985 年后，诺贝尔物理学奖得主在做出获奖成果时，其年龄实际上比其他领域获奖者的年龄要大[103]。

如果决定性因素不是研究领域，那又会是什么呢？下面来介绍两个颇具说服力的理论：知识负担论和工作性质论。

知识负担论

稍微再注意一下图 4-2，即可得到一个有趣的规律[88]。如果将 20 世纪分为 3 个连续的时间段，诺贝尔奖获得者和伟大发明者的数据将呈现出一个系统性的变化（见图 4-3）：拥有最强大脑的科学家的巅峰年龄随着年代变化有所增加。在诺贝尔奖的早期，有 2/3 的获奖者是在 40 岁之前做出他们的获奖研究，20% 是在 30 岁之前获此殊荣。最年轻的诺贝尔物理学奖获得者劳伦斯·布拉格（Lawrence Bragg）获奖时只有 25 岁。而在今天，一位物理学研究者在 25 岁时，可能才刚刚决定要报考哪个学校去攻读博士学位，从而开始自己的专业训练。从

1980 年开始，取得诺贝尔物理学奖获奖研究的平均年龄已经变成 48 岁。总体上说，在整个 20 世纪，诺贝尔奖得主和发明者做出重大成就时的年龄越来越大，平均巅峰年龄总体增加了约 6 岁。

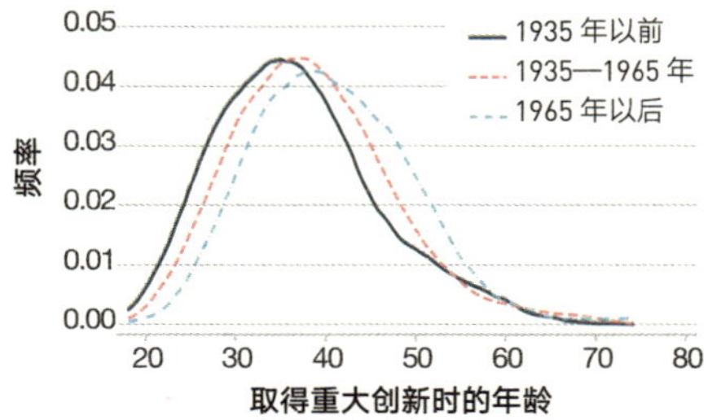

图 4-3　重大创新年龄分布中的变化

数据涵盖诺贝尔奖获得者和伟大发明者。20 世纪被划分为 3 个连续的时间段：1900—1935 年、1935—1965 年以及 1965—1999 年[88]。

有两个推断貌似可以合理地解释这一年龄转变。第一种推断认为，创新的生命周期已经发生了变化，所以如今具有卓越才智的人在职业生涯的后期才开始创新。这可以归结为他们需要更长的时间接受教育，推迟了主动进行创新性活动的开始时间。第二种推断则认为，巅峰年龄上升的趋势只是反映了世界总体的人口结构变化。换句话说，如果世界人口的平均年龄更大，那么从事科学研究的科学家们应该也不例外。

但是，即使控制人口结构的影响，仍然无法解释巅峰年龄显著改变的现象，特别是职业周期早期的推迟，即创新者活跃期的起始时间[88]。比如在 20 世纪初，科学家在 23 岁时便开始进入“科研活跃期”，但到 20 世纪末，这一时间则推迟到了 31 岁。

为了解释我们观察到的变化，琼斯（Jones）提出了“知识负担”理论[88,104,105]。首先，创新者必须接受充分的教育才能了解到前沿知识；其次，科学知识以指数级快速增长，为到达前沿所需掌握的知识量也随着时间不断增加。这个理论从一个新角度诠释了牛顿的那句“站在巨人肩膀上”的名言：为了站在巨人的肩膀上，首先必须要攀登到他的背上，而知识的体量越大，这一攀登的路程就越长。

显然，教育是创新的先决条件[88]。如果科学家想要在年轻的时候创新，那么在训练上多花了一分钟，就相当于他们在推动科学向前迈进上少花了一分钟，这在无形中就减少了科学家在个人职业生涯中的整体产出。如果每位科学家的创新时间变少，那么整个科学界的创新也将变少[89]。简单计算一下便可知道，普通研发人员在提高总体产出上投入的时间仅仅是 20 世纪初的大约 30%，这一变化可归结为知识负担。换句话说，就专利数和产出量这两个指标而言，研发人员人均产出明显下降可能就源于科研巅峰对应的年龄变大[106]。

危及诺贝尔奖

当前，不仅科学发现延迟了，对发现的认可也同样如此[107]。事实上，科学家做出值得荣膺诺贝尔奖的发现，与他真正被授予诺贝尔奖中间的间隔期也在持续延长。1940 年之前，在诺贝尔奖获得者中，只有 11% 的物理学奖得主、15% 的化学奖得主以及 24% 的生理学或医学奖得主，在做出原创性发现的 20 年后才得到认可。而自 1985 年以来，这种 20 年认可延迟在以上 3 个学科获奖者中所占比例分别达到 60%、52% 和 45%。科学发现和它得到正式认可之间的时间间隔接近指数增长。这预示着，到 21

世纪末，获奖者的平均年龄可能会超过他们的预期寿命。也就是说，大多数候选人都可能活不到他们参加诺贝尔奖颁奖仪式的那一天。考虑到诺贝尔奖不能死后追认，这种延迟有可能会降低这一最有声望的奖项的权威性。

实验型创新者与概念型创新者

海森堡于1920年刚进慕尼黑大学时，由尼尔斯·玻尔、阿诺德·索末菲（Arnord Sommerfeld）等人创建的原子理论虽然在某些领域获得了成功，但同时也遭遇到了严峻的挑战。海森堡在索末菲的指导下，于1923年在慕尼黑大学获得博士学位，随后前往德国哥廷根大学同马克斯·玻恩（Max Born）共事，并于1925年创建了矩阵力学。第二年，海森堡在哥本哈根大学成了玻尔的助手，并在25岁时提出了“不确定性原理”。在20世纪，历史学家在文献中反复提到海森堡的“非凡才能：对数学工具的熟练运用以及大胆的物理洞察力”——语出他的博士导师索末菲。

但鲜为人知的是，海森堡差一点没能通过博士论文答辩。1923年7月23日，22岁的海森堡面对着慕尼黑大学的4位教授，轻松回答了索末菲的提问以及与数学相关的问题，但在回答天文学问题时则显得磕磕巴巴，在实验物理方面则没有通过[108]。最后他通过了答辩，成绩差不多是C。第二天早上他来到马克斯·玻恩的办公室，尽管当时玻恩已经聘用他作为来年的助教，但海森堡仍难为情地说道：“不知道您是否还会要我。”

你可能会问，这么一位有着非凡才华的物理学家，怎么会在他所研究领域的基础知识方面不及格呢？也许能从创新者类型上找到答案。从广义上说，学术创新性上存在两种极端表现：概念型和实验型[109]。实验型创新者以归纳法从经验中积累知识。这种类型的研究严重依赖他人的工作，更倾向于实证性。而海森堡则属于概念型创新者，利用抽象的原理，通过演绎推理进行研究。因此，他的研究往往源于先验逻辑，更具有理论性。这两种创新间的差异表明，科学家的研究性质影响了他能在何时达到事业巅峰：概念型创新者往往会比他们的实验型同行更早做出重大的研究成果。

为了了解两类科学家职业生涯的差异性，研究人员按照研究成果的性质，将荣获诺贝尔奖的经济学家划分为概念型和实验型两组，并统计了每组成员在发表最重要成果时的年龄[109]。其中的差别显而易见：概念型获奖者做出最重大科学贡献的平均年龄是 35.8 岁，而实验型获奖者平均年龄却为 56 岁，两相比较，中间竟然相差了 20.2 年。事实上，在概念型诺贝尔经济学奖获得者中，有 70% 在其职业生涯的前 10 年就发表了他们最重要的成果，而实验型获奖者中却没人能做到。

按照研究成果的性质，还可以将它们分为实证范畴和理论范畴。注意，这种区分与概念型和实验型的区分并不等同。虽然概念型创新更倾向于理论性，但是概念型创新者也可以专注于实证研究。同样的道理，实验型创新者也可以做出理论贡献。尽管如此，将诺贝尔获奖者划分到实证范畴或理论范畴时，仍然出现了相似的特征（见图 4-4）[89]：在做出获奖发现时，实证范畴的研究者比理论范畴的研究者大了 4.6 岁（分别为 39.9 岁和 35.3 岁）。

为何在职业生涯中，概念型成果出现得较早，而实验型成果则正好相反呢？对此有多种解释[89]。

第一，像海森堡这样的概念型创新者不需要积累大量的经验就能有所贡献。

相反，从事实验研究的达尔文则需要慢慢积累创建理论所需的证据。毫无疑问，达尔文是一位天才博物学家，但如果他没有登上小猎犬号勘探船进行环球航行，他的研究就会无疾而终。收集所有的证据并寻找它们之间的联系，需要耗费大量时间。事实上，旅途本身就花了5年时间。这意味着，达尔文用了5年时间旅行，只是收集到了撰写《小猎犬号航海记》(*The Voyage of the Beagle*)的素材。

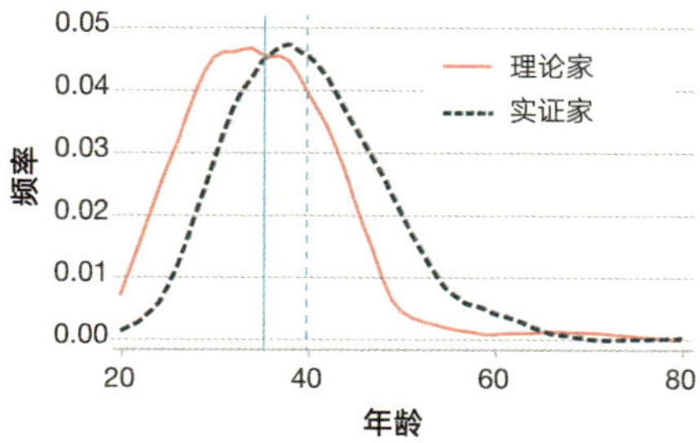

图 4-4 诺贝尔奖获奖者中理论家和实证家对比

本图对诺贝尔奖获奖者进行了分类，将获奖研究分为理论型和实证型，显示出两者在创新生命周期上的明显差别[89]。

第二，一些极为重要的概念型研究成果会有很多与现有范式相违背的地方。若是短暂接触，但又不沉浸其中，可能较容易逃脱传统观念的束缚。因此，一方面，经验有利于实验型创新者；另一方面，某一领域全新的东西有利于概念型创新者。确实，博士答辩的惨况并没有阻止海森堡做出他的开创性成果。从某种程度上说，这对他还有所帮助。也就是说，知道得太多也许还会“扼杀”你的创造力[110,111]。

从某种意义上说，概念型和实验型创新者就像科隆啤酒和年份波特酒。前者最好是新鲜时喝，而后者随着时间的积淀会口感更佳，单宁酸的味道更为柔和。这种创作过程的对比方法也应适用于科学以外的领域。在当代最为重要的概念型创新者当中，有爱因斯坦、毕加索、安迪·沃霍尔、鲍勃·迪伦等，他们都是在 24 ～ 36 岁做出了各自开创性的贡献。而像达尔文、马克·吐温、保罗·塞尚、弗兰克·劳埃德·赖特（Frank Lloyd Wright，建筑大师），罗伯特·弗洛斯特（Robert Frost，知名诗人）这样一些伟大的实验型创新者，他们最伟大的贡献是在 48 ～ 76 岁做出的[112,113]。从事研究的性质具有如此之强的预测力，能够告诉我们创新者在什么时候能达到事业的巅峰，甚至有时你根本不需要数据来验证它的结果。以艺术为例，在图 4-5 中，我们将米开朗琪罗和毕加索的作品并排放置，你能猜出谁是科隆啤酒，谁是年份波特酒吗？

(a) (b)

图 4-5 米开朗琪罗与毕加索

并列的两张名画。(a)《创造亚当》(*The Creation of Adam*)，米开朗琪罗。(b)《女人与芥末瓶》(*Woman With Mustard Pot*)，毕加索。你能猜出这两位艺术家谁的创作巅峰来得早一点，而谁需要更长时间才达到成熟吗？

年龄与接受新思想的关系：普朗克的理论

人们普遍持有的观点是，年轻一些的研究者更可能与传统彻底决裂。马克斯·普朗克（Max Planck）对此有过生动的描述："一个新的科学真理不是通过说服对手、让他们看到光明而获得胜利，而是源于对手最后离开人世，熟悉新理论的年轻一代成长起来。"这一思想流派认为，年龄是驱动科学发展的重要因素。也就是说，如果年轻的和年长的科学家对接受新思想有不同的偏好，那么就不得不等到老一代科学家的重要影响消失，然后该学科才能进一步向前发展。但持不同观点的另一种思想流派认为，新思想的胜利在于获得更多的实验证据支撑，从而战胜相互冲突的假设。因此，在科学上，理性、论点和证据都很重要，这也表明年龄因素可能并不像我们想象的那么重要。那么，普朗克的话对科学来说也是如此吗？

尽管人们一向认为年轻的研究人员更愿意与传统彻底决裂，但一直以来，能够支持普朗克理论的证据是有限的。比如，D. L. 赫尔（D. L. Hull）和他的同事发现，年长的科学家在接受达尔文的进化论方面与年轻的科学家一样快[114]。该发现支持这样的观点，科学通过自我纠错，在真理的引导下才得以进步。但是，有一项研究，针对的是 452 名在职业巅峰时期突然离世的杰出生命科学学家，这项研究的结果为普朗克的理论提供了实证支撑[115]。在某位著名科学家突然离世之后，经常与他合作的同事们，也就是和他合作撰写论文的那些科学家，会经历科研产出上的骤然下降。同时，该领域中新兴的研究者在论文产出上有显著的上升，而且这些论文有更大的可能获得高引用量，它们的作者也更有可能是该研究领域之外的年轻科学家。

这些研究结果与另外一项有关年龄与接受新思想之间关系的调查结果一致。将论文中出现的新词视为新思想的代表，研究人员测量发现，相比于年长的科学家，年轻科学家更有可能使用新词来表述令人兴奋的创新性主题，而当他们这样做之后，由此产生的相关研究会斩获更大的影响力[111]。这些结果证实了科学上的“歌利亚①的阴影”：当某位重要的学者在世时，局外人不太愿意在他的领域去挑战他；但是一旦他离开人世，众人便蜂拥而至，接管他的统治权。

不管申请美国国家卫生研究院基金的科学家是概念型还是实验型创新者，伊莱亚斯·泽霍尼的态度都至关重要：年长的科学家需要资助从而迅速创新，而年轻的科学家需要资金去收集证据以助力他在 10 年以后取得重大进展。总体上说，本章揭示了年龄与科学成就之间的紧密联系，表明科学家学术表现的高峰期到来得相对较早，随后便是快速甚至无情的衰减。一旦我们过了高峰期，取得重大科研突破的希望开始变得渺茫。

或者至少看起来是这样。虽然我们在这里分享的研究是切实可信的，但年长的科学家仍然可以心怀希望。因为故事中还有故事，你会在下一章看到它们。

① 传说中著名的巨人之一，拥有无穷的力量。——译者注

05

成功概率恒定，你需要在成功前反复尝试

The Science of Science

到目前为止，在所讨论的有关年龄和成就的研究中，有一点是相同的：它们关注的都是著名科学家，那些被我们称赞为天才的人。这些研究得出的结论，与我们这些凡夫俗子有关联吗？

对卓越科学家的这种长期关注合乎方法论：这一领域大多数现存的知识都是通过手工做成统计表格，草草地记下重要研究产生的日期，估算科学家完成这些研究时的年龄，有时还要在图书馆浩瀚的文献中找出证据。同时，著名科学家的信息也更容易获得，因为这些内容都在传记和颂词中有所记载。

即便是今天，虽然计算机极大地降低了数据收集和整理的工作量，但考虑到第 1 章（“解决‘谁是谁’的问题”部分）所讨论的论文署名歧义带来的挑战，研究个人职业生涯仍然是一项艰难的任务。然而，多亏了数据挖掘和机器学习方面的进步，通过使用科研选题、作者所在机构以及引用模式等多方面信息，人名消歧的准确性在过去 10 年得到了极大提高。因此，研究者就可以获取到更多、更全面的关于科学家个人职业生涯的历史信息，这里指的不仅是天才科学家，也包括在这一领域辛勤耕耘的普通科研人员。这些技术进步也为相关研究提供了新的契机。我们将在本章看到，数据并不只是检验和证实了现有的理论和框架，它实际上彻底颠覆了我们对于个人职业发展的思考方式。

被打乱的科学家的职业生涯

图 5-1（a）显示了 1982 年诺贝尔物理学奖获得者肯尼思· G. 威尔逊（Kenneth G. Wilson）的科研生涯。我们将他第一次发表论文视为他学术研究的起点，他每发表一篇新论文，我们就在他职业生涯相应的时间点（学术年龄）上添加一枚大头针。大头针的高度表示论文的影响力，近似等于论文发表后 10 年所获得的总引用量。

通过这种“放图钉”的表现方式，我们能够呈现出每一位科学家的职业生涯。对不同学科的成千上万名科学家重复这一步骤，我们就能够回答一个简单却难以回答的问题：尽管关于天才科学家有大量的文献研究，但普通科学家在什么时候能发表他们最重要的研究成果？

有人通过分析众多物理学家的职业生涯史得到这个问题的答案。研究者检索了曾在《物理学评论》（*Physical Review*）上发表过论文的 236 884 名物理学家的出版记录，并按照“论文发表记录至少横跨 20 年”这一条件从中筛选出了 2 856 人[116]。我们能够从数据中定位每位科学家最优秀的成果，即他已发表的论文中引用量最高的论文。为了查清科学家在什么时候发表了自己最有影响力的论文，我们采用 t^* 值描述科学家发表最优秀的论文时的学术年龄。t^* 会标注亚历山大·弗莱明关于“产黄青霉菌”（Penicillium Chrysogenum）的论文，或者玛丽 · 居里的关于放射性的论文，但它也可以标注隔壁办公室同事的论文，这些论文的引用量或许要可怜得多，却是论文作者最好的一篇。

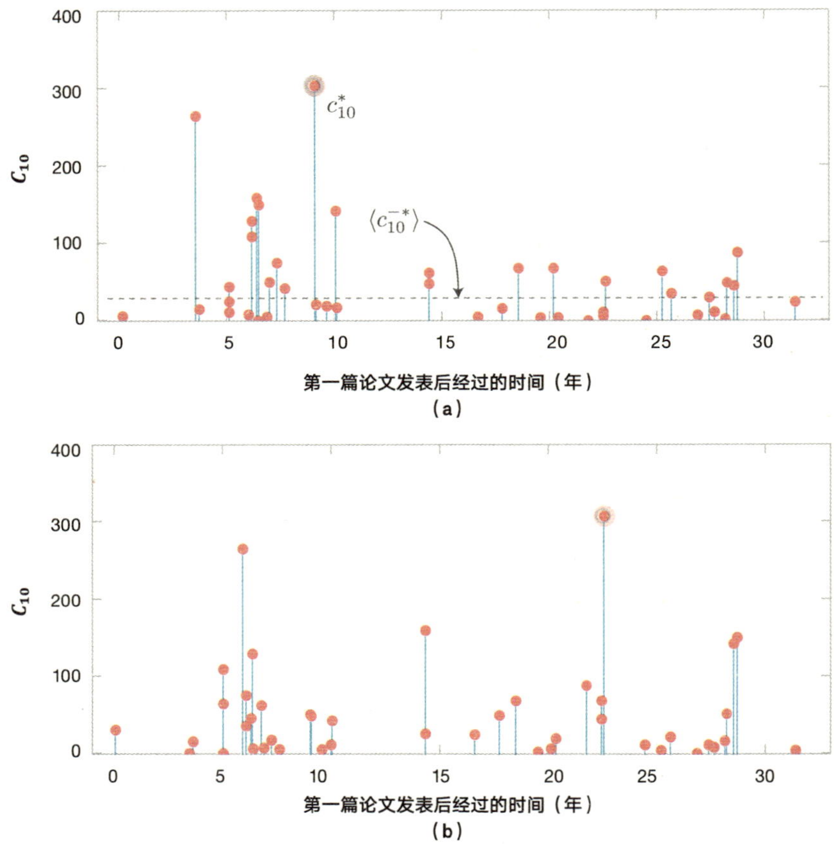

图 5-1　肯尼思 · G. 威尔逊的论文发表史

（a）水平轴显示威尔逊第一篇论文发表后的年份，每一条垂直线代表一篇发表的论文。每条线的高度代表 c_{10}，即论文发表 10 年后获得的总引用量。威尔逊引用量最高的论文发表于 1974 年，也就是他第一篇论文发表后的第 9 年，是他 48 篇论文中的第 17 篇，因此 t^*=9，N^*=17，N=48。

（b）威尔逊被打乱的职业生涯，我们保留大头针的位置，但将每篇论文的影响力用另外一篇的影响力替换，从而打乱威尔逊职业生涯中最重要成果产生的时间顺序[116]。

图 5-2 为 $P(t^*)$ 的函数曲线图，即某位科学家最有影响力的论文发表于自己第一篇论文 t^* 年后的概率。$P(t^*)$ 在 0 ～ 20 年达到较高值表明，大多数物理学科

研人员是在职业生涯的早期或中期发表他们最有影响力的论文，在这一时期之后，$P(t^*)$ 便有明显的回落。这证明，一旦科学家过了职业生涯中期，就不太可能再有突破性的研究成果。

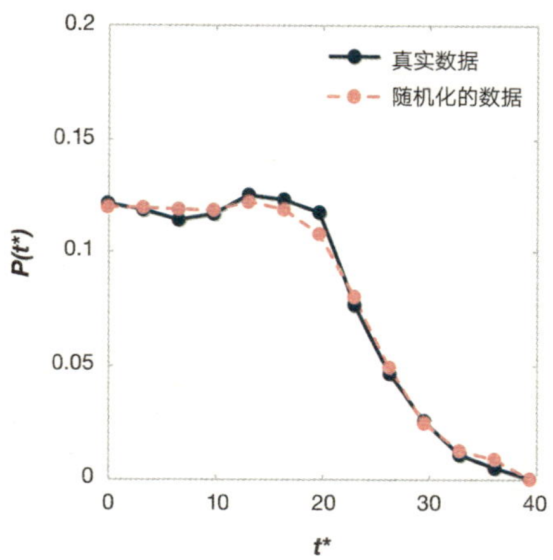

图 5-2　随机影响规则

科学家职业生涯中最高影响力论文发表时间 t^* 的分布（实线）以及对职业生涯随机化后的分布（虚线）。两条曲线差别并不明显，表明科学家发表的论文中，影响力是随机分布的[116]。

但是，进一步仔细分析可以发现，解释这个曲线并不像最初预想的那么简单。为了理解这一点，先来思考一个问题：如果最高影响力论文的产出时间完全是随机的，那么这张图会呈现什么样的结果呢？

试想一下，职业生涯中的创造性纯粹是随机的。要理解这样的随机生涯看起来像什么，我们随机挑选两枚大头针，然后互换，重复这个动作数千次。这样，我们就得到每位研究人员职业生涯被打乱的另一个版本［见图 5-1（b）］。被打乱的职业生涯和他真实的职业生涯差别在哪里？个人的论文产出并没有改变，这些论文总体的影响力也没有变化，因为我们没有改变大头针的长短，也没有改变论文的发表时间。唯一改变的是这些论文发表的顺序。将你所有的论文想象成发给你的一叠扑克牌，你最有影响力的论文是方块 A，然后我们洗牌，将包括 A 在内的扑克牌的顺序打乱。现在，你的方块 A 可能出现在这叠扑克牌的任何位置——上面、中间或是下面。

下一步，我们在打乱的职业生涯中测量 $P(t^*)$，然后将打乱顺序后得到的 $P(t^*)$ 与真实的职业生涯在一张图中绘制出来。令人意想不到的是，图 5-2 的两条曲线几乎相互重合。也就是说，在被随机打乱的职业生涯中，最重要的研究成果的发表时间与原始数据没有太大差别。这意味着什么呢？

巅峰会在职业生涯的任何时刻出现

图 5-2 中两种分布曲线相同，这表明 $P(t^*)$ 的变化可以完全由职业生涯中产出率的改变来解释。确实，那条随机曲线描述了某位研究人员职业生涯中产出率的变化。它表明在这个样本中的研究人员，产出率会在职业生涯的第 15 个年头迎来一个高峰，然后在第 20 年之后快速回落。这意味着，年轻科学家在事业的早期有一些重大的突破，并不是因为年轻和创造力紧密相连，而只是因为他们正处于最多产的时期。换句话说，如果产出率能够调节，那么最有影响力的论文将在职业生涯中的任何时刻出现。我们将这种现象称作“随机影响规则”[116]。

我们还是继续使用扑克牌的比喻。想象一下，你一次从一叠牌中抽出一张，但频率不同。刚开始工作时，你感到兴奋，扑克牌抽了一张又一张，一刻不停，踌躇满志地要找到那张 A。过了这段时期之后，节奏逐渐变慢，你伸手拿牌的节奏也慢了下来。如果扑克牌是事先完全洗好的，而且在前 20 年抽到的牌远多于在此之后抽到的牌，那么什么时候最有可能抽到 A 呢？当然是前 20 年。也就是说，职业生涯的前 20 年并不比后 20 年更具创造力。在职业生涯早期抽中了 A，仅仅是因为你付出了更多努力。

要更直接地测试随机影响规则，我们可以看一看在一叠扑克牌中，A 会出现在哪里。为此，让我们来计算一下最高影响力论文 N^* 在发表的一系列论文 N 中的位置。然后计算 $P(N^*/N)$，即在该序列中某一位置发表引用量最高的论文的概率，N^*/N 取值越小表示所处阶段越早，$N^*/N\approx1$ 则表示处于后期。如果随机影响规则是有效的，那么 $P(N^*/N)$ 应该服从均匀分布，即无论 N^*/N 的取值如何变化，最优秀论文出现的概率是相同的。用专业术语来说，这意味着累积分布 $P_>(N^*/N)$ ① 必须呈现线性下降，服从 $(N^*/N)^{-1}$。数据完全符合随机影响规则的预测［见图 5-3（a）］。

但为什么探讨只停留在最有影响力的论文上？影响力位列第二的论文是什么情况呢？位列第三的呢？你可能猜到了，没错，相同的规律再次出现了［见图 5-3（a）］。累积分布曲线明显是一条直线。也就是说，你职业生涯中的重大突破随时都会降临，而且这一规律并不局限于最优秀的成果，其他重要程度不等的成果也同样是随机分布的[117]。这一随机影响规则不仅可以用来解释科学家的职业生涯，同样也适用于各种创造性领域从业者的职业生涯，比如艺术家和电影导演（见图 5-3）[117]。

① 常见的累积分布函数是随机变量小于某个值的概率（见图 5-4）。在这里，为了与参考文献中的结果保持一致，作者使用的是随机变量大于某个值的累积分布函数的表达形式。——译者注

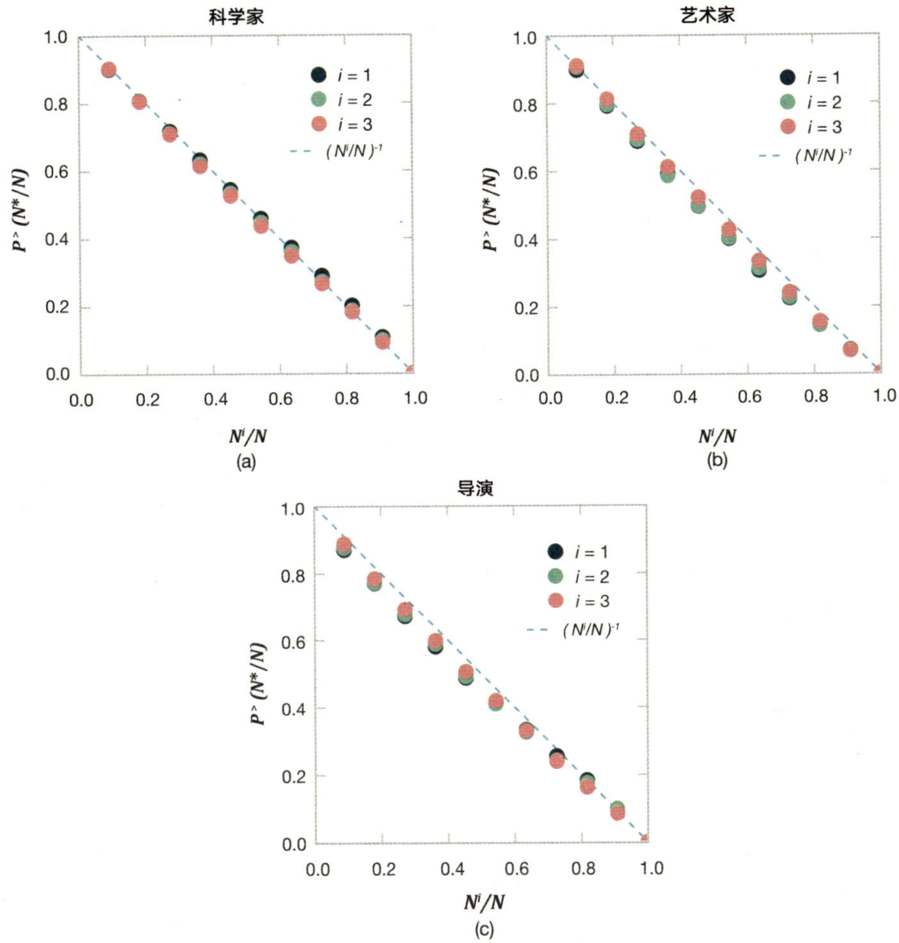

图 5-3　创造性领域的随机影响规则

累积分布 $P^{>}$（N^*/N），其中 N^*/N 表示职业生涯中影响力最大的论文的顺序 N^*，数值范围为 $1/N$～1。N^*/N 的累积分布是一条斜率为 -1 的直线，表明在某人的作品序列中，N^* 出现在所有位置的概率相同。该图显示了 20 040 名科学家［见图 5-3（a）］、3 480 名艺术家［见图 5-3（b）］以及 6 233 名电影导演［见图 5-3（c）］的 $P^{>}$(N^*/N)[112]。对每一位从事创造性工作的个人，我们取他的 3 件最有影响力的作品（论文、艺术品或电影），分别根据引用量、拍卖价格和在互联网电影数据库（IMDb）中的评分等级进行衡量，然后度量它们在其职业生涯中的相对位置。这些图证实，在这 3 种职业生涯中，3 件最有影响力的作品，每一件的完成时间在所有作品序列中都是随机分布的[117]。

随机影响规则这种概念在文献中多有记载，最早可以追溯至 20 世纪 70 年代西蒙顿（Simonton）所做的研究，他提出过一种叫作“成功的恒定概率”的模型[2,118-121]。长期以来，研究人员怀疑，同样的规则也适合于艺术界，比如文学和音乐创作[118]，直到 40 多年之后，用于验证这一想法的数据集才被收集起来。

遗失的获奖者

第 4 章的结论表明，诺贝尔奖的获奖成就往往产生于获奖者职业生涯的早期。然而本章的内容则表明，普通科学家的职业生涯是受随机影响规则支配的。那么，随机影响规则也适用于诺贝尔奖得主的职业生涯吗[122]？为此，在获诺贝尔奖之前发表的论文中，我们测量了获奖论文和引用量最高的论文在论文序列中的位置（51.74% 的引用量最高的论文同时也是获奖论文），发现这两者往往都位于论文序列的早期［图 5-4（a）］。这表明与普通科学家相比，诺贝尔奖得主往往更早就发表了他们最重要的论文。

但是，我们还必须面对一个选择效应——由于诺贝尔奖从未追授给去世的人，因此那些较早产出突破性研究成果的科学家更有可能获奖。为了验证这一猜想，我们拿掉有可能受到这种选择偏差影响的诺贝尔奖论文，衡量余下 3 篇最有影响力的论文的产出时间，发现它们全都随机分布于诺贝尔奖得主的整个职业生涯中［见图 5-4（b）］。

这表明，除了获奖论文以外，诺贝尔奖获得者在其职业生涯中的其他所有重要论文也都遵循随机影响规则。这一选择偏差表明，存在“遗失的获奖者”：某些科学家发现了足以获得诺奖的重要研究成果，但是由于这些成果在其职业生涯中出现得较晚，从而未能获得诺贝尔奖委员会的认可。

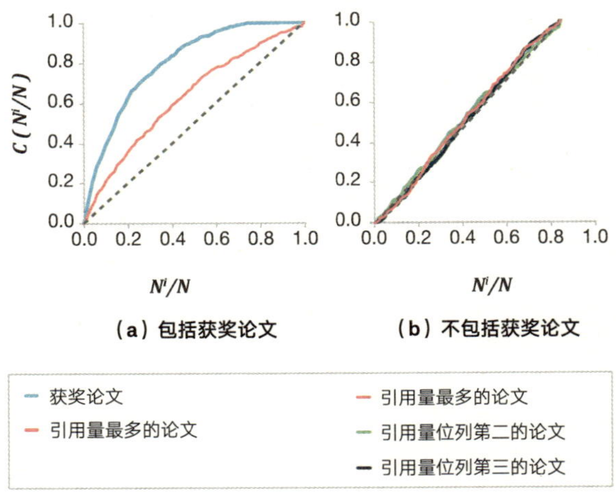

图 5-4　诺贝尔奖得主的职业生涯模式

（a）在授予诺贝尔奖之前，所有论文序列中获奖论文和引用量最高的论文相关位置的累积分布（N^i/N）。虚线表示随机影响规则的预测。

（b）为了消除获奖论文发表时间上潜在的选择偏差，我们去掉了获奖论文，计算获奖之前所有发表的论文中，其余三篇引用量最高的论文所在的位置，发现这些论文仍然遵循随机影响规则[122]。

随机影响规则改变了人们对职业生涯何时出现重大发现这一问题的看法。的确，数十年的研究证实，重大发现通常发生在科学家职业生涯的早期。这也导致了一种根植于大众文化的神秘观点，即创造性属于年轻人。随机影响规则将年龄和创造力分离开来。它告诉我们，在职业生涯中产生的所有成果中，某项成果成为重大突破的概率完全是随机的。准确地说，我们所做的每一个项目成为个人最优秀成果的概率是一样的。不具有随机性的是产出率：年轻的研究人员总是热切地不断尝试，论文一篇篇地发表。如果影响力在个人从事的所有项目中随机存在，那么从统计学上讲，具有影响力的成果总会在职业生涯早期的某个时候产生，因为那时的产出率更高。

随机影响规则为我们认识产出率的作用提供了一个新视角：它告诉我们，要想获得期待已久的科研突破，反复尝试是极其重要的。确实，对于那些持之以恒的人来说，重大科研突破并不是那么难以实现的。约翰·芬恩就是一个很好的例子。在他被耶鲁大学强制退休，正式的学术生涯就要结束时，他发现了一个新的电喷雾离子源。他没有放弃，离开耶鲁后，在弗吉尼亚联邦大学得到一个新的教授职位，继续他的研究，最终发现了电喷雾离子化技术。正是这一发现使他在 15 年之后获得了诺贝尔奖（见图 5-5）。总之，他的例子以及随机影响规则都表明，那些在职业生涯后期产出率没有下降的科学家，他们的影响力可能也不会衰减。

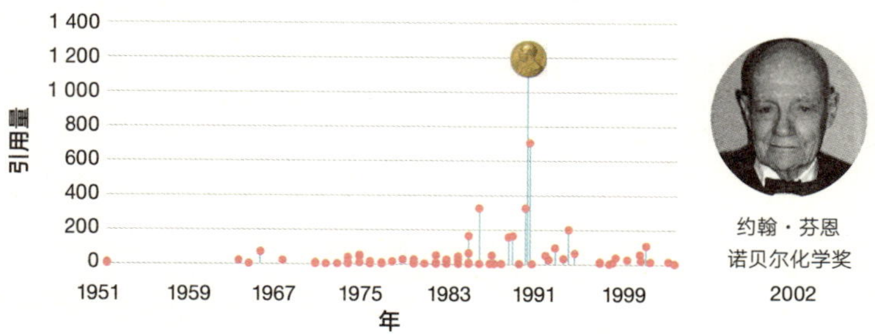

图 5-5　2002 年诺贝尔化学奖获得者约翰·芬恩的学术生涯

虽然随机影响规则加深了我们对科学家职业生涯规律的认识，但它也提出了一个新的问题：如果重大成果产生的时间是随机的，那有没有什么因素不是随机的呢？

科学的真相 The Science of Science

年轻企业家的古老神话

“年轻等同于创造性”这一信条并不限于科学界，它在企业界同样根深蒂固。事实上，硅谷科技博客奖的获奖者平均年龄为 31 岁，荣登《公司》(*Inc.*) 和《企业家》(*Entrepreneur*) 杂志“顶尖企业家”榜单的人，平均年龄为 29 岁。红杉资本是一家著名的风险资金管理公司，他们支持的创业者平均年龄为 33 岁，经纬创投的受资助者平均年龄为 36 岁。在硅谷，难道年轻是成功的代名词吗？

通过整合报税表、美国人口普查信息以及其他联邦数据，研究人员编制了一份包含 270 万名公司创始人的名册[123]。分析显示，与大众的认知不同，最优秀的企业家往往是中年人。在发展迅速的高新企业中，企业家在创建公司时的平均年龄为 45 岁。另外，50 岁获得巨大成功的可能性是 30 岁同行的 2 倍。

这些结果表明，创业绩效随着年龄而激增。如果从两位企业家中选择，在除了年龄其他信息一无所知的情况下，与主流的观点相反，你通常最好把宝押在年长一点的人身上（见图 5-6）。

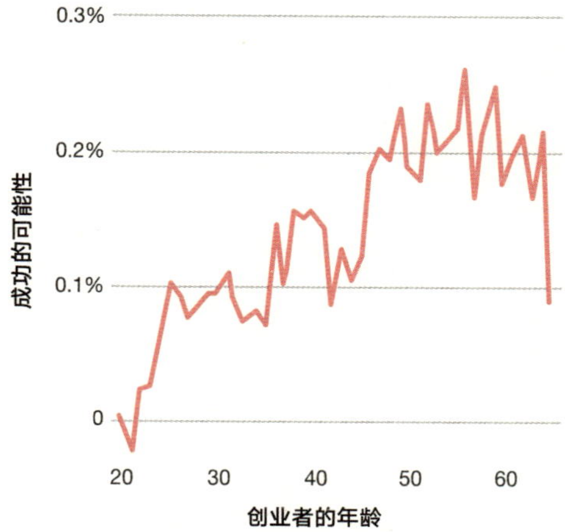

图 5-6　年长的企业家更有可能成功

初创公司成功的概率随创业者的年龄而增加，至少持续到 50 岁后期。*Y* 轴代表年龄变量的回归系数，代表相对于 20 岁的创业者，极端成功概率上的变化。这里的“极端成功的初创公司”是指 5 年内，雇员增长位于前 0.1% 的新公司[123,124]。

06

Q 因子，运气之外的成功参数

成功的科学家与其同事的区别究竟是什么？产出量、影响力和运气的紧密联系，使得我们难以探究他们取得成功的真正原因。如果职业生涯中的重大突破是随机发生的，那么机遇、天赋或者勤奋与成功又有什么关系呢？我们能够完全将科学家的天赋和能力与他的运气分开吗？要想弄清楚这些问题，先来试想一下：如果仅凭运气，爱因斯坦做出那些杰出成就的可能性有多大呢？

纯粹的巧合

如果有无限多的时间，一只在打字机上随机敲打的黑猩猩将肯定会打出一篇莎士比亚戏剧。那么，世界上有足够多的科学家，我们难道不应该期待，仅靠运气，注定就会出现像爱因斯坦那样有影响力的人吗？

要想回答这个问题，可以借助我们在第 5 章讨论的随机影响规则，建立一个科学家职业生涯的“零模型”（null model）。我们暂时假设，对科学家来说，发表一篇论文就相当于抽一张彩票。换句话说，假定天赋不起作用，那么完全由运气决定的职业生涯会是什么情况？

如果在随机的职业生涯中，每一篇论文的影响力完全由运气决定，那么这意味着，我们只是从某一个特定的影响力分布中随机挑选一个数字，将它赋予科学家发表的论文。利用这一方法，我们生成一组纯粹由运气决定的人造职业生涯。为方便起见，我们将这一方法称作随机模型或 R 模型。

这些随机的职业生涯与真实的生涯在某些方面相似。比如，前者在职业生涯的影响力方面会表现出个体差异，一些科学家在选择随机数时，运气总是会比其他人好一点。而且每个人的职业生涯也将会遵循随机影响规则：由于每一篇论文的影响力是随机选择的，影响力最大的成果在每位科学家发表的论文序列中将是随机的。但这些人为虚拟出来的随机科学家与真正的科学家有什么区别吗？

如果每篇论文的影响力是从相同的影响力分布中随机抽到的，那么一位更高产的科学家将会抽到更多的彩票，因而将更有可能撞上高影响力论文。也就是说，R 模型预测，更高产的科学家更有可能产出突破性成果。要检验这种效应，先来衡量一下某位科学家引用量最多的论文的影响力 $<c_{10}^{*}>$，会受产出量 N 怎样的影响。结果确实证明，发表的论文越多，引用量最多的论文的影响力越大。但也不是足够大：测量结果表明，在真实的职业生涯当中，随着 N 的增长，影响力最大的论文，其引用量的增速比 R 模型预测的增速更快（见图 6–1）。换句话说，如果影响力像彩票那样随机分配，那么当科学家多产时，他们最成功的论文比实际观测到的影响力要低。这说明我们的随机模型还缺少点什么。这也不难想象：科学家天生就各有不同，或者在天赋上，或者在能力上，或者在与产出高影响力论文相关的其他特点上。这表明高产的科学家并不只是在产出方面突出，他们还拥有一些低产出科学家所没有的东西。下面我们将对 R 模型进行调整，使它能反映这样的事实：并不是所有的科学家都是一模一样的。

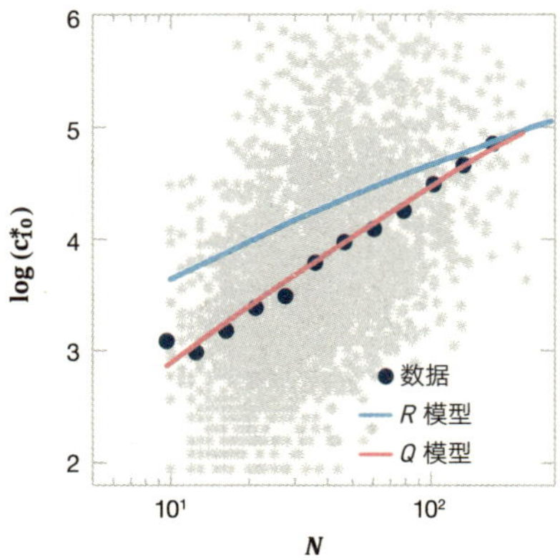

图 6-1 科学生涯不是随机的

散点图表示在科学家职业生涯中，最高影响力论文的引用c^*_{10}与发表论文的数量 N 之间的关系。每一个灰色点代表一位科学家。黑色小圆点是散点值的对数组合。青色曲线表示 R 模型的预测，它显示了与数据的系统性偏移。红色曲线代表 Q 模型的解析预测结果[116]。

Q 因子，将运气转化为持久的高影响力

每个科研项目都始于一个构思。灵感促使科学家开始思考某种想法。但是我们很难提前判断一个想法内在的重要性和创新性。如果并不知道某个想法的真正价值，那就先假设它有某种随机价值 r。有些想法带来的是增量式贡献，只有最相关领域内的少数人感兴趣，那么它的价值就比较一般。但是偶尔会突然出现一个好想法，如果能够完全实现的话可能具有革命性的意义。想法越好，其 r 值就越大，就越有可能具有高影响力。

但仅有好的主意还不够。项目的最终影响力还取决于科学家能否将构想转化为真正具有影响力的产品。人们可能最初有个奇思妙想，但是由于缺乏必要的专业知识、经验、资源，或者无法发挥这个构思的全部潜能，最终结果仍会不尽人

意。然而，将构想转化为成果需要的能力因人而异，所以用一个参数 Q 来表示某个人将随机构想 r 转化为具有特定影响力的成果的能力。

换句话说，某位科学家论文的影响力 c_{10} 由两个因素决定：运气（r）和个人 i 所特有的 Q_i 参数。这两者的组合可能涉及许多复杂的函数。为简单起见，我们假设有一个简单的线性函数，写作：

$$c_{10} = rQ_i \tag{6-1}$$

公式 6-1 背后具有多种假设。

- **当开始一个新项目时，我们从各种可能性中挑选出一个随机想法 *r*。** 科学家从相同的分布 $P(r)$ 中挑选他们的 r，因为我们都能阅读同样的文献，所以有着相同的知识。或者每位科学家也可以从他自己独有的 $P(r)$ 中挑选 r，就像某些科学家比其他科学家更善于选择好的构想。
- **科学家的 *Q* 参数各不相同。** 也就是个人能力有所不同，即使是相同的构想，最终成果也可能产生不同的影响力。一方面，如果一位具有低 Q 因子的科学家有一个具有极高 r 值的构想，那么即使这个构想的潜力很好，项目的影响力也将趋于平庸，因为它所产出成果的 rQ 会因该科学家有限的 Q 而降低。另一方面，如果最初构想就很糟糕（r 值较低），一位 Q 值较高的科学家也只能产出一般或平庸的成果。真正能产生高影响力的论文是那些完美组合的结果，具有高 Q 因子的科学家又碰上了奇思妙想（高 r 值）。也就是说，该模型假设，一篇论文的最终影响力是两个因素的产物：构想的潜力以及将其真正实现的能力。

- **产出量也很重要。**即便 Q 和 $P(r)$ 相同，具有更高 N 值的科学家更有可能碰上高 r 值的项目，并将其转化为能产生高影响力（c_{10}）的论文。

问题在于，不能期待这些因素都相互独立存在：Q 值高的个人可能同时拥有发现高潜力项目的才能，因而他们的 $P(r)$ 分布可能偏向较高的 r 值；那些发表较高影响力论文的人，可能同时拥有更多的资源去发表更多的论文，因而他们的产出量也会很高。也就是说，公式 6-1 的结果由联合概率 $P(r, Q, N)$ 决定，但 r、Q、N 之间的相关性是未知的。要了解真实职业生涯的情况，我们需要计算这 3 个参数之间的相关性。我们最终得到了如下协方差矩阵[116]。

$$\Sigma = \begin{pmatrix} \sigma_r^2 & \sigma_{r,Q} & \sigma_{r,N} \\ \sigma_{r,Q} & \sigma_Q^2 & \sigma_{Q,N} \\ \sigma_{Q,N} & \sigma_{Q,N} & \sigma_N^2 \end{pmatrix} = \begin{pmatrix} 0.93 & 0.00 & 0.00 \\ 0.00 & 0.21 & 0.09 \\ 0.00 & 0.09 & 0.33 \end{pmatrix} \tag{6-2}$$

这产生了有关个人职业生涯的两个出人意料的预测。

- $\sigma_{r,N} = \sigma_{rQ} \approx 0$ 表明，初始构想的值 r 很大程度上独立于科学家的产出量 N 或者他的 Q 因子。因此，科学家随机地从 $P(r)$ 中寻求灵感，而这一分布对所有人都是相同的，代表着影响力背后普适的运气成分，而这是与科学家个人无关的。
- 非零的 $\sigma_{Q,N}$ 表明，隐藏参数 Q 和产出量 N 确实相关，但 $\sigma_{Q,N}$ 的值较小，说明高的 Q 值与高产出仅有很小的关联。

构想值 r 和（Q, N）之间缺少相关性，使我们可以进行解析计算，寻找最高影响力论文 c_{10}^* 会怎样随着产出量的变化而变化。Q 模型的预测与数据十分吻合，

表明隐藏的 Q 因子和产出量 N 的个体差异，可以解释我们从实验中观察到的科学家之间影响力的不同，从而修正了 R 模型的缺陷（见图 6-1）。

利用除运气之外的其他参数来描述科学家职业生涯的影响力，这种做法是有根据的。不难想象，科学家个体之间有差别，因此我们需要将其考虑在内，以便对真正的职业生涯有一个准确的描述。但奇怪的是，除了运气，我们似乎仅需要增加一个参数。单独引入 Q 因子一项，就足以解释为何科学家的影响力各不相同。

Q 模型究竟在哪一点上弥补了 R 模型的不足呢？ R 模型的失败告诉我们，一个人职业生涯中的成功靠的不仅仅是运气。Q 因子准确地指出了职业生涯的一个关键特征：优秀的科学家在所有的科研项目上都很优秀。每位科学家可能都有一篇使他们声名鹊起的重要论文，但那篇论文的出现并不是靠运气。一位卓越科学家的第二篇最佳或第三篇最佳乃至许多篇论文，通常都是引用量较高的论文。这也意味着，一位能够始终发表杰出论文的科学家，总有某些与众不同的特点。而 Q 所体现的正是这种特点。换句话说，虽然运气很重要，但仅凭它并不能带来长远发展。Q 因子体现了如何将运气转化为具有持续高影响力的职业生涯。

你的 Q 值是多少

Q 模型不仅有助于逐个分析高影响力职业生涯的各个关联因素，还使我们能够根据论文发表序列计算出每位科学家的 Q 因子。Q 的精确表达式涉及一定程度的数学推导，但当某位科学家发表足够数量的论文以后，我们可以通过一个简单的公式大概估算出他的 Q [116]。假定有这样一位科学家 i，他发表的论文 j 在 10 年中总共获得了 $c_{10,ij}$ 的引用量。对每一篇论文的引用量 $c_{10,ij}$ 取对数，然后再对所有论文引用量的对数取平均数。Q_i 即是该平均数的指数值：

$$Q_i = e^{\langle \log c_{10,i} \rangle - \mu_p} \quad (6\text{-}3)$$

其中，μ_p 是归一化因子，取决于所有科学家职业生涯中的产出。考虑到 Q 依赖于 $c_{10,ij}$ 对数的平均值，因此它不会受到某个具有高（或低）影响力的成果的支配，而是反映某位科学家长期系统性地将研究项目转化为高（或低）影响力论文的能力。为了更好地理解 Q，来看一个例子（见图 6-2）。

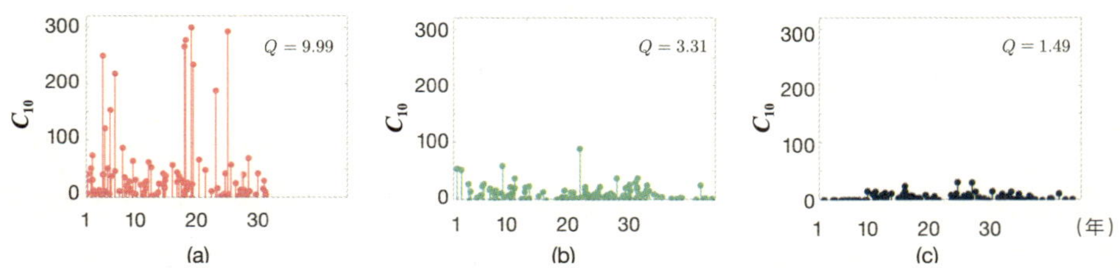

图 6-2　具有不同 Q 因子的职业生涯

图 6-2 显示了论文产出量类似（$N \approx 100$）的 3 位科学家的职业发展。由于 Q 因子不同，他们发表的论文呈现出显著的差别。

图 6-2 中的 3 位科学家具有相似的产出量，他们都发表了大约 100 篇论文（$N \approx 100$），但是他们职业生涯的影响力却明显不同。利用公式 6-2，我们能够计算出他们每一位的 Q 因子，得到的结果分别是 9.99、3.31 和 1.49。Q 因子反映了科学家论文序列中的影响力的持续性差异：Q 为 9.99 的科学家一篇接一篇地产出具有高影响力的论文。而 Q 为 1.49 的研究人员获得的影响力一直都很有限。中间的那位如果运气好的话，偶尔会发表一篇稍好的论文，但与左边的那位科学家所获得的成就相比，就相形见绌了（见图 6-2）。因此，Q 描述了科学家接手随机项目 r 并将其系统性地转化为高（或低）影响力论文的不同能力。每个项目

都可能受运气的影响，但如果多个项目观察下来，科学家真正的 Q 值就会开始浮现出来。

公式 6-3 有许多优点。首先，我们可以通过它估算某位科学家职业生涯预期的影响力。例如，一位科学家需要发表多少篇论文，才能期望它们当中的某一篇获得某种程度的影响力？根据公式 6-3，具有较低 Q 值（比如 1.2）的科学家，如果希望某篇论文在 10 年中能获得 30 的引用量，则需要写出至少 100 篇论文，这与图 6-2（c）所示内容类似。而同样多产的 Q=10 的科学家，在同样的 10 年时间内，可期待至少有一篇论文能达到 250 的引用量。

接下来再来考虑两位科学家的产出都有所增加的情况。不管 Q 值如何，产出的提升都会增加碰上绝妙构想的机会，也就是说，会有一个较高的 r 值。因此，他们的最高影响力论文的影响力就会相应增大。低 Q 值的科学家即便将产出增加 1 倍，他最好的论文的影响力提升也只是增加了 7 次引用而已。而同样在这种条件下，高 Q 值的科学家能将引用量增加超过 50 次。也就是说，对于 Q 值有限的科学家，产出的增加并不能在实质上改善他做出重大突破的机会，因此仅靠更加勤奋是不够的。

Q 因子会随年龄和经验的增加而增加吗？人们可能会想当然地认为，随着职业生涯的发展，科学家会更善于将构想转化为高影响力论文。要检验 Q 值在整个职业生涯中的稳定性，我们使用至少包含 50 篇论文的职业生涯数据，利用这些科学家职业生涯早期和后期的论文，由公式 6-3 分别计算出早期和后期的 Q 因子（Q_{early} 和 Q_{late}）。Q_{late} 与 Q_{early} 是几乎相同的，说明 Q 值并不会在职业生涯中系统性地增加或减少（见图 6-3）。换句话说，科学家的 Q 因子在职业生涯中相对稳定。这提出了一个很有诱惑力的问题：Q 因子能够预测科学家职业生涯的影响力吗？

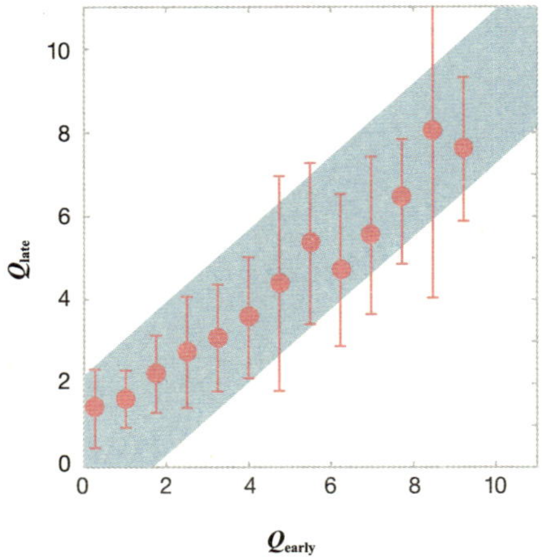

图 6-3　Q 因子在职业发展中相对稳定

我们对至少发表 50 篇论文的 823 位科学家职业生涯早期（Q_{early}）和后期（Q_{late}）的 Q 因子进行比较，利用个人职业生涯的前一半和后一半论文来分别计算两个 Q 值。我们分别计算出真实数据（圆点）和论文的顺序被打乱的随机职业生涯（灰色阴影区域）所对应的值。对于 95.1% 的人来说，早期和后期阶段的变化出现在随机职业生涯预测的波动内，表明 Q 因子在整个职业生涯中相对稳定。

预测影响力

为了判断 Q 值在衡量个人整体的科研影响力方面是否更加有效，我们将其与本书讨论过的几个计量指标进行比较。首先，检验几个不同的指标在预测诺贝尔奖得主上的能力[116]。为此，我们根据物理学家的产出量 N、引用总量 C、最高影响力论文的引用量 c_{10}^{*}、h 指数和 Q 值对他们进行排序。为了比较不同序列的表现，我们使用 ROC 曲线[①]测量每个排序中排名靠前的科学家成为诺奖得主的

① 对于这样的预测问题，我们的预测结果会同时给出真阳性率（预测的科学家是诺贝尔奖得主）和伪阳性率（预测的科学家其实不是诺贝尔奖得主，对应图中横轴的其他科学家）。ROC 曲线的横轴为伪阳性率，纵轴为真阳性率。ROC 曲线下的面积常常被用来衡量预测的效果。——译者注

比例。图 6–4 表明，总体来说，基于累计引用量的指标，如某位科学家最高影响力论文所获得的引用量以及职业生涯的总引用量，都能做出不错的预测。而 h 指数的确比引用量更有效，对赢得诺贝尔奖的预测更加精确。有趣的是，最差的预测指标是产出量，即单位时间内科学家所发表的论文数量。换句话说，仅凭多发表论文不能赢得诺贝尔奖。

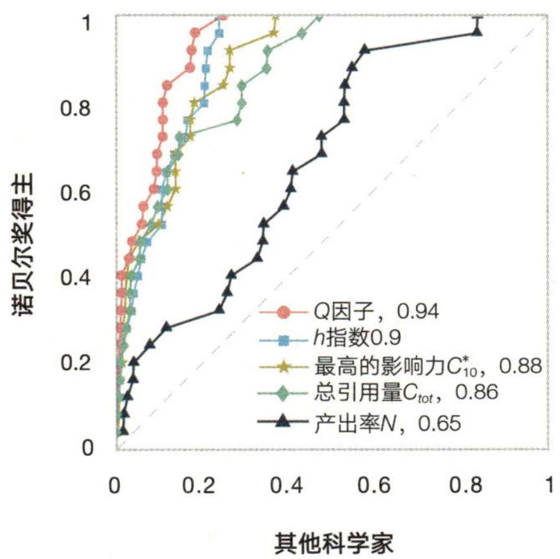

图 6-4　预测诺贝尔奖获得者

ROC 曲线图显示了根据多种因素对科学家进行的排序，这些因素包括：Q、产出量 N、引用总量 C、最高影响力论文的引用量 c^*_{10} 以及 h 指数。每一条曲线代表以某个给定的排名阈值选取科学家，其中包含了诺贝尔奖得主的比例与其他科学家的比例。对角斜线（也叫无识别率线）相当于随机排序；每一曲线下方的面积代表了对诺贝尔奖得主排序的精确性（在图例中给出，1 为最大值）[116]。

尽管 h 指数以及其他基于引用量的指标有它们各自的优势，但基于职业生涯的 Q 因子则更胜一筹，对诺贝尔奖得主的预测比图 6–4 中的其他指标都更精确。因此，虽然 h 指数仍然是衡量科学家总体影响力的良好指标，但 Q 因子似乎表现出更好的预测能力。那么，Q 因子具有哪些 h 指数不具备的优点呢？

要理解 Q 因子和 h 指数的差别，可以参考一次实地实验，有关经济学家如何评价同行简历[125]。从 44 所全球排名前 10% 的研究性大学中随机选出一些教授，然后要求这些教授根据简历中列出的论文发表情况，对简历的所有者进行评价。这些简历包含了两种情况，一种是成果列表中仅列出了在高水平期刊上发表的论文，另一种是既有高水平论文，也有在较低水平的期刊上发表的其他论文。由于经济学领域中各类期刊的声望等级相当稳定，所以非常适合进行这种测试。换句话说，所有的经济学家都明白各个期刊的级别差异。那么，如果某份简历既有一些发表在较低水平期刊上的论文，同时又有一些发表在较高水平期刊上的论文，那么这份简历是否会有更强的说服力呢？如果是这样，会强多少？

此项调查的被试被要求按 1 ～ 10 分对简历打分，其中 1 分为最差，10 分为最优。大体上，仅仅列出了顶级论文的短简历获得的评分为 8.1。而长简历（注意，其中包含了与短简历中相同的顶级论文，只是同时又列出了其他较低水平的论文）所获得的平均得分为 7.6。这意味着短简历比长简历更受大家喜欢，尽管它们都包含了同样的优秀论文。也就是说，那些来自较低水平刊物的其他论文，不但没有起到任何帮助作用，反而对专家们的评估产生了负面影响。

这些结果既可以理解，又令人困惑。一方面，它佐证了大家长期抱有的猜测：过于频繁地在较低水平的刊物上发表论文可能会带来负面影响。另一方面，如果我们从评估科研成就的计量指标这一角度考虑，这些结果完全说不通。我们讨论的所有指标，从产出量到引用总量，再到 h 指数，都是随论文数量单调递增的。从这个角度看，多发表一篇论文总是有意义的，即使它的影响力有限。首先，它无疑能增加你发表的论文总量。其次，即使论文没有发表在重要刊物上，但随着时间的推移，它的引用量也会累计，从而增加个人的总体影响力，甚至有可能增加 h 指数。最起码，它不会有任何坏处。

但上面这些结果表明，它确实有坏处。如果我们用 Q 因子来解释，那就说得通了。与其他测量方法不同，Q 因子并不是简单地随着论文数量的增长而增长，而是取决于新的论文是否比其他论文的平均水平更好或者更差。也就是说，Q 因子的作用是量化科学家在整个职业生涯中持续产出高影响力论文的能力。它考虑到了所有论文，而不仅是高影响力论文。因此，如果已经有了杰出的论文发表记录，然后又发表了几篇论文，新的论文会提升其他指标，但并不能保证一定能够提高 Q 值。事实上，除非新论文与通常发表的论文水平相当，否则这些新发表的论文反而会降低你的 Q 值。

Q 因子在预测职业生涯影响力方面具有超高的精确性，这说明在职业生涯中，一致性有多么重要。这一结论，连同图 6-3 反映出的 Q 值的稳定性，给我们描绘出一种有些单调的职业图景：我们的职业生涯都是从一个特定的 Q 开始，无论它是高还是低。Q 因子控制着我们发表的每一篇论文的影响力，而且一直伴随我们直到退休。但这是真的吗？我们能够打破这种机器人似的单调吗？换句话说，我们的职业生涯中有过游刃有余的时期吗？

07

连战连胜，描绘职业生涯更为精细的画面

在物理学界，1905 年以“奇迹年”著称。就在那一年，爱因斯坦发表了 4 篇彻底改变物理学的论文。他解释了布朗运动，印证了原子和分子的存在。他发现了光电效应，向量子力学迈出了关键的一步，并因此项发现在 15 年后获得诺贝尔奖。他创立了广义相对论，完全改变了我们对时间和空间的认知。然后，在这一年的年末，他写下了世界上最著名的公式：$E=mc^2$。

爱因斯坦的 1905 年堪称“连胜”之年，一年中爆发出一系列卓越的成就。“连胜”是一个在体育运动或赌博中常见的词。在篮球比赛中，如果你两次投的都是空心球，那么第三次又这样投进时你一点也不会感到惊讶。你甚至可能“感觉”有那么一个神奇并充满魔力的气场在帮助你。虽然数十年来，连胜现象被视为理所当然，但在 1985 年，一项被大量引用的心理学研究却对是否存在连胜产生了质疑[126]，这项研究认为投篮时连续得分的概率并不高于掷硬币的概率。该研究表明，这一概念是个谬论，原因在于我们对小数字的心理偏见，就是说连交好运不过是你的感觉，这种好运实际上是概率使然。1985 年的研究使心理学家和统计学家产生了争执，至今仍未平息[127–130]，比如有统计学论文声称，将其称作谬论这种说法可能本身就是个谬论，“连胜”现象在体育运动中似乎确实是存在的[127,131]。但是，由于辩论是针对体育运动、赌博和金融领域的，这就引发了一个非常有趣的问题：如果用科学家一生中发表的一系列论文来描述他们的职业生涯，那么，他们是否也经历过职业生涯的连胜期呢？

成功的爆发

如第 5 章所述，对于科学家、艺术家以及电影导演，我们已经知道他们的前 3 个最成功的成就都是在成果序列中随机出现的。这个发现告诉我们，创造性是随机的，是不可预测的，偶然性是决定主要成就产生时间的最关键因素。换言之，科学家的职业生涯不大可能出现连胜。但同时，随机影响规则引发了一个令人困惑的问题：在我们获得重大突破后会发生什么？

马太效应告诉我们，成功孕育更多成功。因此，当我们有一个高影响力的成果，即使它产生的时间是随机的，我们随后也极有可能产出更多高影响力的成果。然而根据随机影响规则，情况似乎应该是相反的。如果职业生涯中每篇论文的影响力都是随机的，那么一次成功后的下一篇论文可能只是趋于平庸，而不是更为轰动，从而形成对均值的回归。那么，我们取得重大突破后真的会回归平庸吗？

为了回答这个问题，我们分析了职业生涯中高影响力成果产出的相对时间[117]。确切地说，我们问了这样一个问题：假设某人做出了他最优秀的成果，那么他下一个最佳成果会出现在什么时候？为了衡量职业生涯中两个最优秀成果产出时间的相关性（N^* 和 N^{**}），我们计算了它们两者共同发生的联合概率 $P(N^*,N^{**})$，然后将它与代表 N^* 和 N^{**} 随机独立发生的零假设进行比较。从数学的角度来说，这一比较可以借助归一化的联合概率 $\varphi(N^*, N^{**})=P(N^*, N^{**})/P(N^*)P(N^{**})$，其结果可以由矩阵最好地呈现出来（见图 7-1）。如果 $\varphi(N^*, N^{**})$ 大约为 1，那么职业生涯中最优和次优成果共同发生的可能性就和两者随机发生的情况差不多。但是如果 $\varphi(N^*, N^{**})$ 大于 1，这就意味着 N^* 和 N^{**} 更有可能连续出现，表明存在一种随机影响规则未能预测到的相关性。

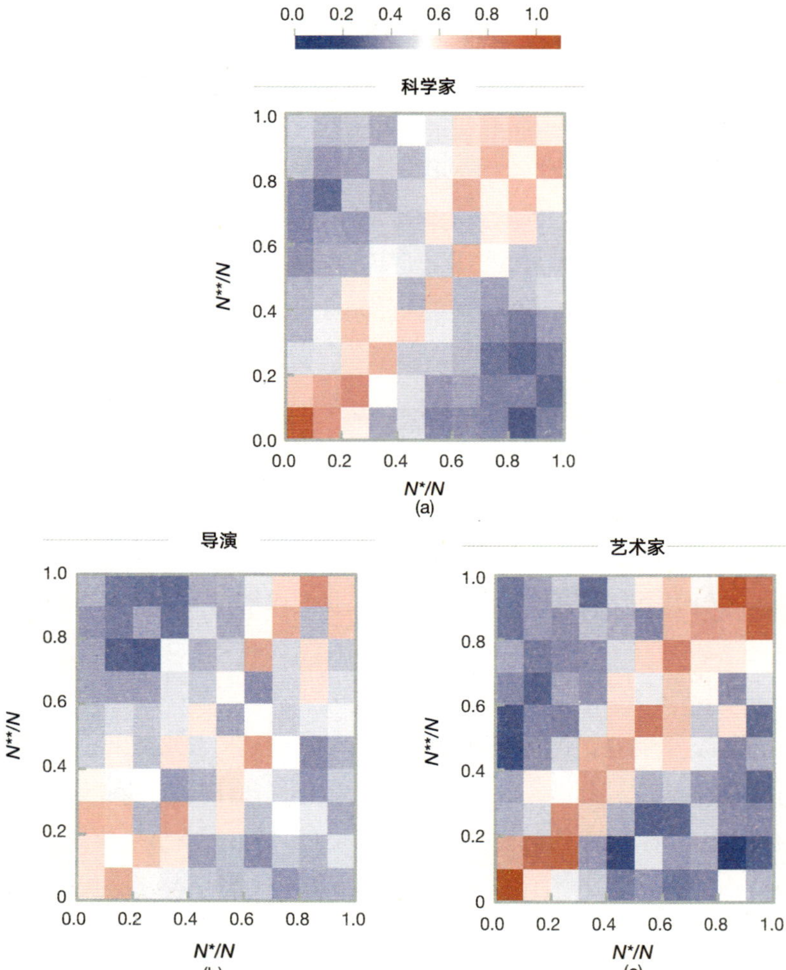

图 7-1 艺术界、文化界和科学界职业生涯中的连胜现象

不同的颜色表现了职业生涯中最高影响力成果的联合概率。$\varphi(N^*, N)^{**} > 1$（沿对角线的红色块部分）表明两次重大成功比在随机情况下更有可能连续发生[117]。

图 7-1 显示了科学界、艺术界以及电影行业职业生涯的 $\varphi(N^*, N^{**})$，从中得出 3 个重要结论。

- 首先，$\varphi(N^*,N^{**})$ 沿矩阵的对角元素的取值明显偏高，表明 N^* 和 N^{**} 相对于随机情况更有可能连续出现。换句话说，如果知道你最优秀的成果在职业生涯中何时发生，我们就会非常清楚地知道次优成果会在何时发生——离最优成果不远。科学家接连发表两篇最具影响力的论文，其平均概率是随机情况下的 1.57 倍。
- 其次，φ 的特点是大致沿对角线均匀发散，这表明最优秀的成果产生于次优成果之前或者之后的可能性大致相当。
- 最后，共同发生的特点并不局限于职业生涯中最有影响力的两个成果。如果对其他成对的重要成果重复我们的分析，如 N^* 与 N^{***} 以及 N^{**} 与 N^{***}，会发现同样的规律。不仅是最顶尖的两个成果靠得很近，第三个优秀的成果也同样就在前两个附近。

这些结果为个人职业生涯描绘了一幅更为精细的画面。虽然每个最高影响力成果出现的时间是随机的，但个人职业生涯中顶尖论文产出的相对时间却遵循着高度可预测的模式。严格来说，个人职业生涯轨迹并不是真正随机的。相反，职业发展中的重大成果产出时间具有高度的群集性，高影响力成果有时会连续出现，呈现“爆发”态势。而且这些特征并不局限于科学家的职业生涯。艺术家和电影导演的重大成果也遵循相似的模式，这表明在大量创造性工作中，成功作品的出现具有普遍性的群集现象。那么，这些不同寻常的模式背后的机制是什么呢？

连战连胜模型

要想了解职业生涯中重大成果爆发式产生的原因，我们还是从前面讨论的 Q 模型开始。假定科学家每次发表论文，论文的影响力取决于特定分布下的一个随机数，而且这一分布对这位科学家来说是固定的。由于引用量近似遵循对数正态分布，为方便起见，我们可以假定引用量的对数遵从一个平均值为 Γ_i 的正态分布。这一零模型所生成的职业生涯很好地遵循了随机影响规则：每个优秀成果，包括最优秀的那个，在职业生涯中都是随机出现的[2,116]。所有这一切都依赖于运气，也就是从随机分布中抽彩票的回报。

但是，这个零模型却不能重现图 7-1 所描述的时间相关性。主要原因展示在了图 7-2 中。为了方便解释，我们在 3 个领域分别选取一个个体，测量他的职业生涯中 Γ_i 的演化。这些样例表明 Γ_i 不是固定的。相反，它具有一个基准值（Γ_o），一直持续到职业生涯的某一时间点，之后上升到一个较高的值 Γ_H（$\Gamma_H>\Gamma_o$）。这种表现的提升将持续一段时间，直到最终它跌回到与 Γ_o 相近的水平。这一观察引发一个有趣的问题：如果假设每个人都具有 Γ_H 这样的短暂提升时期，是否可以用一个简单的模型来解释图 7-1 所记录的模式呢？

注意，这个新的模型只是在 Q 模型的基础上引入了一个简单的变量，让影响力在一个短暂时期内提升。但有趣的是，这个小小的变化却能够解释随机影响规则或 Q 模型所不能重现的实验观察（见图 7-1）。在 Γ_H 起作用期间，个人的表现相较于平常的 Γ_o 处于更高的水准。我们将这一模型称作“连胜”模式，其中 Γ_H 持续的时期等同于连胜期。

“连胜”模型的真正价值体现在真实职业生涯数据的分析上。科学家连胜期的发生时间与强度的参数，让我们可以得到几个重要的观察结果。

- 计算表明，连胜在创造性领域的职业生涯中普遍存在。约 90% 的科学家经历过至少一次连胜期，艺术家为 91%，电影导演为 82%。这意味着，连胜并不限于爱因斯坦那充满奇迹的 1905 年。电影导演彼得 · 杰克逊（Peter Jackson）的连胜期持续了3年，期间他执导了《指环王》（*The Lord of the Rings*）三部曲。凡·高的连胜期始于1888年，那一年他从巴黎移居到法国南部，相继完成了《黄房子》《凡·高的椅子》《阿尔勒的卧室》《夜间咖啡馆》《罗纳河上的星夜》《静物：花瓶里的12朵向日葵》等画作。

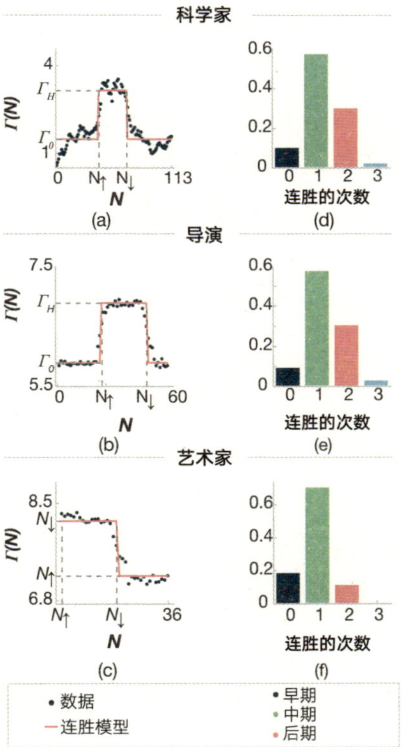

图7-2 “连胜”模型

为方便说明，我们选择并计算了一位科学家（a）、艺术家（b）和电影导演（c）的Γ_H。真实的职业生涯有着明显的时序演化，其特点是短期影响力提升。（d）至（f）是职业生涯中连胜期次数的直方图，表明“连胜”现象具有普遍性，但通常又具有唯一性。大多数人都会有连胜期，但多数情况下只有一次[117]。

- 尽管连胜具有普遍性，但它在创造性职业生涯中又具有唯一性。事实上，当放宽计算要求，允许存在至多 3 个连胜期，我们发现有 68% 的高影响力科学家仅经历过 1 次连胜期［见图 7-2（d）］。第二次连胜有可能发生，但可能性较低，多于两次则非常少见。
- 连胜在职业生涯中的出现是随机的，这进一步解释了随机影响规则。如果连胜随机出现在职业生涯所产出的成果序列中，而从统计角度看，最高影响力的工作最有可能发生在连胜期，那么其发生的时间也是随机的。
- 连胜期持续时间相对较短。持续时间分布的峰值对科学家来说大约为 3.7 年，这表明不管连胜在科学家的职业生涯早期还是后期出现，它至多能持续 4 年。而对于艺术家和电影导演，持续时间约为 5 年。
- 虽然人们能在连胜期产出更有影响力的成果，但那段时间的产出率并不像我们期望的那样高，只是这期间的成果相较于其他成果质量更优而已。

我们为什么会有连胜期？这里有几个说得过去的假设。例如，创新者可能碰上一个开创性的，或者非常有意义的构想，而后产生了一系列高影响力的成果。或者，由于高水平的工作越来越多地由团队产出，因此个人的连胜可能对应着一个高产的、连续的，却是短期的合作关系。或者，它可能与职位变化有关，比如为评上终身教职，而会在一段固定时间内谋求影响力的提升。对真实职业生涯的分析表明，虽然这些假设都有道理，但没有哪一个能单独解释我们观察到的连胜现象。我们对科学家职业生涯进行了一些初步分析，结果表明，在广泛探索后开始进行专精的研究，似乎是连胜期开始的一个信号。随着更多个人职业生涯的数据可供使用，我们也许能够确定连胜的驱动力和触发因素，从而可以回答一系列新的问题。我们能够预测连胜的开始和终结吗？能够创造一个氛围，以促进连胜的启动，并让它长时间持续下去吗？

人类活动的爆发①

短期的超高水平发挥并不局限于创造性工作，爆发这一特征也常见于各种各样的人类活动。例如，人们通常认为，像打电话这样的人类活动是随机发生的。如果真是随机的，事件与事件之间的时间间隔应遵循指数分布。但测量结果表明并不是这样：在多数人类活动中，事件之间的时间间隔近似幂律分布[132-134]。这就是说，事件序列呈现出爆发的特征，多个事件在一个相对短暂的时间内发生，但偶尔在两个事件之间有较长的时间间隔。尽管爆发与连胜以不同的方式测量，但这些例子说明连胜与人类活动中的爆发特征具有共性，连胜现象很可能在创造性领域之外也存在。

连战连胜意味着什么

在科学界，未来的影响力对于聘用、职业发展、科研支持以及其他决策都至关重要。然而连胜现象说明，能力表现可能相当不均衡：科学家在连胜期表现得更为出色。连胜发生的时间和强度左右着科学家职业生涯的影响力。就这点来讲，忽略连胜现象以及它在职业生涯中具有唯一性的特点，有可能导致系统性地过高或过低评估一个人未来的影响力。

① 本书作者之一巴拉巴西在另一部作品《爆发》中提出，人类的日常行为模式不是随机的，而是具有“爆发性”的。该书中文简体字版已由湛庐策划、北京联合出版公司出版。——编者注

例如，如果连胜期出现在职业生涯早期，它将带来一段时间的高影响力，但早期的事业高峰可能会逐渐减弱，直到第二个连胜期出现。如果某位科学家还没有经历他的连胜期，如果根据他当前的影响力对其职业生涯进行判断，很可能会低估他未来的潜力。连胜现象与资助机构也有很紧密的关系，因为连胜期和科研经费都是持续4年左右，这也就产生了一个问题，如何让资助经费最大化地推动个人职业发展。

但无可否认，要依据连胜现象实施改变是一个挑战。在终身教职评审中，一位年轻的科学家可能会为他不算出色的成果辩解说："我的连胜期就要来了！"这显然非常荒谬。连胜也会给有年龄门槛的奖项带来问题。数学界的最高奖项"菲尔兹奖"只授予40岁以下的数学家。中国国家杰出青年科学基金是中国科学家事业成功的重要标志，该基金也不接受45岁以上的申请者。鉴于这些强制性的年龄限制以及连胜期的随机性，这可能意味着相当一部分当之无愧的候选人会失去机会，仅仅是因为他们的连胜期来得迟了一些。

此外，我们初步的分析还表明，在资助决策中考虑连胜现象可能并不像看起来那么简单。比如，我们调查了美国国家卫生研究院资助的授予时间和项目负责人连胜期开始的时间，发现项目负责人更有可能在获得他们第一笔R01资金之前就已经开始了连胜期。也就是说，科学家的连胜并不是发生在获得基金资助之后。相反，资助是产生于连胜之后。这些发现与美国国家卫生研究院强调研究基础是一致的，而且从资助方的角度考虑也是合理的，因为经历过连胜的科学家往往影响力更高，因而也就更值得资助。但同时，如果将资助决策与过去的成功联系起来，这些发现也提出了这样一个问题：资助方可能会错过项目负责人最富创造力的关键时期，特别是考虑到，连胜在科学家个人的职业生涯中通常只会出现一次。

总体来说，如果我们的目的是鉴别并培养那些在各自研究领域中更有可能具备持久影响力的科学家，我们就必须将连胜这一概念纳入考量因素，否则我们可能就会错失极其重要的机遇。耶鲁大学在这方面就有深刻的教训。

前文介绍过约翰·芬恩以及他后来的发现。在67岁时，他发表了研究成果，证实了一个新的电喷雾离子源。这是一个重大突破，或者至少他认为是这样的，但耶鲁大学仍然让他退休，将他请出校园。当他不太情愿地在弗吉尼亚联邦大学重新安顿下来之后，该校为他提供了实验室供其继续研究，自此，他的连胜期得以开启。1984—1989年，他的研究论文一篇接一篇地发表，并最终创立了电喷雾离子化的质谱分析法，使大分子和蛋白质的测量更快、更准确，促进了癌症诊断和治疗上的许多创新。那5年的连胜期，发生在芬恩被强制退休期间，但最终确立了他的事业，并使他获得了2002年的诺贝尔化学奖。他的连胜期是如此明显，看看图5-5便可一目了然。芬恩引用量最高的论文发表于何时？次之的论文是什么时候？再次之的又是什么情况？它们都出现在同一个5年中。

对许多有志于在这个世界上留下印记的科学家来说，芬恩职业生涯中的连胜现象有着极其重要、催人奋进的启示。还记得我们曾在第3章深入讨论过的传统观点吗？我们最优秀的成果将可能产生于30～40岁，那时我们有坚实的经验基础，同时也拥有充沛的精力和满腔的热情来延续我们的高产出。而一旦过了职业生涯的中点，实现重大突破的希望就开始减弱。但连胜现象与随机影响规则一道，否定了这种说法。连胜可以出现在职业生涯的任何阶段，能产出一系列高影响力成果。

所以，本章带来了希望：每一位头发刚刚变白的人，无论是否真的变老，不要仅凭这一点就自我放弃。只要我们像芬恩一样，持之以恒地做出成果，就像为了找到那张幸运的A，从一堆扑克牌中不断抽牌，我们的连胜期有可能就在不远处。

这也意味着，虽然我们不会都有爱因斯坦或芬恩那样的影响力，但只要坚持，我们自己的奇迹年可能就在前方，举目可期，指日可待。

The Science of Science

Part 2 The Science of Collaboration

第二部分

团队组建的科学新思维

大团队解决现有问题发展科学，小团队提出新问题颠覆创新

2015年，马尔科·德拉戈（Marco Drago）还是位于德国汉诺威的爱因斯坦研究院的博士后研究员，在激光干涉引力波天文台（LIGO）工作。这个项目的目标就是要检测出引力波——由两个黑洞相撞引起的时空的涟漪。该项目有4条数据“管道”，德拉戈的绝大部分时间都用来监测其中的一条，即从LIGO的探测器发来的原始数据中自动搜索异常信号的自动化计算机系统。就在2015年9月14日午餐前，在和一个同事通电话时，自动邮件提醒通知他，在4千米长的超高真空管道里安装的敏感激光束刚刚探测到了振动。这样的事情并不罕见，但当德拉戈点开邮件时，他马上感觉到这次情况有所不同。按照LIGO的标准，这次的振动规模巨大。虽然振动幅度小于万亿分之一英寸[①]，但其规模超出以往事件的两倍多。事实上，由于震动规模太大了，所以并没有引起德拉戈的重视。看起来太过理想，不可能是真的。

直到5个月之后，9月14日事件的真实性才得到正式确认。正如2016年2月12日所宣布的那样，自动邮件所记录的事件是真的。这个微弱的信号告诉我们，宇宙中的两个黑洞在大约13亿年前相互碰撞，形成了一个比太阳重62倍的新的黑洞。它们碰撞所放射出的能量功率，是整个宇宙所有恒星辐射功率总和的50多倍，产生的引力波像波浪一样向各个方向扩散。引力波以光速在太空中扩散，在扩散过程中强度逐渐减弱，终于在2015年9月的一个宁静的清晨到达了地球，在探测器上产生了一个幅度大约是质子直径千分之一的振动。这次振动证实了爱因斯坦广义相对论的预测，一些人认为这是“21世纪最重大的发现”。

虽然德拉戈是最先目睹这一信号的幸运儿，但这并不是他一个人的发现。

---

① 1英寸≈25.4毫米。——编者注

一个国际科研团队花了 40 年时间搭建这个实验，当宣布成功观测到引力波的论文[135]最终发表时，列出了来自世界各地的 1 000 多位作者。他们当中有物理学家，设想出方案，计算它的可行性；有工程师，设计管道；有行政人员，日复一日地管理着实验的运作。LIGO 的资金投入高达 11 亿美元，是美国国家自然科学基金会迄今为止资助的规模最大也最雄心勃勃的项目。

而当普鲁士科学院在 1915 年 11 月首次听说后来被视为“20 世纪最重大的发现”时，那篇论文的作者只有一个人，那就是爱因斯坦。这两个发现正好间隔 100 年，它们揭示了过去 1 个世纪中科学所经历的一个重要变化。科学研究曾被认为是个人的奋斗，想象一下爱因斯坦、达尔文、霍金，他们都是这一旅程中的独行侠，一步一步艰难前行，直到最后大喊：“我发现了！”而今天，大多数科学研究都是由团队①来实施的[136,137]。科学和工程领域的所有论文，90% 都是由多位作者共同撰写的。它们可能是两人团队，如揭示 DNA 结构的詹姆斯·杜威·沃森（James Dewey Watson）和弗朗西斯·克里克（Francis Crick），但许多重要发现都是通过大规模合作完成的，如欧洲粒子物理研究所的合作项目、曼哈顿计划或者阿波罗计划。科研团队做出的重大突破是单枪匹马的科研人员无法企及的。这些大规模团队项目往往具有重大的影响力，而这些影响力不仅作用于科学，也同样作用于经济和社会。以人类基因组计划为例，在推动基因革命的同时，约 38 亿美元的直接花费还带来了 7 960 亿美元的经济增长，创造了 310 000 个工作机会[138]。不过，这些

---

① 这里原文用词是 team，指的是为完成某一具体任务而合作开展工作的一组人。例如论文的合作作者构成了一个论文 team，共同申请一个项目的科研人员形成了一个项目 team。而“团队”有更广的含义，一个团队的成员往往较为固定，并且具有一定的等级关系，内部存在一定的管理和分工。换言之，一群人合作完成一篇论文，他们构成一个 team，但并不一定属于一个团队。因此将 team 翻译为队伍或研究队伍更合适，也更准确地反映了其本来的含义。考虑到团队这个词可能更容易被读者接受，因此本书仍然选择将 team 翻译为团队，但请读者在阅读时将其与传统意义上的“团队”区分开。——译者注

大规模的合作也为科学家提出了一些新的独特挑战，比如团队交流和团队协作等。这些问题如果不能得到解决，则将极大地危及项目的成功。

为什么有些合作影响深远、成果丰硕、长期持续，而另外一些则以失败告终，甚至有时一败涂地呢？哪些因素会提高或者阻碍团队的效率？我们怎样才能组建一个高产的团队？团队有最合适的规模吗？团队是怎样逐步发展，又怎样随着时间的推移最终解散的呢？怎样保持团队成员的稳定，同时又使其多样化？对于团队取得的成果，功劳该如何分配？在第二部分，我们将重点关注常被称作团队科学学（Science of Team Science，SciTS）方面的浩瀚文献，研究科研人员在团队中怎样协调合作，共同工作。首先来思考一个简单的问题：在科学界，团队重要吗？

08

团队在科学中日益增长的主导地位

在 21 世纪，团队对科研产出的影响达到何种程度？一项研究对 1 990 万篇科研论文和 210 万项专利的作者数量进行了分析，揭示了几乎普遍存在于所有学科中的团队化倾向［见图 8-1（a）］。例如，1955 年，科学与工程领域的论文几乎有一半都是由一位作者独立完成的。但到了 2000 年，只有一位作者的论文数量大幅减少，而由团队发表的论文数量占到了总数的 80%。更为重要的是，团队化的驱动因素并不仅是源自科学实验的挑战越来越大，越来越复杂，越来越昂贵。通常只需纸和笔的学科，比如数学和社会科学，也都呈现出相同的模式。1955年，在社会科学中，由团队撰写的论文仅占论文总数的 17.5%，但到了 2000 年，团队合作发表的论文占了大多数，达到了 51.5%，呈现出与自然科学界相同的向团队转移的趋势。

但也许比团队化倾向本身更为有趣的是团队产出的成果。团队产出的成果并不仅表现在数量上，在质量上，其成果也具有更大的影响力[136]。平均来看，在所有时间点以及所有的研究领域，团队发表的论文比只有一位作者的论文都获得了更多的引用①［见图 8-1（b）］。

① 人们有可能倾向于将团队发表的论文的高影响力归结为自我推销：作者喜欢引用他们自己的论文。因此，一篇论文的作者越多，也就可以保证这篇论文的引用量越多。但即使我们去掉自我引用，也不会改变团队发表的论文的较高影响力[139, 140]。

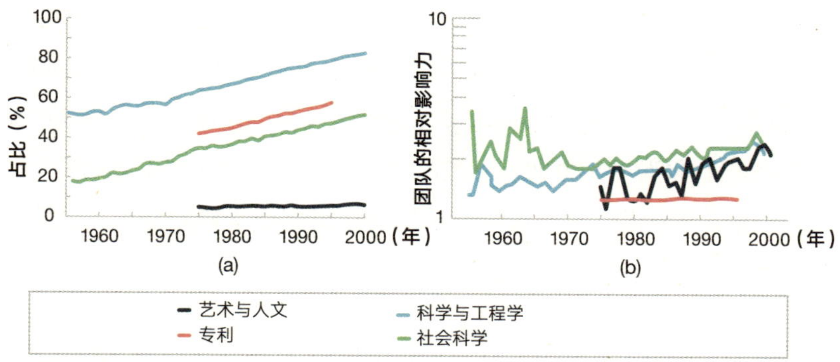

图 8-1　团队日益增长的主导地位

（a）过去 50 年由团队撰写的论文和专利的比例变化。每条线代表相应学科分支每年的算术平均值，不同颜色表示不同学科。

（b）团队相对影响力（RTI）的计算方法是：用团队发表的论文获得的引用量平均数，除以同一学科中只有一位作者的论文获得的引用量平均数。比值为 1 表示团队和独立作者论文具有相似的影响力。曲线代表 RTI 在整个学科中的算数平均值[136]。

如果只关注排名非常靠前的高影响力论文，那么团队的影响力就更加明显：团队正逐渐成为最重要科研成就的产出主体。虽然在 20 世纪 50 年代早期，某一研究领域里引用最多的论文更有可能是由一位作者完成的，但这一模式已在数十年前反转过来[139]。今天，在自然科学和工程学领域中，用获得 1 000 次以上引用的概率来比较的话，团队发表的论文要比只有一位作者的论文高 6.3 倍。这一规律在艺术、人文科学以及专利领域更为显著。自从 20 世纪 50 年代开始，在这些领域中，团队往往会比个人更容易产出最具影响力的研究成果。

最优秀、最聪明的科学家更愿意合作

为什么团队对科学的主导能达到这样的程度？一个假设认为，在产生真正的创新思想方面，团队更为出色。通过聚集各有所长的行家里手，团队可以形成一个更广阔的知识库，这是个人的知识储备所无法比拟的。通过利用不同的研究方法和研究主体，团队更能够对不同的构思和概念进行创造性组合。就如第 17 章将要介绍的那样，引入新的元素同时又保持传统理念的论文，获得成功的概率增加了至少两倍[92]。将新的组合融入熟悉的知识领域的可能性，团队比单个作者高了 37.7%[92]。由于突破现代科学的最大挑战往往需要跨学科的专长，团队逐渐成为完成未来重大科研突破的关键创新引擎。

对于研究者个人来说，团队合作还有其他优势[141]。比如，一起工作的同事能够互相交换想法，互相检查工作，这既有助于创新，又有助于严谨。团队合作有利于研究者本人向新的合作者和学科领域展示自己的研究成果，从而获得更广泛、更多样化的受众，进而提高研究者本人的知名度。另外，团队合作还能保障研究经费。一项针对斯坦福大学 15 年间 2 034 名教师的研究发现，团队合作产生了更多的项目申请，获得了更多的研究经费[142]。

因此，不难想象，最优秀、最聪明的科学家就是那些更愿意合作的科学家。1963 年，社会学家哈丽雅特·朱克曼（Harriet Zuckeman）开始研究杰出科学家的工作方式，走访了当时生活在美国的 55 位诺贝尔奖获得者中的 41 位。她发现，对团队合作的偏爱是他们的共同点之一。跟比他们稍逊但同样优秀的同事比较，诺贝尔奖获得者更愿意与人合作，这使他们在科学研究上获得了明显、长期的优势[101]。

科学的真相 The Science of Science

不受年龄限制的团队工作

在创造性领域进行合作并不是一项现代发明。中国的《永乐大典》是世界上最大的纸质百科全书，全书共

11 095 册，22 937 卷，由明朝永乐皇帝于 1403 年主持编撰，由 2 000 多名学者花 5 年时间合作完成。

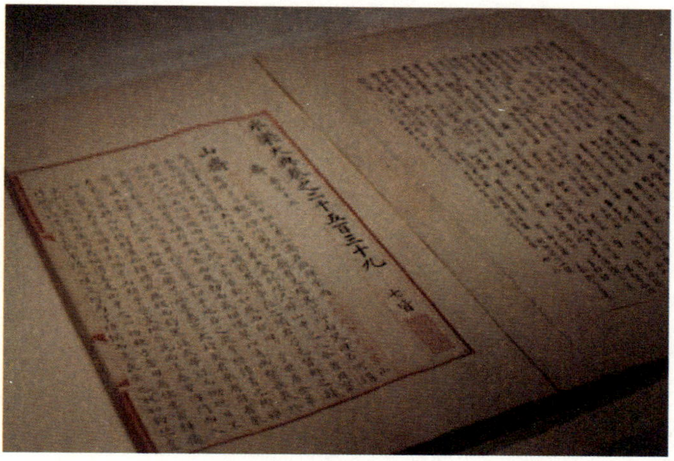

图 8-2　2014 年《永乐大典》在中国国家图书馆展出

科学团队化的两大驱动因素

近来团队型研究的猛增主要源于两个因素。

第一，随着科学的复杂性日益增加，扩展前沿知识所需的工具也在规模和精度上不断提升。比如，位于欧洲粒子物理研究所的大型强子对撞机（LHC）是世界上最大的粒子对撞机，对粒子物理学的研究极其关键。但建造这种工具成本非常高，是任何单一研究者和机构都难以负担的。离开团队合作，不管是 LHC 的构想还是经费支持，都是难以实现的。来自 100 多个国家的 10 000 多位科学家和工程师共同参与了这个项目。因此，团队合作不仅是有益的，而且是必需的，它迫使整个科学界集中资源来提升科学认知。

第二，不断扩展的人类知识，体量如此巨大，任何个人都不可能获知一切。即使那些相对小众冷门的专业，一代又一代科学家所积累的知识重担仍在持续增长。为应对这一难题，科学家往往专攻一个特定方向，聚焦研究问题，从而更快地做好知识储备，抵达领域前沿。这样的专业化导致了科学界“多面手的消亡”，这一现象在文献中多有记载[104]。确实，由单个发明者提交的一系列专利申请数据显示，他们越来越多地停留在一个技术领域，越来越难做出无关联性的新发明。因此，当跨学科研究所需要的知识体量越来越难以承受，合作就成了突破个人专业领域局限的一种方式[104,105]。也就是说，科学家不仅希望合作，他们也不得不选择合作。不断增长的专业化程度意味着，每个人都能很好地处理某一专门领域的科学问题，但要解决现代科学所面对的复杂问题，科学家需要把所有部分都整合起来，将不同技能和知识融为一体。

距离的消失

随着国际互联网的使用以及越来越便宜的交通，突破传统的地域限制，开展跨国合作比以往任何时候都更容易。实际上，团队在不断突破机构和国家的界限。通过分析 420 万篇发表于 1975—2005 年的论文，研究人员区分了三种不同的作者类型：独立作者、在同一所大学工作的合作者以及跨院校的合作者[143]。在这三类作者中，不同院校之间的合作发展最为迅速，事实上，这也是唯一稳定增长的作者结构。在所调查的这 30 年里，这样的跨院校合作在自然科学和工程学领域增长了 4 倍，达到了发表论文总数的 32.8% [见图 8-3（a）]。社会科学也经历了同样的发展趋势，多所大学合作撰写的论文数量在这个时期上升得更为迅速，其占比高达 34.4% [见图 8-3（b）]。

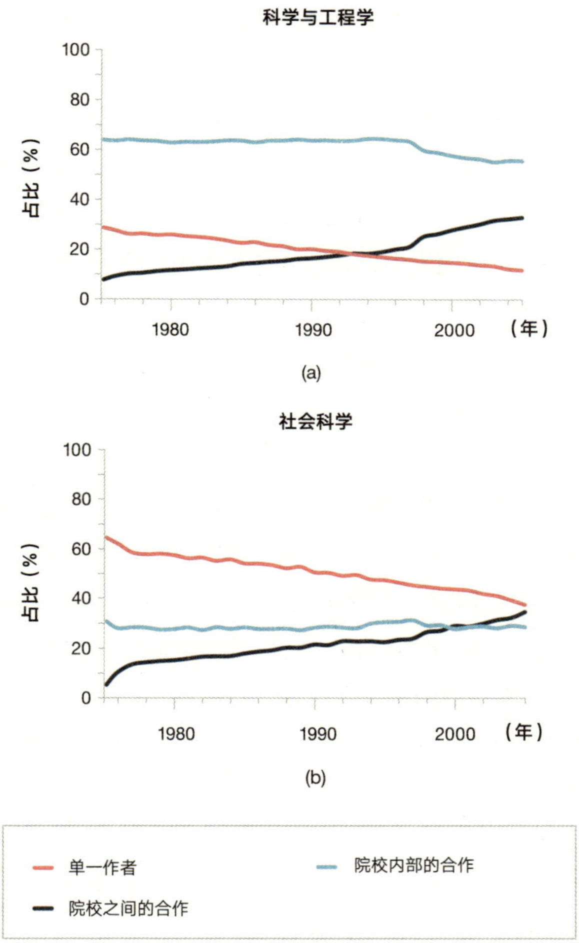

图 8-3　多所大学合作的增长

通过比较不同作者类型产出论文的比例，上图证实了 1975—2005 年，院校之间合作的比例在稳定增长。这种增长在自然科学和工程学（a）和社会学领域（b）特别显著，但在艺术和人文科学领域仍然较弱，在这些领域，任何形式的合作都很少见[143]。大学内部合作的比例在此期间基本保持不变，但在自然科学和工程学以及社会学领域，独立作者的论文呈明显下降趋势。

今天，团队也正在越发突破国家的界限。从世界范围来看，1988—2005年，由多个国家的作者合作发表的论文比例从8%增加到20%[144]。另一项针对1981—2012年发表的论文的分析，计算了不同国家国内外科研合作的比例[145]。虽然总的科研产出随时间显著增加，但美国和西欧国家的国内合作产出则基本持平。这意味着，国际合作在这段时间助推了这些国家的科学发展（见图8-4）。与此形成对照的是，在新兴经济体国家中，国际合作与国内产出之间仍存在很大差异。中国、巴西、印度和韩国的论文发表总量增加了20倍，从1981年不足15 000篇，发展到2011年超过300 000篇。但在这4个国家的科研论文产出中，约有75%仍完全依靠国内合作（见图8-4）。

国际合作的明显增长可以归结为以下几个因素。我们已经知道，团队论文的引用量通常比独立作者的论文高。而国际[145]或者校际[143]的合作会进一步强化这一优势。在英美两国，国际合作的论文的引用量要高于国内合作的论文。这一优势也在不断增长。2001—2011年，这种“影响溢价”在这两个国家都提升了20%。大学间合作也有相似的影响力优势[143]：当整个团队来自同一所大学，发表一篇引用量高于平均水平的论文的概率，在自然科学和工程学领域约为32.7%，在社会学领域约为34.1%。但是，如果合作者来自不同院校，这一概率则分别增加了2.9%和5.8%。

虽然突破地理界限开展合作的优势显而易见，但现代科学“距离消失”的一个重要后果，就是影响力和资源获得上的不公平性日渐增加[12,141,146]。科学家在选择合作者时不会受到大学校园的限制，但很少能突破大学声望等级的限制。精英大学的研究者更有可能与其他精英大学的科研人员合作，而普通院校的研究者也往往同与之差不多的院校研究者合作[143]。因此，即使地理距离不再重要，社会距离的作用却与日俱增。这种院校之间的阶层分化，可能进一步加剧科学家个体间的不平等。

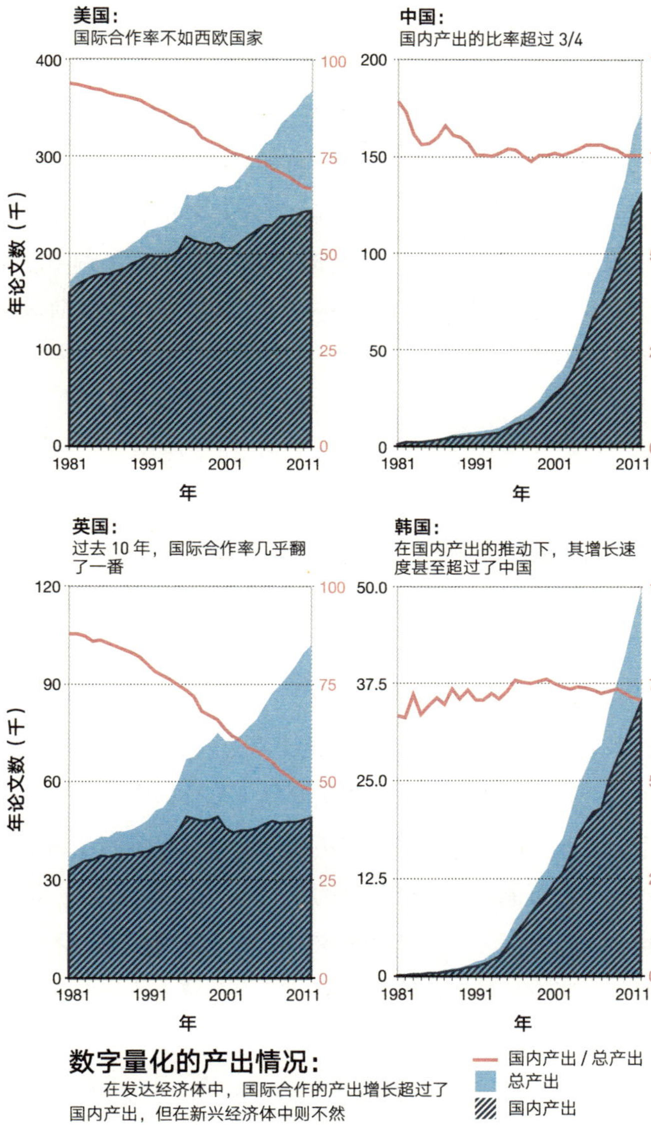

图 8-4　国际合作越来越重要

如果某篇论文的全部作者的地址都属于同一个国家，它便算作该国的国内产出。对比左右两侧的图我们发现，国际合作产出的增长在发达国家远超国内产出的增长，但在新兴经济体国家并不是这样。[145]

另外，科研人员在合作网络中的地位，也极大地影响着合作的收益。假如一个非洲国家提供专项资金，帮助它的研究人员与美国的大学合作开展研究，那么这些研究人员会首先选择哪些美国院校呢？是常春藤联盟，还是小型的文科院校？毫无疑问，他们最有可能寻求精英大学的著名科研人员。这也意味着，名牌大学的成功科学家，更有可能从全球合作网络所提供的资源中获得好处。考虑到多所大学合作完成的论文比同一所大学内部合作完成的论文影响力更大，而精英大学的研究人员更有可能从事这样的跨院校合作，因此，杰出科研成果的产生可能将越来越集中于精英院校[141,143]。

虽然科学研究团队化加剧了科研人员个人和院校的不平等，但它也使整个世界受益[146]。如今的情况往往是由美国或欧洲名牌大学的成功科学家设计研究项目，再由欠发达国家的合作者开展研究，因为在这些国家里，开展劳动密集型的科研工作成本不会太高。这样的合作能使双方受益，有助于突破发达国家和欠发达国家之间的知识壁垒。

与此同时，科学的全球化还对“人才流失”产生了严重影响[145]，可能加剧国内外科研水平的差距。随着科学越来越国际化，每个国家都能更方便地与全球知识库发生联系，这样一来，一个国家中最聪明的科学家可以在其他地方继续研究工作。但反过来，这可能损害一个国家的科研人力资源。因此，在真正有能力的科学家越来越少的情况下，要想保持国家的科技竞争力，理解团队科学的微妙动态是非常必要的，只有这样才能继续拥有并吸引全球人才。

正如本章所展现的那样，团队在驱动整体知识产出以及重大的科研突破方面，起着越来越重要的作用。曾经罕见的团队合作现已成为科学研究的主导力量，这是科学家、政策制定者，或者资助机构不可忽视的现象。然而，尽管团队工作具有许多优势，但我们仍有理由相信，团队在科学发现中的作用还没有达到最优化[137,141,147]。例如，虽然团队合作能确保一个构思是正当合理的，毕竟整个团队需要信任一个项目才能推动它[147]，但在推动之前，团队成员需要达成共识，这个过程就可能成为阻碍前进的因素。

尽管合作能够帮助研究人员跨越学科界限产生新的灵感和假说，但合作和交流所产生的时间与精力成本也不可忽视，在有些情况下可能超过合作研究带来的好处。这一代价也因为团队工作的功劳划分问题而进一步复杂化。因此，如何平衡好这些复杂的因素，是建立成功的科研团队的关键，而这也是我们在下一章要讨论的内容。

09

看不见的大学：科学家互相之间具有高度的依赖性

我们往往会认为，与领域内的顶级研究者共事也会让我们自己变得优秀。但我们的同事真的能使我们变得更优秀吗？在前一章，我们探讨了合作研究对成果影响力的影响。但合作怎样左右科研人员个人的产出和影响力呢？这个问题包含了一系列问题。这种现象在经济学中被称作“同群效应”[148-151]。为了认识同群效应有多大的影响力，我们先来了解一下达特茅斯学院的学生宿舍[149]。

对于达特茅斯学院的新生来说，宿舍和室友都是随机分配的。但是，一项研究发现，当年级平均成绩较低的学生被分配到成绩较高学生的宿舍里，前者的成绩也有了提高。由于不同专业的学生住在一起，我们不能够将他们成绩的提高归结为成绩稍差的学生在课程作业上获得了室友的帮助这类因素。他们之所以能变得更好，是因为周围的同伴表现更优。

当人们为共同的目标一道工作时，同群效应也会发挥作用。事实上，在过去20年，大量研究发现同群效应确实存在于各类职业中，包括水果采摘工、超市收银员、物理学家、营销人员[151]。比如，研究人员在一个连锁超市的调查中发现，把一位效率不太高的收银员换成一位高效率的收银员后，同班的其他收银员在扫描商品时就会更快一些[150]。这种行为上的变化似乎有些违背直觉——毕竟，如果一位明星收银员替换了一位动作稍慢的收银员，其他收银员很可能对此不以为意，会产生一种被称作“搭便车”的心态。然而，这些收银员却表现出完全相反的行为。同伴更有效率，也激励了他们提升自己的表现。

我们必须要了解自己是如何受他人影响的，因为这可能会释放社会的乘数效应，最终改变每个人的行为结果。我们再想一想达特茅斯学院宿舍的例子：如果一些学生的学业表现得到改善，那么他们改善的表现又将改善其他同伴的行为结果，从而持续影响越来越多的学生。

但同群效应在科学界真的存在吗？如果真的存在，学生、科研人员、管理人员，以及政策制定者又该如何利用它呢？

科学的真相 The Science of Science

孟母三迁

中国古代哲学家孟子是孔子之后最著名的儒家代表人物。有一个尽人皆知的成语叫“孟母三迁”，它是同群效应最早的例证之一。这个成语说的是孟子的母亲三次搬家，最后找到一处适合她儿子成长的地方。孟子很小的时候，父亲就去世了，由母亲独自抚养他长大。由于家里很穷，他们最初住在一片坟地附近。前来悼念的人大声地哭祭逝者，很快，孟母就注意到她的儿子开始模仿别人哭拜。孟母觉得不好，于是决定将家搬到城里的一个市场旁边。但不久以后，孟子又开始模仿商人的叫卖声，而经商在古代被认为是不体面的。于是，忧心忡忡的孟母决定再次搬家。这一次，她将家搬到学堂附近，孟子也开始与学堂的师生打交道，模仿他们的举止，更加专心学习。孟母看到儿子行为上的变化很高兴，将此归结为儿子与学者的近距离接触，于是决定永居于此。最终孟子成为一代大儒。

活跃的氛围

在与诺贝尔奖获得者多次访谈之后，罗伯特·默顿注意到这些科学家经常会营造“活跃的氛围”[60]。明星科学家不仅自己成就非凡，还具有激发他人潜力的能力。我们可以通过考察院系在聘用一位新的明星科学家之后所产生的变化，来测量这一能力。在一项研究中，研究人员调查了 255 个进化生物学系以及这些院系成员在 1980 至 2008 年所撰写的 149 947 篇论文[152]，然后他们追踪了明星科学家到来之后，院系每位成员的论文发表和引用记录。他们发现，院系的产出（发表的论文数量，并以每篇论文的引用量作为权重）在明星科学家到达之后增加了 54%。这种增长并不是来自明星科学家自己发表的论文：在去除他们的直接贡献后，院系的产出量仍然增加了 48%。换句话说，研究人员观察到的增长大部分来自明星科学家同事的产出量提升，而这些同事之前就已经在那里工作了。更重要的是，产出的增长是长期持续的：即使是在明星科学家已经任职 8 年之后，同事们的产出仍然没有减少。

值得注意的是，产出提升最大的，是那些研究方向与明星科学家的研究最相近的人，即以前引用过这些明星科学家论文的人。与此形成对照的是，研究方向与新来的明星科学家关系不大的同事，受到的影响就要小得多。

明星科学家对他的新院系的最大贡献，并不在于产出的增加，而在于未来聘用的科研人员的水平。明星科学家到来之后，院系聘用的教师水平（由科研人员进入该系时的论文平均引用量来衡量）跃升了 68%。按新聘用的教师与明星科学家的研究方向有无相关性进行区分，则有关联的新聘用教师的水平猛增了 434%，无关联的新聘用教师的水平也提高了 48%。明星科学家似乎不仅激励他们的同事，促进他们成功，同时还会吸引其他的未来明星科学家加入。

同群效应的因果推论

观察性研究会依据先前就存在的数据集得出结论。对于同群效应的量化，这类研究方法显得极为吃力，因此就需要谨慎解读这类由数据驱动的研究的结论。例如，有没有可能明星科学家并没有导致产出的提升，反而是院系已有的发展势头吸引了他们加入？或者，会不会有一个未观察到的变量，比如院系资源的正向波动（如慈善捐赠、政府增加拨款、新大楼的建造）为院系聘用明星科学家提供了机遇，而且同样的波动也增加了在职人员的产出，提升了随后的新聘用人员的质量？

要想确认同群效应因果关系的证据，困难是普遍存在的[153]。在社会科学领域，这通常被称作“映射问题”[148]。假设有两位学生艾伦和马克，马克学习更好，艾伦开始和马克走在了一起。我们后来观察到，艾伦的学习成绩提升了。艾伦的进步是因为马克对他的积极影响吗？并不一定。至少还有三个其他机制可能会起作用。

- 艾伦选择和马克走在一起，是因为艾伦本人也是一位优秀的学生。这种现象被称作“选择效应”：个人通常自主选择进入哪个同伴群体，从而很难将真正的同群效应区分出来。

- 艾伦和马克也可能同时相互影响，很难确定马克的行为结果对艾伦的行为结果究竟产生了什么样的影响。
- 艾伦学习成绩的提升，是无法观测到的混合因素引起的。例如，可能只是因为来了一位新老师，或艾伦参加了一项更好的课外培训。

考虑到这些挑战，我们常常依靠随机实验来找出同群效应。这是达特茅斯学院学生宿舍研究背后的概念。学生们被随机分配到不同的宿舍，从而消除了大多数的其他解释。或者，我们也可依靠外在的、意料之外的波动进行所谓的“自然实验”。如果在某个参数上有突然的改变，而另一些变量却保持不变，我们就可以更肯定地认为，系统的响应纯粹是对外在变化的响应。下一节将讨论这样的例子，研究人员利用明星科学家的意外离世，去量化他们对其同事生产力和影响力所产生的影响。

在科学上，没有孤独的天才

学生和收银员的例子表明，同群效应在个人与其同事有直接联系时最为显著。例如，学生成绩的改善只有在学生个人的房间层面可以检测，但在宿舍层面则不存在[149]。也就是说，一个杰出的学生，对走廊尽头宿舍里的同学并没有什么影响。同样，工作效率提升的收银员，也只是那些能够看到明星收银员当班的人。不知道明星收银员在当班的其他收银员并未受此影响，仍会按照自己的节奏工作[150]。然而，一个特别有趣的现象是，许多在科学领域观察到的同群效应并不受限于物理距离。更确切地说，它们超越了物理空间，延伸到了思想层面。为了证明这一点，让我们看一看明星科学家突然意外去世后，会有什么样的情况发生。

在一项研究中，研究人员调查了明星科学家突然去世后，与其合作的作者的产出量和影响力（由论文发表量、引用量和美国国家卫生研究院的经费来衡量）会发生什么样的变化[115]。随着明星科学家的去世，其合作者的论文产出会有5%～8%的持续下降。有趣的是，这些结果似乎主要是不可替代的思想资源的缺失所导致。研究主题相近的合作作者与研究方向较远的合作作者相比，产出上的下降更为剧烈。如果明星科学家的合作作者的论文曾被大量引用，那么作者产出的下降会比那些不那么有名望的合作者更为明显。17世纪的科学家罗伯特·玻意耳（Robert Boyle）曾提出过一种叫作“看不见的大学”的概念，指的是科学家们会由于某个科研选题或想法而走到一起，形成了一所隐形大学。而上面的研究结果正好佐证了玻意耳的理论，这所大学在失去明星后，便会遭受到永久且影响深远的精神损失。

类似的效应在苏联解体后也出现过。当时，苏联科学家大规模移民，研究人员调查了一些仍然留在国内的数学家，分析当与其合作的作者突然移民其他国家之后，这些数学家的成果产出情况[154]。结果发现，如果移民的是普通同事或不那么紧密的合作者，那么这些留下的数学家的科研产出并没有受到影响。事实上，留在国内的这些人在产出上还略有上升，这也许是因为同行离开后，他们有了施展的机会。但是，当研究人员审视高质量合作者（按照产出量来衡量）的流失时，他们发现了严重的后果。按照合作者的水平对论文作者排序，对于排名前5%的论文作者，其合作者中有10%的人移民国外时，他们的论文发表数量将下降8%。这表明，虽然我们可以应付普通合作者的流失，但失去杰出的合作者仍会带来严重的不利影响。

这个发现与德国自然科学教授中出现同群效应的研究结果是一致的，1925—1938 年，德国政府解雇了这些教授的同事[155]。流失一般水平的合作者，德国教授的科研产出在物理学上下降了 13%，在化学上下降了 16.5%。但流失高于平均水平的合作者，则会导致更大的产出损失。要知道，这些合作者并不见得是同一所大学的同事，他们遍布于德国的不同机构和城市。这些结果再次表明了这样一种观点，至少在科学界，“看不见的大学”和我们正式工作的大学同样重要[156]。

科学的真相 The Science of Science

对别人有所帮助的科学家

明星科学家通常由他们个人的产出和成果所界定，如引用量、论文发表量、专利以及研究经费[157]。但这些属性能准确反映科学家对某个学术机构的价值吗？院系应该雇用哪类科学家：是那些一篇接一篇大量产出高影响力的论文，但绝少在院系会议上露面的人，还是工作节奏稍慢，但愿意解决院系所关切的问题、出席研讨会，并对同事们还未发表的论文提供反馈意见的人呢？

这两种类型的科学家从不同方面看似乎都很重要。的确，我们已经看到一位明星科学家对同事的产出以及对新聘用者所产生的重要影响。但研究表明，“对别人有所帮助”的科学家也提供了一些重要但截然不同的东西。

例如，一项针对论文致谢部分的研究将“对别人有帮助”的科学家定义为经常被感谢的那些人[158]。当这些对别人有帮助的科学家意外离世，他们合作者的论文质量

（虽然不是数量）陡然下降。与此形成对照的是，对别人帮助不大的科学家去世以后，该研究并未发现同样的下降现象。此外，与通过提供资料、科研工具或者技术支持帮助他人的科学家相比，能够提供概念性反馈（即批评和建议）的科学家会对他们的合作者产生更大的影响。能力表现似乎常常与无形的社会维度有关。帮助他人，与同事讨论，不仅是一件善事，还能实实在在地影响同事的科研产出质量。

在本章，我们证实了科学的高度关联性，表明科学家的生产力和创造性依赖于其合作者和同事的关系网络。尽管我们强调个人才华，颂扬独立的科学思想，但事实上科学家相互之间具有高度的依赖性。我们的生产力受到院系同事们的强烈影响，不管他们是否与我们有着直接的合作关系，或者研究方向与我们是否有所关联。最为重要的是，我们并不只受到隔壁近邻的影响。无论我们的合作者离我们多远，他们的成就也可以通过思想网络广为传播，对我们的职业发展产生长远影响。换言之，孤独的天才这种说法并不正确，在科学上我们从不孤单。

10

科学合作背后的复杂网络

纵观整个历史，仅有 8 位数学家的论文发表量超过 500 篇。卢西恩·戈多（Lucien Godeaux）是其中之一[159]。他是一位多产的比利时数学家，在历史上发表论文最多的数学家中排第五位。占据这个名单榜首的，是我们在第 1 章讲过的匈牙利数学家保罗·厄尔多斯。

但是，戈多和厄尔多斯之间存在一个根本的差别。戈多发表的 644 篇论文中，有 643 篇是他独自撰写的。也就是说，在整个职业生涯中，他仅有一次冒险停止了对数学的独自追求，而选择与其他人合作。反观厄尔多斯，他不仅以无可匹敌的产出量闻名于世，也以在整个职业生涯中与超过 500 名合作者共同研究而享有盛誉。厄尔多斯的大多数论文都是合作的成果，因此还衍生出一种所谓的“厄尔多斯数”，一种在数学家之间广为流传的消遣方式，用于计算自己与这位数学巨人的距离。

按照定义，厄尔多斯的厄尔多斯数是 0。那些与厄尔多斯至少合作撰写了一篇论文的人，厄尔多斯数为 1。与这些作者而不是厄尔多斯本人合作撰写论文的那些人，厄尔多斯数为 2，依此类推。如果厄尔多斯数是 1，也就是被列入他那众多、同时又相对稀缺的合作者名单中，对任何人来说都是至高无上的荣誉。如无缘这种殊荣，那么离他只有两个联系环节的人也会被认为不同凡响。事实上，拥有一个相对较小的厄尔多斯数已经成了人们炫耀的资本，而且这种情况不仅出现在数学界，很多其他学科也是这样。不同专业的科研人员会将那宝贵的数字，半开玩笑地列在他们的简历和网页上，这种情况并不少见。

厄尔多斯数的真实存在表明，科研团体是如何形成了一个高度互联的网络。通过合作撰写的论文，科研人员被相互连接在一起。这个网络往往被称作合作作者网络。但我们的合作方式有没有某种模式？什么样的科研人员最愿意，或最不愿意与其他人合作？本章的重点就是认识合作作者网络，了解它所揭示的关于科学结构和发展的深刻见解。

合作者网络的两大特征

当大规模的数字化出版记录在 2000 年前后可供使用时，研究人员立即着手构建大规模的合作者网络，描述数学[161-164]、生物学[164]、物理学[160,164]、计算机科学[165]和神经科学[163]的合作模式。为了建立合作者网络，我们遍历每篇论文，在同时出现在同一篇论文中的每两位科研人员之间建立连边。图 10-1 解释了这样一个网络的局域结构，该网络围绕一名随机选择的作者，即位于中心的特别标注的节点[160]。快速浏览这个网络，我们可以抓住合作研究的几个重要特征。第一，网络是由少数高度连接的节点，即枢纽节点维系的，他们是像厄尔多斯这样具有高度合作性的个体。第二，网络是由紧密联结的团结构①或作者群体构成的。为了突出这些群体，我们可以在这个网络中使用专为团结构而设计的搜寻算法[160]，并根据它们是否属于可清楚确认的团对节点着色。那些不属于任何可识别的团的节点用黑色表示。绝大多数节点都有颜色，表明大多数科研人员归属于至少一个可识别的团体（见图 10-1）。

① 团（clique）是网络科学中的一个术语，描述由一组节点两两互连而形成的特殊结构。——译者注

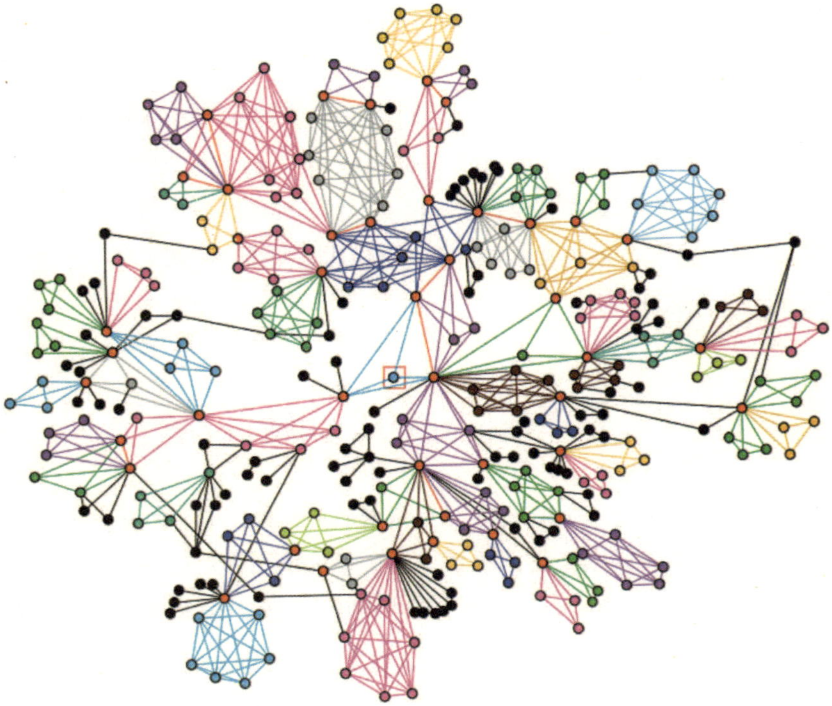

图 10-1　合作者网络

图 10-1 显示了由一位随机选择的物理学家（用红框标示）及其周围的物理学家构成的合作者网络的局部结构。该网络是根据康奈尔大学档案服务器（con-mat）中的论文构建的。con-mat 是广泛使用的 arXiv 的前身，当时包含 30 000 多名作者。每一个节点代表一位科学家，其中的这些连线记录了以合作作者身份发表论文而产生的合作关系。彩色部分表示网络中局部密集互联的合作群体。黑色节点 / 边线表示不属于任何团体的科学家[160]。

合作者的数量

厄尔多斯在数学界有 500 名合作者，很显然这是一个离群值。但对一位数学家而言，这一数值有多么不同凡响呢？为了找到答案，我们接下来要比较生物学、物理学和数学领域的合作网络[164]。网络中节点的关键属性是它的度，代表它所拥有的与其他节点连接的连边数量[67,68]。在合作者网络背景下，节点 i 的度 k_i 代表科学家 i 所拥有的合作者数量。图 10–2 展现了科学家在这 3 个学科中分别拥有的合作者数量的分布 $P(k)$。这 3 个分布全都呈肥尾特征，表明无论所属的学科是什么，几乎所有科研人员仅与少数合作作者共同研究，而极少数科学家则累积了大量的合作者。虽然图 10–2 中显示的 3 个分布都是肥尾分布，但每条曲线又呈现出明显不同的特征。生物学的分布（蓝色）有更长的尾部，表明生物学家更有较高可能性拥有更大数量的合作者，而数学的分布（绿色）在 3 种分布中衰减得最快。由此可知，具有高度合作性的研究人员在数学领域则特别稀少，而像厄尔多斯那样的超级合作者，则在任何学科中都极为罕见。

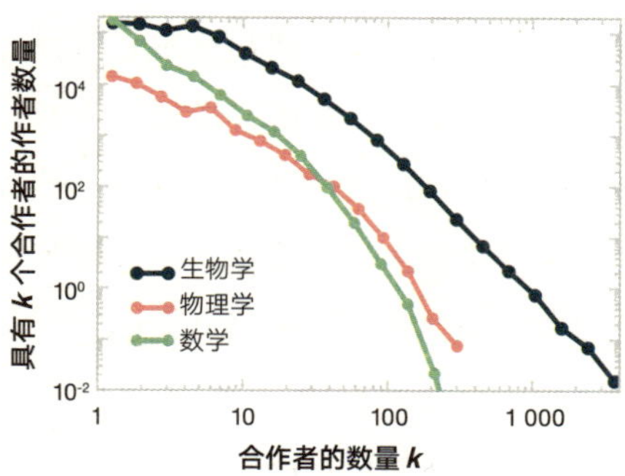

图 10–2　合作网络是无标度的

图 10–2 显示了物理学、生物学和数学学科的研究人员合作者数量分布，表明内在分布呈肥尾特征[164]。

重要的是，一名研究人员已有的合作者数量，能够预测他将来建立新的合作关系的概率。这就是优先连接，即我们更有可能与具有高度合作性的个人进行合作，这一概念我们在第三部分将再次讨论。某位作者第一次发表论文时，他最有可能与他的导师，或者某位已经拥有大量合作者的研究人员这样的资深人士合作撰写，而不是与他的研究生同学合作，因为后者缺乏合作连接[163]。已经在网络中的科研人员寻找新的合作者也是如此：他们更有可能与高度连接的作者，而不是与没有什么连边的作者建立新的连接。由于优先连接，拥有更多合作者的作者会迅速扩大他们的合作者圈子，渐渐成为科研合作网络的中心。

小世界与大世界

随着厄尔多斯数这一概念的传播，世界各地的数学家开始计算自己离数学界神秘的中心有多远的距离。他们的努力被杰瑞·格罗斯曼（Jerry Grossman）记录了下来。格罗斯曼是位于密歇根州罗切斯特的奥克兰大学的一位数学教授，他维护着厄尔多斯数这一项目[166]。如果你访问该项目的网页，你很快就会意识到厄尔多斯数已经完全扩展到数学界以外。列在厄尔多斯旁边的是声称与他有关联的经济学家、物理学家、生物学家和计算机科学家。例如，比尔·盖茨也在此列，多亏了他 1979 年与克里斯托斯·H. 帕帕迪米特里乌（Christos H. Papadimitriou）合作发表的论文，而比尔·盖茨的这位合作作者又与邓晓铁（Xiao Tie Deng）合作发表了论文，邓晓铁又与厄尔多斯的合作作者帕沃尔·赫尔合作发表了论文。这样算下来，比尔·盖茨的厄尔多斯数是 4。听起来好像不用几步便可将一位匈牙利数学家，与几乎从未发表过任何科学论文的人联系起来。但是，就如我们将看到的那样，科学家之间的路径往往比我们想象的更短。

这种看似遥不可及然而却近在咫尺的现象，与小世界有关[167]，该现象也被称作“六度分离”。用网络科学术语来表述，这一流行的概念反映网络中大多数成对的节点之间都有一条最短路径。如果我们测量合作者网络中任意两位科学家之间的最小连边数，通常他们之间的距离大约是 6 个连边。这个规律对生物学家、物理学家、计算机科学家[165]、数学家和神经科学家[163]也都成立。这意味着，如果某位科学家随机挑选另外一位科学家，即使前者从来没有听说过后者，也很有可能能够通过 5 ～ 6 位合作者与后者关联起来。而且，一位普通的科学家与合作网络中高度数的枢纽节点之间的距离更小。例如，从厄尔多斯到其他数学家的平均距离约为 4.7[166]，明显低于整个网络的平均距离。

六度分离

小世界现象也以六度分离为人们所知，六度分离这一术语出自约翰·瓜尔（John Guare）1990 年的百老汇戏剧。剧中的一个人物说："这个星球上的每一个人仅仅被 6 个其他人所分离。六度分离，在我们和这个星球上所有其他人之间，美国的总统、威尼斯的船夫……不是大人物，而是任何芸芸众生，雨林中的一个原住民、一个火地岛民、一个爱斯基摩人。我与这个星球上的每一个人都可以通过 6 个人绑在一起。这是一个很深奥的想法。"

因为研究团队嵌入在合作者网络中，网络的规模和形态可能影响团队的运作。在一个庞大的、范围较广的网络中，许多团队之间的距离会在 6 步以外，它们的成员因此相互远离，不能够方便地交流新的想法。此外，如果合作的世界太小，它又会形成一个大家随声附和的小空间，难以了解外面的不同思想。这意味着在两者之间存在一个"甜蜜点"，可以为富有创造力的合作者提供最有利的环境，孕育出富有创造力的构想。

为了理解"小世界"怎样影响团队的创造性，我们可以探索参与百老汇音乐剧创作的艺术家之间的合作模式[168]。在百老汇网络中，如果两位艺术家共同参与过以前的音乐剧，他们便被认为有关联，无论是作为出品人、导演、设计师还是演员。图 10-3 显示了具有不同小世界特点的 3 个团队网络。我们用 W 来表示每一网络的“小世界”程度。图 10-3 中的左图显示了一个低 W 值的“大世界”，这是因为不同团队之间的连接松散，艺术家们相互之间没有联系，而右边的网络连接得更紧密（高 W）。

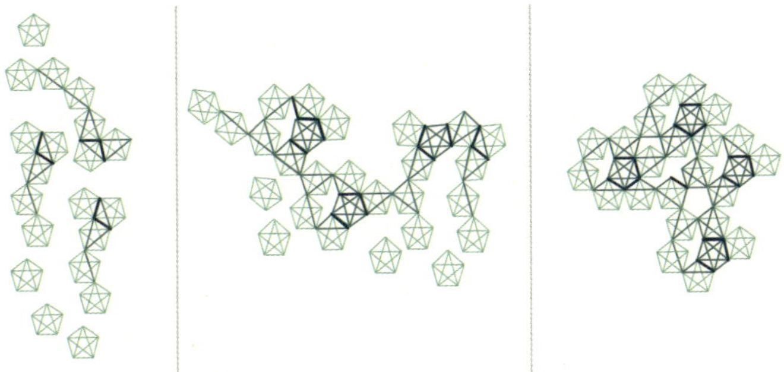

图 10-3 小世界和团队表现

百老汇艺术家网络示意图解释了小世界对团队表现的影响。参数 W 量化了网络的“小世界”程度。当 W 较低时，团队（团结构）之间只有少数连接，导致网络的连接度和紧密度较低。随着 W 的增加，有了更多的团队之间的连接，带来网络拓扑结构的高连接度和紧密度。在 W 为中等水平的情况下，小世界网络产生最佳的连接度和紧密度[168]。

利用票房收入（财富上的成功）以及音乐剧的评分均值（艺术上的成功）来衡量团队的表现，研究人员发现 W 与团队表现相关。当一个团队身处低 W 网络，有创造力的艺术家不大可能创作出成功的剧目。由于团队与团队之间的连接不够紧密，一个创作团队不可能与网络上的许多其他团队进行创新性构思的交流。随着 W 的增加，艺术家的网络连接得更加紧密，促进了各个团队之间创作素材的流动。这种不断增加的信息流动，更有可能使新技巧与老传统相互融合，同时提供反馈意见，使得艺术家们敢于做出更大的冒险，最终提升网络中每个团队的表现。

但这也只能达到一定程度。同样的研究还表明，连接度和紧密性太高（高 W 网络）也会成为创造性的负担。联系紧密的团队，往往会忽略与他们的共识相悖的有价值的信息。总而言之，数据表明，在百老汇，当团队所处的网络既不太大也不太小时，团队的表现才最为理想。

连通分量：80% 的科学家都在同一个网络中

比尔·盖茨有一个较小的厄尔多斯数（为 4），这一现象引发了一个更宽泛的问题：为什么盖茨居然会有一个厄尔多斯数？毕竟，如果盖茨有一个厄尔多斯数，他和厄尔多斯之间必然在合作网络上存在一条路径。如果没有这样的路径，盖茨将有一个无穷大的厄尔多斯数。盖茨竟然拥有厄尔多斯数这一事实表明，他和厄尔多斯是在合作网络的同一个“连通分量”上。一般而言，连通分量是指可以通过中间节点路径全都相互连接的一组节点。合作者网络的一个关键属性就是它的连通性：网络中几乎所有的人，沿着经过中间合作作者的某条路径，与几乎其他所有人都能连接在一起。比如，如果计算图 10-2 所对应的 3 个网络系统的连通分量，我们会发现最大的连通分量包含了全部作者中的 80% ～ 90%。一个大的连通分量支持了“看不见的大学”这一理念，通过社交与职业接触，世界各地所有大学的科学家都被连接在了一起，形成了一个具有共同价值观和知识基础的智慧群体。

如此之多的科学家处在同一个连通分量上，我们从中可以得出几个结论。首先，也是最显而易见的，科学家在合作。但如果科学家总是与同样一群作者合作，合作网络就会被分割成相互孤立的小集团，形成孤立的学派，就像我们在图 10-3 中所看到的低 W 网络。幸好，我们的看不见的大学是一个广阔的大学。但是，是什么把 80% 的科学家都维系在同一个合作者网络中的呢？理解这个过程的根源，将帮助我们大致了解团队是如何组建的。为了揭示这些规律，我们先去探访一下鸡舍。

11

一个成功团队的组建，取决于人才的平衡

The Science of Science

美国普渡大学动物学教授威廉·M. 谬尔（William M. Muir）探究团队产出的背景与众不同，他用的是鸡群[169]。谬尔所关注的问题是如何将母鸡分组，装进不同的鸡笼中，使它们的产蛋量最大化。换句话说，他能够组建高产的团队吗？当问题只涉及鸡时，回答起来显然要比涉及人类时容易得多，部分原因是，将一只母鸡移来调去不需要征得它的同意。另外，在这个背景下，绩效也很容易量化，你只需数一下有几枚鸡蛋就可以了。

谬尔设置了两种类型的鸡笼。首先，他找出各个鸡笼中最高产的母鸡，然后把它们集中在同一个鸡笼中，从而创建了一组精选的“超级母鸡”。接着，谬尔找出最高产的一笼母鸡，即产出最多鸡蛋的一笼母鸡，虽然以单只母鸡来论，产蛋能力并不一定最强，然后保持该笼原样不变。这些超级母鸡的后代比起当前的高产团队会优秀多少呢？为了找到答案，谬尔让这两组鸡分别繁殖了 6 代（动物学的标准程序），然后统计产蛋数量。

经过 6 代的繁殖，作为对照组的高产鸡笼里的母鸡表现不错。它们健康、肥硕、羽翼丰满，产蛋量也一代比一代有明显的增长。那么，超级母鸡这笼的情况又如何呢？当谬尔在学术会议上展示实验结果时，他放了一张幻灯片，上面都是精心挑选的顶级产蛋者的后代[170]。听众们顿时倒吸了一口凉气。经过 6 代繁殖之后，笼中鸡的数量从 9 只锐减到 3 只，其他鸡已被笼中的同伴谋害致死。祖先曾经创下的惊人产蛋纪录已经成为历史。超级母鸡们幸存的后代，现在体弱多病，身上布满战斗后留下的啄痕和伤疤，在这样高度紧张的环境中，它们基本上已经无法产蛋了。

我们往往错误地认为，创建一个成功的团队非常简单，就是招募精英中的精英。谬尔的母鸡实验是一个重要的警示，事情远远没有这么简单。当然，你需要有才干的队友，但他们同样需要学习怎样合作，“以取得超越个人能力之外的成就”[171]。如同烹制一道难以忘怀的美味佳肴，组建团队并不仅是把你家冰箱中最好的食材一股脑儿倒进锅里。你还必须考虑这些食材的搭配。

那么，科学家怎样才能充分利用杰出人才，而又不会伤害更重要的团队凝聚力呢？为什么有些团队极其成功，仿佛他们的胜利原本就在情理之中，而有些团队却折戟沉沙，即便团队中人才济济？这些年来，几个可复现的规律已经被发现，它们可以帮助我们认识和预测科研团队的成功和失败。

有“能人太多”这回事吗

涉及人类时，我们真的应该为团队有太多能人而感到焦虑吗？就像谬尔一样，我们往往认为，只要把顶级人才召集起来，团队就会有突出的表现。有一个词可用来描述这种现象：全明星团队。通常的观点是，全明星团队最不济也会形成足够大的体量，帮助吸引更杰出的人才加入。为了了解情况是否如此，我们来看看美国杜克大学英语系的情况。

如果说真的曾有过一个全明星学术团队，那应该就是 20 世纪 80 年代后期和 90 年代初期的杜克大学英语系了[172, 173]。为了提升杜克大学的形象，学校管理层决定招募百里挑一的人才。他们首先于 1984 年从莱斯大学挖来了弗兰克 · 伦特里奇亚（Frank Lentricchia），他是当时系里最有名的毕业生。下一步，在伦特里奇亚的建议下，管理层又从约翰斯·霍普金斯大学招募了斯坦利·菲什（Stanley Fish），让他担任系主任。菲什锲而不舍、一掷千金的招聘策略，让他成为一个传奇的系主任。短短几年，他就从各处吸引到一众大牌教授：美国现代语言学会主席芭芭拉·赫恩斯坦·史密斯（Barbara Herrnstein Smith）；古根海姆奖获得者贾尼丝·拉德威（Janice Radway）；酷儿理论[①]先驱伊芙·科索夫斯基·塞奇威克（Eve Kosofsky Sedgwick）、乔纳森·戈德伯格（Jonathan Goldberg）和迈克尔·穆恩（Michael Moon）；后来创办了非裔美国人研究所的小亨利·路易斯·盖茨（Henry Louis Gates Jr.）；中世纪文学研究的开创者李·帕特森（Lee Patterson）以及他颇有影响力的夫人安娜贝尔·帕特森（Annabel Patterson）。

转眼间，菲什便将体面但有点古板的英语系改造成了文学界的名人堂。这些举措确实产生了影响：1985—1991 年，研究生的申请人数增加了 4 倍。在性别研究和文学研究领域,《美新周刊》后来将这个研究生项目列为全国第一。1992 年，一个外校评估委员会来到杜克大学，最终的报告对该系赞誉有加："该系之外的所有教职员工众口一词，称赞英语系已经成为杜克大学人文学科的引擎，为整个大学提供精神活力和学术动力，对此我们印象深刻。能够做出这样的改变绝非易事。"

没人能够想到，仅仅 6 年后，当外校评估委员会重返该校进行例行评估时，他们会有多震惊。1997 年春末，塞奇威克、穆恩和戈德伯格接受了其他学校的邀请；《美国文学》（*American Literature*）主编凯茜·N. 戴维森（Cathy N.

① 酷儿理论是一门从文学理论、政治学、历史学、社会学、伦理学和其他研究酷儿人群的定义、生活、历史和人口的人文学科发展而来的综合学科。伊芙·科索夫斯基·塞奇威克从文学角度阐释性别，被认为是这个领域的奠基人之一。——译者注

Davidson）辞去了教授职务，加入学校管理层；李·帕特森和他的妻子转投耶鲁大学。虽然伦特里奇亚仍然留在杜克大学，但也离开了英语系，并公开地表示了不满。开创杜克帝国的菲什也做出了自己的计划，他在7月宣布，将与已是美洲文化研究专家的妻子简·汤普金斯（Jane Tompkins）离开杜克大学，前往芝加哥的伊利诺伊大学，他将就任该校的艺术与科学学院院长。在那个时候，汤普金斯实际上已经脱离教职，在当地的一家餐馆当厨师。可惜啊，全明星英语系的教授们，似乎不是忙于科研或教学，而是以自我为中心相互攻讦。这个名噪一时的英语系戏剧般的消亡事件登载于《纽约时报》头版，使其逝去的辉煌历程得以封存[172]。

杜克大学英语系所发生的状况，往往被心理学家描述为“能人太多效应”[174]，它也适用于另外几种配置下的团队。比如，所有成员都精力过旺，为争取主导权而相互争斗，这样的团队往往表现不佳[175]；地位较高的成员比例太大，会给金融研究团队的表现造成负面影响[176]。不错，具有杰出才能的个人仍然是团队成功的关键，大量研究证明，更多能人的加入可以提高团队的成果，但只能提高到一定程度，超过这个程度，收益便无法保证了。

那么，“全明星”什么时候会成为“能人太多”？比较不同运动项目的团队表现，可以提供一些初步的答案。研究人员利用真实的运动数据，发现在篮球和橄榄球两项运动中，具有最大比例精英运动员的团队，逊于顶尖运动员比例趋于适中的团队[174]。但在棒球运动中，顶尖运动员越多越好，并没有同样的负面效果。这种差别可能是由于在协作和任务方面，棒球运动对团队成员的依赖程度要低于篮球和橄榄球。这一证据表明，在团队需要队员们作为一个富有凝聚力的整体协同工作的情况下，“全明星”向“能人太多”的转变尤为明显。

对于科学研究而言，这些发现的意义是显而易见的：几乎没有什么比科研合作更需要协同、相互依赖以及和谐一致的团队工作。这表明，科学家们应该谨慎，不要让自己的团队充斥着明星成员，否则这个团队的结局将会与人才负担过重的橄榄球队或杜克大学英语系一样的下场。

适当的平衡：多样性与团队的表现

组建一支成功的团队不仅要发现人才，而且还要挑选团队成员，让他们在个性特征上取得恰当的平衡。但我们如何才能找到恰当的平衡呢？是不是和熟悉的人一道工作情况就会好一些呢？因为我们有“共同语言”，可以协调一致地齐步前进？或者是不是应该挑选具有不同工作经验、专业知识以及实践技能的合作者，这样我们就能够应对单人解决不了的问题？这些是团队科学的研究文献中出现得最多的问题，吸引了从心理学到经济学再到社会学的不同学科的研究者[137]。这些研究往往会假设团队成员的异质性可以带来更丰富多样的观点，这反过来又可产生更理想的成果。但同时，我们也有理由相信多样性并不总是一件好事。例如，尽管多样性可能会潜在地刺激创造力，但它同样也可能导致冲突和误解[177]。这就引出了一个问题：在科研合作中，多样性究竟有害还是有利呢？

近来的研究会在多个维度上对多样性加以探讨，考虑的因素包括国籍、种族、所在院校或机构、性别、学术年龄和专业背景等。这些研究提供了一致的证据，科研团队的多样性有助于促进团队效率，要么会提升产出，要么会产出更具影响力的论文，要么两种情况都会出现。我们简单回顾一下这个领域的几个主要发现。

- 种族多样性。用种族作为一个维度测量多样性，研究人员发现，具有多样性或者缺乏多样性，对论文发表量和已发表论文的影响力都有巨大影响[178, 179]。总的来说，拥有英文姓氏的作者，极有可能与其他具有英文姓氏的作者合作撰写论文，而那些拥有中文姓名的作者，更有可能与其他中国科学家合作。这种同质性导致产出的论文常发表于影响力较低的期刊，获得的引用也较少。通过分析 1985—2008 年由美国作者撰写的 250 多万篇研究论文中的种族多样性，研究人员发现，由来自 4 个或 5 个不同种族的作者撰写的论文，比全部来自相同种族的作者所撰写的论文，获得的引用量平均要高 5% ～ 10%[178, 179]。

- 国籍多样性。国籍多样性也具有相似的结果 [179, 180]。研究人员对 1996—2012 年 8 个学科的所有论文进行的分析表明，由来自不同国家的科研人员撰写的论文，更有可能被高影响力期刊发表，而且往往会获得更多的引用 [180]。
- 机构多样性。与其他机构的人合作，比与同机构的人合作能更可靠地提高产出，并使论文获得更多引用量 [139,143,179]。在分析了过去 30 多年发表的 420 万篇论文后，研究人员发现，多所大学间的合作比同校合作，在几乎所有自然科学、工程学以及社会科学领域都具有持续不变的引用优势 [143]。

有趣的是，在多样性的多种量化方式中，团队的种族多样性对论文的影响力似乎有最显著的提升作用。研究人员分析了由 600 万名科学家撰写的 900 多万篇论文，探究科研影响力和 5 类团队多样性之间的关系，这些多样性包括：种族、学科、性别、隶属关系以及学术年龄 [181]。将这几种多样性指标与团队成果的 5 年总引用量进行比较，种族多样性与影响力的相关程度比任何其他指标都更强［见图 11-1（a）］。研究人员进一步证明，种族多样性（而不是其他因素）确实助推了影响力的提升。即使他们控制了论文发表年份、作者人数、研究领域、论文发表前作者的影响力以及大学排名等因素后，多样性与科研影响力之间的关联仍然明显存在：团队的种族多样性提升了 10.63% 的影响力。

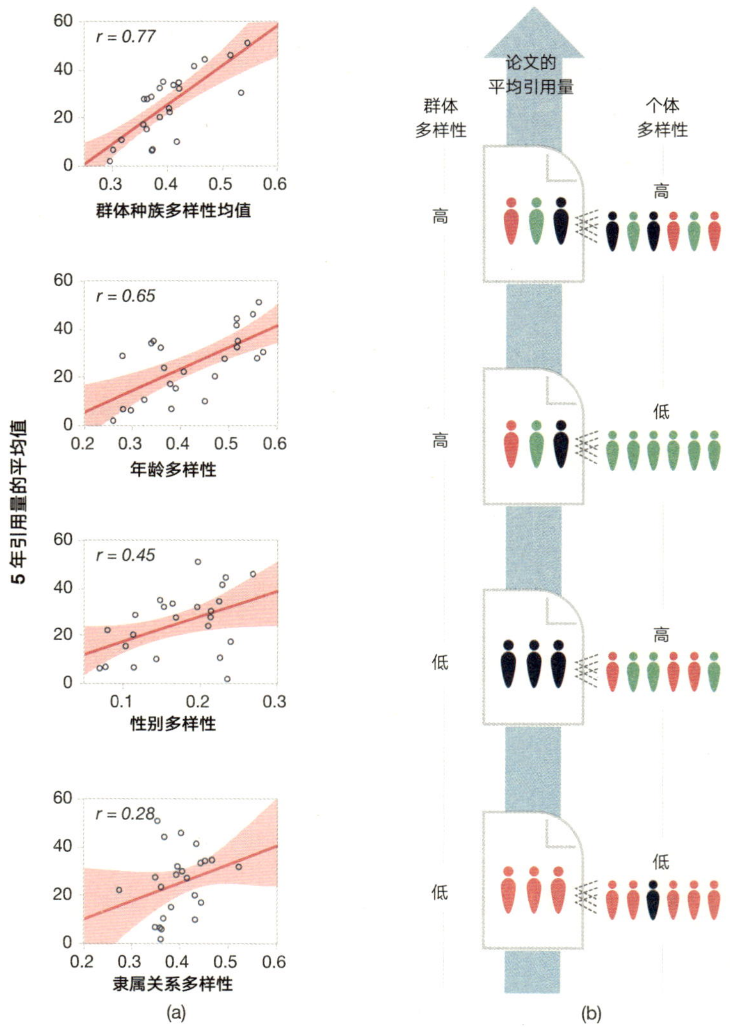

图 11-1　团队多样性和科学影响力

（a）对 24 个分支学科（图中的圈点）的 100 多万篇论文的分析表明，种族多样性与引用量之间的相关性（r），比年龄、性别或者隶属关系与引用量的相关性更强。

（b）团队多样性与个体多样性的比较显示，论文作者名单中的多样性（团队多样性），比研究人员合作网络中的多样性（个体多样性），对引用量产生的影响更大[182]。

对这种关系的一种解释是，能够与更多样化的同事合作的科研人员，科研也会做得更好。也就是说，论文影响力的提升可能是由于团队成员思想开放、善于合作，而并不是由于种族多样性本身。为了证实这个看法，研究人员设计了一种被称作“个体多样性”的指标，采集某位作者所有的早期共同作者，测量其种族多样性的程度。然后，再将它与“团队”多样性进行比较，即某篇论文共同作者中的种族多样性程度。结果表明，虽然团队多样性和个体多样性都具有很高的价值，但前者对科研影响有更大的促进作用［见图 11-1（b）］。换句话说，影响力确实与团队的多样性程度有关，而不是与团队的每位成员对多样性的接受程度有关。

不过，这种影响力提升背后的机制仍不清楚。其原因有可能是，高素质的研究人员往往更能从世界各地吸引最优秀的人才，或者不同文化的交叉能丰富我们的思想。无论潜在的机制是什么，这些发现表明，了解一个团队的种族多样性有助于预测该团队的科研影响力，这本身也是有意义的[181]。例如，当新员工能与当前的种族结构相互补充时，招聘者可能更想鼓励和促进种族多样性。另外，虽然完成复杂工作常常需要具有不同技能专长的合作者，但这些结果表明，学科多样性也可能仅仅是多样性几个关键形式中的一种。将不同种族的个人组合在一起，随之而来的还有文化差异和社会差异，这些都会给团队在绩效表现和影响力上带来回报。

但要注意的是，本章涉及的研究依据的都是论文发表数据。这意味着，这些发现可能首先仅限于那些足以成功地发表论文的团队。但是，很有可能团队多样性会增加论文发表前的失败概率，原因有可能是交流和协作成本，或者是学科间的壁垒。例如，对由美国国家科学基金资助的 500 多个项目的分析显示，多样化程度最高的团队平均来说产出最低，也就是说，多样性可能会带来风险，使得论文发表量减少，甚至无法产出论文[139, 183]。这凸显出团队科学整体认识上的一个重要空白：我们对失败的团队知之甚少，在第 23 章我们会继续探讨这个问题。

所以，本章所讨论的见解应该有一个重要的前提：当团队真正形成，并有了论文产出，多样性才能与更高的影响力联系在一起。一般来说，科研团队的多样性与知识广度有助于提高团队的科研质量[179]。多样性的团队意味着，合作者能够将不同的思想和思维方式凝聚成合力，改善他们合作研究的成果。

科学的真相 The Science of Science

集体智力

可测量的人类智力这一概念，即广为人们所知的智商（IQ），基于一个不同寻常的事实：在某一脑力任务中表现优秀的人，在其他脑力任务中也会做得同样好，即使这些任务的性质有很大的不同[184]。虽然对于这种说法还有争议，但首先由斯皮尔曼（Spearman）[185]所展示的一般认知能力的经验事实，可以说仍是当前心理学中可复现程度最好的结果[184]。如果能够测量个人的智力（研究表明确实能），那么团队的智力能测得出来吗？

集体智力这一概念可以很好地解决这个问题[186]，它指的是一个小组完成多种不同任务的综合能力。有趣的是，集体智力与小组成员智商的平均值或最高值并没有太强的相关性，反而与小组成员的平均社会敏感度、轮流发言的机会分配以及小组中女性成员的比例等因素具有相关性。那些成员更具敏感性、单向交流者较少、有更多女性加入的团队，在各种不同任务中都有着优秀的表现。这些结果表明，团队的良好表现主要是取决于团队的构成以及团队成员的交流方式，而不是团队成员个人的特点。

组建一个常胜团队

我们如何组建一个常胜的团队？最成功的团队往往根植于不同领域的同事所构建的一个相互关联的网络，一个可以从中获取创意和灵感的大型网络。成为网络的一部分，可以获取启发、支持和反馈，引领我们走向最成功团队之路。但也不是所有网络都对合作有利，有一些可能就不那么有用。如何选择团队成员对团队的表现起着关键作用。为了了解原因，我们先观察一个旨在表征团队如何组建的简单模型[177, 187]。

任何团队都有两类成员：①新来者，或者新手，他们的经验有限，技术还不熟练，但常常能带来令人耳目一新，甚至过于自信的创新方法；②老职员，那些有着可靠业绩记录、名誉等身、才干被认可的老手。如果我们将所有科学家按新手或老手分类，那么在论文发表的共同作者关系上，就有 4 种不同类型：①新手—新手；②新手—老手；③老手—老手，或者，如果两人都是老手并且一道工作过，那么就是④再次合作的老手—老手。

通过这 4 种搭配方式，就可以轻松地表现出团队成员之间在多样性和专业技能方面可能存在的结构。比如，对受资助项目[183]的研究显示，成员之前具有合作经历（再次合作的老手—老手搭配）的项目，比那些成员间从未合作撰写过论文的项目，更有可能取得成功。但是，主要由再次合作的老手—老手搭配构成的团队，在创新能力上则存在不足，因为他们类似的专业经验往往会将知识库同质化。反之，具有各种不同搭配的团队，可能会有更多样的备选视角，但可能又会缺乏互信，缺少团队进步所需要的共有知识基础。

在团队内调节这 4 种类型的搭配比例，能够帮助我们理解合作模式对团队成功的影响程度。我们可以利用两个参数来探讨这种关系[187]。

- **老手参数 *p*。**它代表团队中老手的比例。*p* 值越高，表明团队主要由有经验的老手构成，而低的 *p* 值则说明团队主要由新手构成。因此，老手参数大概可以体现一个团队的集体经验。
- **多样性参数 *q*。**它反映老手与之前合作者合作的紧密程度。*q* 值较高表明老手更倾向于与之前合作过的人合作。

通过改变这两种参数，我们能够配置一个生成模型，既能表征不同合作模式的团队[187]（详见附录 1），又能帮助我们量化团队组建模式和创新产出之间的关系。研究人员收集了 4 个不同学科（社会心理学、经济学、生态学、天文学）团队的论文发表记录，通过分析每个学科中团队的构成，提取出老手参数和多样性参数（p 和 q）。为了测量团队的科研表现，他们将参数值与期刊的影响因子（即团队整体产出质量的替代指标）进行了比较。

在经济学、生态学和社会心理学领域，存在一致的证据，期刊的影响因子与老手参数 p 正相关，但与多样性参数 q 负相关。这表明在高影响力期刊上发表论文的团队往往具有较高的老手比例。此外，影响因子与多样性参数 q 的负相关说明，当团队的老手主要选择与先前的合作者一起工作时，构建的团队会因此受挫。虽然这种团队组合可能会促进成员之间的亲密度，却不能培育出足够的创新性。

重要的是，这种成功团队的组建方法适用于广泛的创新领域，如百老汇演出、爵士乐、电子游戏。

- **音乐剧。**一项研究分析了1877—1990年在百老汇至少上演过一次的2 258场音乐剧。研究人员将这个背景下的团队定义为包含作曲、编剧、舞美设计、导演和制片的一组人。尽管百老汇音乐剧和科研合作看起来大相径庭，但它们的成功秘诀是相同的。最受欢迎的音乐剧，既得益于老员工的经验，又得益于后加入的人带来的新想法和新思维。
- **电子游戏。**一项研究分析了1979—2009年在全世界发行的12 422款电子游戏的制作团队，发现最有效的合作团队应该由既有共事经历，但同时又能在需要时带来不同的知识和技能的人构成[188]。
- **爵士乐。**关于1896—2010年爵士乐录制作品（共175 000次录音）的整个历史数据显示，将已经共同工作过的乐手和新乐手组合在一起，对爵士乐专辑的成功极其重要[189]。作为历史上重复发行最多的爵士乐专辑，迈尔斯·戴维斯（Miles Davis）的《泛蓝调调》（*Kind of Blue*）就是一个极好的例证。在这部专辑录制时，贝斯手保罗·钱伯斯（Paul Chambers）是名副其实的老乐手，他参与了总共58次录音，其中有22场是与小号吹奏者和乐队指挥迈尔斯·戴维斯一起录制，有8场是与钢琴家温顿·凯利（Wynton Kelly）一起录制。但戴维斯和凯利在录制《泛蓝调调》之前从未合作过。因此，虽然戴维斯和凯利两人都与钱伯斯非常熟悉，但他们俩互不相识，这给老队员间已经构成的紧密联系增添了新的活力，营造了一个有利于创新的环境。

总之，这些结果表明，团队的构成与产出的成果质量之间存在很强的相关性。尤其是，这些发现为组建成功团队带来了两个重要启示[177]。首先，经验至关重要：虽然自信满满的新来者精力充沛，敢于冒险，但完全由新手构成的团队更容易失败。其次，虽然资深科学家的经验很重要，但成功的团队应包括一部分新成员，他们能够激发新的思想和新的方法。如果老职员太多，特别是那些过去曾经长期共事的人，可能会限制多元化思维，导致研究成果的影响力不佳。

合作的演化

如果团队的成功取决于新的合作者和已有人员的平衡，那么科学家通常怎样和合作者相处呢？我们是不是更愿意与少数关系密切的合作者长期合作，或者科研合作确实具有较高的流动率？对细胞生物学和物理学的473名研究人员以及他们的166 000名合作者加以实证分析，揭示出形成和维护合作关系的三种主要模式。

第一，高流动性是科研合作的一大特点，短期的弱关系是形成这一特点的主导因素。在 166 000 多个合作关系中，60% ～ 80% 持续了仅 1 年。即使合作关系延续了两年多，也仍然没有产生长期的持久力：差不多 2/3 的合作者在 5 年内就会分道扬镳。

第二，虽然弱关系主导大多数合作关系，但“超强关系”（极其紧密的工作关系）比想象中常见。9% 的生物学家和 20% 的物理学家都拥有关系超紧密的合作者，与这些合作者共同撰写的论文数量占他们论文总量的一半以上。尤其是其中 1% 的合作关系还持续了 20 多年。这些是终身合作的拍档关系的代表，是科学界的蝙蝠侠和罗宾。当将超强关系的发生率量化[190]，我们发现平均每 25 对合作者中就存在一个这样的超强关系。

第三，也是最为重要的，超强关系带来实质性的产出量和引用量的提升[190,191]。如果将某位科学家与超强关系合作者共同发表的论文，与和其他合作者发表的论文做个比较的话，前一种情况的产出量大约会高出 8 倍。同样，超强关系合作者带来的额外的引用影响力，比其他合作者所带来的引用影响力要大 14 倍。对生物学和物理学来说，与超强关系合作者共同发表的论文，比与普通合作者发表的论文获得的引用量大约多 17%。也就是说，与超强关系合作者（如果有这么一位的话）共同完成的研究，往往能够界定职业生涯。

超强关系合作者显著的正面影响反映了一个事实，在科研上“终身拍档”的存在是有道理的。举个例子，从学生的学位论文记录、提交的项目经费申请书以及共同发表的论文中，研究人员提取了 1993—2007 年斯坦福大学共 3 052 名教师的合作记录[191]。他们确定了还未获得终身教职的新教师入职该校的时间，追踪这些新来者何时建立了他们的首次合作关系，同时探寻为何有些合作关系能长期稳定地持续下去。研究发现，长期稳定的合作关系与首次合作在性质上有根本的不同。新的合作多数是由机遇和偏好所驱动的，而长期稳定的合作关系则形成于职责和经验上的互补。当某人首次寻求合作者时，他往往选择与自己专长相似的人，因为他对其他人的工作方式还不是那么熟悉。但两人通过更多项目的合作，会逐渐了解对方独特的才能。如果他们决定继续合作，这意味着他们俩都认识到，他们的拍档有可取之处，他们的合作能产出更理想的成果。因此，当研究者具有不同的知识背景，他们就能够相互取长补短，富有成效的合作往往能够持续下去。

超强关系的价值，可以通过迈克尔·S. 布朗（Michael S. Brown）和约瑟夫·L. 戈德斯坦（Joseph L. Goldstein）的合作反映出来。布朗和戈德斯坦都是得克萨斯大学西南医学院的教授，都享有极其精彩的职业生涯，取得了非凡的科研成就，各自发表的论文都有 500 多篇，获得过为数众多的各类奖项，包括诺贝尔奖和美国国家科学奖章。快速浏览一下他们的论文发表记录，便可发现一个非常特别的关系：他们的论文 95% 以上都是由两人共同撰写的。通过搜索科学网数据库，我们发现，截至 2018 年，布朗和戈德斯坦合作发表的论文多达 509 篇。在他们长期的职业生涯中，戈德斯坦仅有 22 篇论文没有布朗的署名，而布朗仅有 4 篇论文不是和戈德斯坦合作撰写的。

他们合作研究的影响已经超越了各自的学术荣誉。对提高人类健康水平，这对搭档起到了真正的推动作用。在 1974 年共同发表的一篇论文中，布朗和戈德斯坦发现了“低密度脂蛋白”（low-density lipoprotein）受体，并因此获得了 1985 年诺贝尔生理学或医学奖[192]。低密度脂蛋白经常被称作“坏胆固醇”，它与冠状动脉疾病这样的心血管疾病高度相关，而冠状动脉疾病则是全世界人类健康的头号杀手[193]。有助于降低胆固醇水平的他汀类药物，比其他任何药物的使用都更为广泛。阿托伐他汀是最普遍使用的他汀类药物之一，以“立普妥”（Lipitor）这一品牌品称销售，一直都是最畅销的药物。在立普妥问世的 14 年里，它的销售总额超过 1250 亿美元。毫不夸张地说，多亏了布朗和戈德斯坦的超强关系，上百万人的生命才得以挽救。

12

大团队与小团队

The Science of Science

2015 年，物理学界最知名的出版物之一《物理评论快报》，发表过一篇极不寻常的论文[194]。《物理评论快报》的一个既定目标是为重要的科研成果提供一个迅速交流的通道，因此每篇论文按惯例只是一则“简报”，篇幅仅限 4 页。但这篇 2015 年的论文的篇幅达到了创下纪录的 33 页。但是介绍研究本身的内容仅占 9 页，其余 24 页都被用于罗列作者姓名以及他们的研究机构。这篇高能粒子物理学论文，是运维 ATLAS 和 CMS 项目的团队联合发表的第一篇论文。ATLAS 和 CMS 是两个庞大的科研项目，该项目用到了位于瑞士日内瓦的欧洲粒子物理研究所的大型强子对撞机。令人难以置信的是，这项发现由 5 154 人合作完成，是历史上作者数量最多的单篇科研论文[195]。

当今科技领域最深刻的变化之一，就是所有学科领域的团队规模都变得越来越大。1955 年，自然科学和工程学领域的团队平均规模为 1.9 人，表明合作研究的常态为 2 人组合。这个数字在随后的 45 年中几乎翻了一倍，相当于团队规模每 10 年扩张 17%[104, 136]（见图 12-1）。这种扩张直到今天还在继续：在 2000 年，一篇普通的论文平均有 3.5 名作者，但到了 2013 年，这个数字已经升到了 5.24。虽然不是那么剧烈，但同样的扩张也发生在社会科学领域：当前社会科学论文一般由两位作者合作撰写，而不是由单个作者独立完成，并且合作者的数量每年都在继续增加。即使是 90% 以上的论文还仍然是由单人独立撰写的艺术和人文学科，团队合作撰写的论文也呈现明显的增长趋势（$P < 0.001$）。此外，团队规模的扩大并不仅发生在学术界，也同样发生在其他创新性活动中。例如在美国，

申请专利的发明人的平均数量已从 1.7 上升到 2.3，而且这一数字每年还在继续上升。

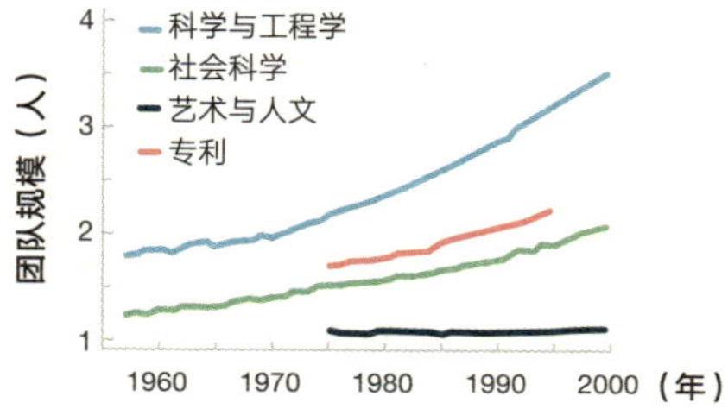

图 12-1 不断增长的团队规模

每条线代表每个分支领域中团队规模的算术平均值[136]。

这一趋势不仅是简单的增长。正如下文所述，它反映出科学家的工作方式与团队运作方式上发生的结构性转变。这种变化对科学的未来将产生重大影响，因为大团队与小团队的研究类型完全不同，尽管它们都同样重要。

不是规模上的简单变化

科学界团队规模的扩大反映了团队组建的一个根本变化[196]。图 12-2 比较了天文学在 1961—1965 年和 2006—2010 年两个时期的团队规模分布。天文学领域的平均团队规模在这两个时期由 1.5 人增长到 6.7 人（见图 12-2 的箭头）。但是，2006—2010 年的团队规模分布，并不简单是 1961—1965 年的扩展版。两个分布有根本不同的形态。1961—1965 年，论文的数量随着团队规模的增加而迅速衰减。不仅团队平均规模较小，我们也没有发现任何一篇论文的合作作者超过 8 人。20 世纪 60 年代的团队规模最接近指数分布（图 12-2 中蓝色曲线），这表明大多数团队的规模接近平均值，不存在离群值。

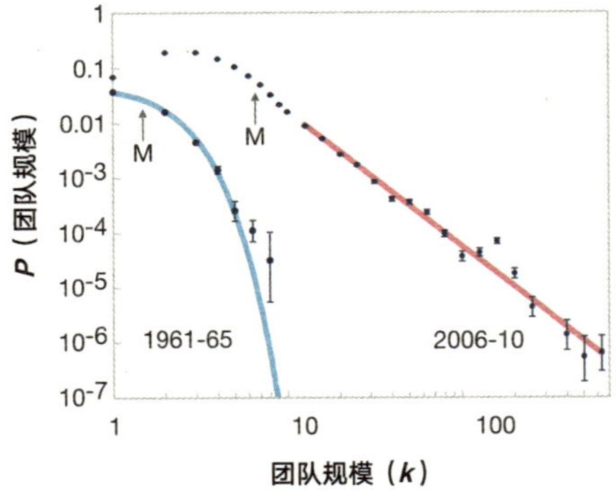

图 12-2 团队结构的根本变化

1961—1965 年，团队规模符合泊松分布。相反，2006—2010 年的分布特点是延伸的幂律尾部。箭头标志每一分布的均值。误差线为一个标准差[196]。

然而，45 年之后，团队规模的分布有了惊人变化，出现了一个明显的长尾，对应着由几百人组成的大团队。与 20 世纪 60 年代的情况不同，当前曲线的尾部更接近幂律函数（图 12-2 中红线）。这种由指数分布向幂律分布的转化表明，团队规模的增长比表面上更为复杂。这两种函数说明，团队组建的过程具有两种完全不同的模式。

基于第一种也是最基本的模式，产生了相对较小的“核心”团队。在这种模式下，新成员加入团队，他们不在乎团队当前成员的知名度。由此可知，核心团队的形成是一个纯粹的随机过程，团队规模也因此呈泊松分布，导致大型的团队非常罕见。严格来说，这种分布更接近于指数函数。这样的团队模式可能从 20 世纪 60 年代开始便是天文学领域的常态。

第二种模式产生了“扩展”团队。它们始于核心团队，但会根据当前团队产出量成比例地吸纳新成员，形成一个“富上添富”的过程。如此一来，团队当前的大小影响了它吸引新成员的能力。随着时间的推移，这种模式造成团队规模呈幂律分布，让当今许多研究领域中都已经出现的 10 ～ 1 000 人的大型团队成为可能。

基于核心团队和扩展团队的团队构成模型，能够准确地重现在不同领域中实际观测到的团队规模分布以及它们随时间的演化[196]。最重要的是，通过将该模型与某一特定学科不同年代的数据进行拟合，我们可以评估这两种团队构建模式如何影响知识产出。有趣的是，结果表明，核心团队和扩展团队的论文占比在一段时间内基本保持不变。这也意味着，团队规模的增加并不是因为较大的团队替代了较小的核心团队。更准确地说，两种类型的团队都有增长：核心团队逐渐扩大，扩展团队迅速扩张。

团队构成的这些变化，可能也会对团队的寿命产生影响，因为团队大小可能是团队生存的重要决定因素[160]。对团队存在时间的研究表明，大型团队如果能够适时调整成员结构，往往会维持更长的时间，因为不时地改变成员构成能增强团队的适应能力。此外，对于小团队来说，如果他们的成员保持不变，则整个团队往往随时间的推移而变得更加稳定。如果成员流动频繁，小团队则往往维持不了多久。

迄今为止，我们证实了科学领域中团队的规模正在增长，因此创新越来越多出现在大团队中。总体而言，这对于科学家个人以及知识的产生是好事情吗？

团队规模：总是越大越好吗

激光干涉引力波天文台的实验，首次提供了引力波存在的证据，被称作“21

世纪最重大的发现”，而且这项发现在两年内便得到了诺贝尔奖委员会的认可。这项实验是 1 000 多名研究人员的集体成果，它证明了大型团队应对 21 世纪最艰巨挑战的能力。的确，我们可能认为，团队向大型化转变能实现一个极其重要的功能：由于现代社会问题日趋复杂，解决这些问题需要大型的跨学科团队[7-10]，这样才能结合团队成员的才干，组成一个庞大且各有所长的专业知识库。此外，激光干涉引力波天文台的实验也是一个很好的例子，说明这样的成就是小团队完全无法企及的。这一项目需要前所未有的技术，从而也需要前所未有的物质资源和人力资源。所以，报告实验发现的论文中列出上千名研究人员的姓名也就不足为奇了。

团队规模在科学和技术领域变得越来越庞大，这种全球性的转变表明，能带来更多集体智慧和不同观点的大型团队将是未来最重大科学进步的推动引擎。研究不断证明，团队越大，它们的产出（无论是科研论文，还是专利发明）就会获得更高的引用量[136, 197]。这种趋势似乎对未来的科学研究提供了一个解决问题的简单药方：越大总是越好。

然而，我们有理由相信，大型团队并不适用于所有任务。比如，大型团队更有可能会产生协调和交流问题：让大家都来尝试标新立异的假设或方法，或者说服数百位思想自由的员工同时改变研究方向，这些做法往往具有挑战性。心理学研究表明，大型群体中的个人有着迥异的思维和行动。他们提出的观点和想法会变得更少[198, 199]，对已有知识的使用也变得越来越少[200]，对外来观点更倾向于排斥[201]，对他人的观点倾向于既不反对也不支持[202]。大型团队还可能排斥风险，因为他们必须保证源源不断的成功，以“支付巨大的开销”[203]。

所有这些都引发了一个问题：在产出开创性科研成果上，依靠大型团队是否真是一个“放诸四海而皆准”的策略呢？新的证据表明，团队规模从根本上决定了团队能取得的科研成果的性质，而较小的团队也具有大型团队所不具备的某些至关重要的优势。

大型团队发展科学，小型团队颠覆科学

为了了解团队规模对它们所取得的科技成果的性质有哪些影响，我们来思考两个例子。在图 12-3 中，我们选择了大家熟知的两篇论文，它们的影响力相近，但科学贡献的方式又截然不同。一篇是巴克（Bak）、汤超（Tang）和维森菲尔德（Wiesenfeld）（BTW）合作撰写的有关自组织临界理论的论文[204]，另一篇是戴维斯（Davis）等人有关玻色－爱因斯坦凝聚的论文[205]。它们获得的引用量不相上下，但是巴克等人的论文在某种程度上来看是一篇开创性的论文，而戴维斯等人的就不是。的确，大多数紧随巴克等人的研究只引用了 BTW 的论文，并不理会 BTW 论文中的参考文献［图 12-3（a）中的绿色连线］。相比之下，尽管戴维斯等人的论文让沃尔夫冈·克特勒（Wolfgang Ketterle）获得了 2001 年的诺贝尔物理学奖，但其他文章在引用这篇论文时，也常会引用它的参考文献中提到的论文［图 12-3（a）中棕色连线］。

两篇论文的差别不是反映在引用量上，而是反映在它们究竟是发展还是颠覆了已有的思想。也就是说，它们是解决了现有的科学问题，还是提出了新的问题。“发展性”的成果建立在过去的研究之上，寻求对现行问题的进一步认识。因此它们往往与早期的研究一同被引用，就像戴维斯等人的论文。与此不同的是，“颠覆性”的成果往往寻求建立全新的前沿领域，被引用时，其他先行者的文献不太可能被同时引用，因为这些颠覆性的成果代表着与先前认识的分道扬镳。

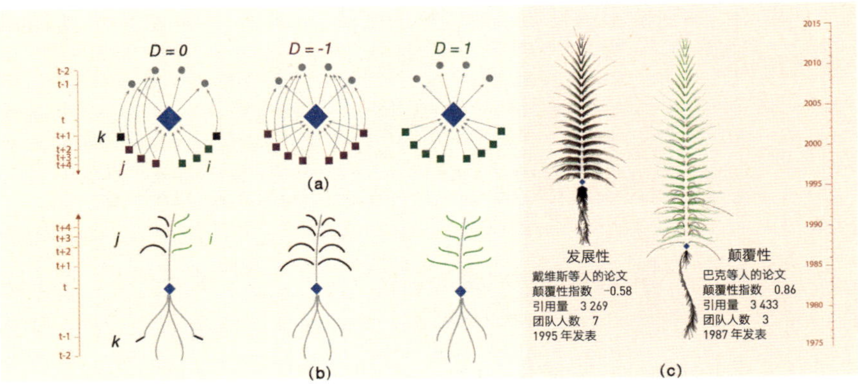

图 12-3 量化颠覆性

（a）一篇论文（蓝色方块）、它的参考文献（灰色圆圈）以及后来的论文（矩形）所构成的引文网络。后来的论文有 3 种可能：只引用中心论文（*i*，绿色）；只引用参考文献（*k*，黑色）；同时引用了中心论文和参考文献（*j*，棕色）。中心论文的颠覆性表明，一篇论文可能在颠覆与发展上获得平衡（颠覆性 =0）；主要是扩散先前论文的重要性（颠覆性 =-1）；也可能获得了后来的所有关注，完全掩盖了先前的论文（颠覆性 =1）。

（b）引用树的可视化。它解释了中心论文怎样利用过去的论文，以及怎样将思想传递至未来的研究。“树根”是中心论文引用的参考文献，其深度表示它们发表日期的先后；树干上的“树枝”指引用中心论文的论文，高度表示发表日期的先后，长度表示未来的引用量。如果引用的论文也引用了中心论文的参考文献，树枝向下弯曲（棕色）；如果它们忽略了中心论文的参考文献，则树枝向上弯曲（绿色）。

（c）具有相同影响力的两篇论文的引用树。这两篇论文是戴维斯等人的“Bose-Einstein Condensation in a Gas of Sodium Atoms”和巴克等人的“Self-organized criticality: An explanation of the 1/f noise”[206]。

那么，是大团队还是小团队能产出更具颠覆性的研究成果呢？

一项研究可能使先前它曾经引用过的研究成果更加光彩夺目，或者使其黯然失色，为了量化这一程度，我们使用颠覆性指数 *D*，该指数的取值范围为 -1（发展）到 1（颠覆）[207]。例如，BTW 原型论文颠覆指数是 0.86，说明大多数引用 BTW 论文的研究论文，只是引用 BTW 论文本身，对支撑该论文的文献置之不理。反之，戴维斯等人的论文的 D 指数等于 -0.58，说明它经常与其他先行研究同时被引用。这也反映了一个事实，BTW 模型开创了全新的研究领域，而戴维斯等人在实验室实现了玻色－爱因斯坦凝聚，这虽然是一个诺贝尔奖级别的成果，但主要还是在验证其他研究已经提出的可能性。

我们的分析显示，在过去的 60 年里，较大团队产出的科研论文、专利和软件产品获得的影响力高于较小团队。但有趣的是，团队每新增一位成员，他们的颠覆性就会明显下降（见图 12-4）。确切地说，当团队成员从 1 增加到 50，他们产出的论文、专利和软件产品的颠覆性分别下降 70、30 和 50 个百分点位。这些结果表明，大型团队在进一步发展现有科技方面更得心应手，而小团队通过提出新问题、创造新机遇而颠覆科学。

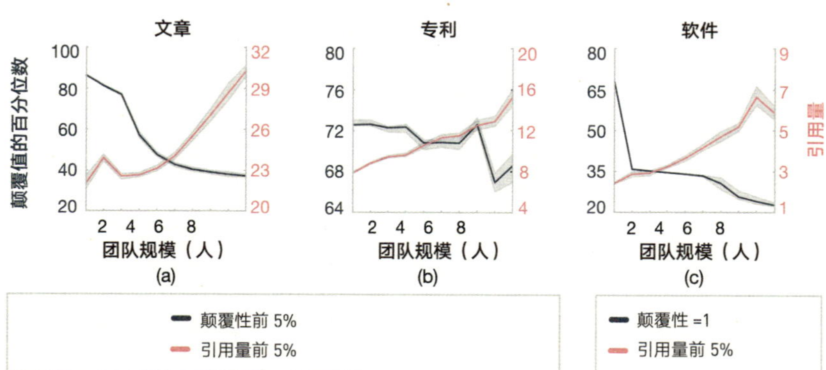

图 12-4　小团队颠覆，大团队发展

为了检验团队规模和颠覆之间的关系，我们从三个渠道收集了数据：① 科学网数据库，包含了科研论文和它们的引用关系；② 美国专利商标局授予的专利以及它们的引用关系；③ GitHub 上的软件项目，用户在该网络平台上合作进行软件开发，"引用"关系代表着对其他项目代码的使用。在研究论文（a）、专利（b）和软件（c）中，引用量的中位数（右侧 Y 轴标识的红色曲线）随团队规模的扩大而增长，而平均颠覆值的百分位数（左侧 Y 轴标识的绿色曲线）则随团队规模的增长而下降。由 1～10 位作者组成的团队贡献了 98% 的论文、99% 的专利、99% 的代码。曲线的阴影部分代表自展法（bootstrap）给出的 95% 的置信区间 [206]。

但是，我们观测到的大小团队科研成果上的差别，真的就是团队规模的不同而导致的吗？是否可能归结于其他不同的混杂因素？比如，小团队也许产生更多的理论创新，这往往更具颠覆性；而大团队从事更多的实验分析，这更有可能具有发展性。或者，大小团队倾向于不同的研究选题。还有一个可能性：也许某些人更愿意在大一点或小一点的团队工作，因此影响了团队相应的研究成果。

幸好，我们能在实验中控制这些看似合理的因素。我们发现，团队规模的影响真的是源于团队的活力，而非源于不同规模的团队中的个体差异。科研选题和科研设计上的差别，仅能解释团队规模和颠覆性之间的一小部分关系。其大部分影响（差异的 66%）的确是团队规模的作用。

在开展研究时，大小团队会采用不同的知识来源吗？为了回答这个问题，我们计算了所引用的参考文献的“平均年龄”，用于测量大小团队与过去的文献有多深的渊源。我们发现，小型团队更有可能采用更陈旧一些、不那么主流的构想。这不太可能源自知识本身：既然大型团队成员更多，其专业技能涵盖更广阔的学科领域；与此同时，它们的成员也应该和小团队的科研人员一样，对传统、不那么为人所知的研究有相同的认知程度。但是，大型团队中的科学家，他们的构想往往来自更新的、影响力更大的研究结果，从而迅速获得引用，因为他们的成果与同时代其他科研人员的研究直接相关。相比之下，小型团队在引用上有更长的时间延迟，但他们的研究往往能延续至更远的将来，留下更为持久的科研遗产。

既需要大团队，也需要小团队

总之，上一部分的结果表明，小团队颠覆科技，因为它们从更传统和不那么热门的研究中探索并丰富有前景的构想；而大团队则通过解决已知问题、改进现行设计，基于最近的研究成果从事研究。因此，无论大团队，还是小团队，对于健康的科研生态来说都十分重要。

大型团队在推动科技进步方面，仍是解决科学难题的引擎，特别是它们装备精良，能在人力和资源密集型领域开展大规模的研究工作。比如激光干涉引力波天文台实验，它开创了天文学观察的一个新篇章，这是任何小型团队都难以企及的成就。然而，尽管成功探测引力波需要各种人才汇聚的大型团队，我们也同样应看到，激光干涉引力波天文台被设计来检测的引力波，其理论框架是由一位科研人员单独提出的[208]。也就是说，需要一种团队提出引力波的概念，同时需要另一种团队去证实它。这两种努力都在推动科学向前迈进，只是推动的方式有所不同。

这些结果对科学家意味着什么呢？当组建一个团队，应对一项特定的挑战，我们可能首先要考虑的是项目的目标。小团队更灵活，最好用来验证新的或颠覆性的构想。这也意味着，在概念验证阶段最好从小团队开始，然后用大团队实现该概念的预计目标。对于科研人员来说，我们可能很容易相信，团队里增加两三个新成员总会是正确的选择，或者至少没有什么坏处。但正如本章的发现所表明的那样，想要形成创新性思想，人多并不总是好事，因为较大的团队很容易忽略具有颠覆性的研究。

根据这些发现，我们也应该更周全地考虑基金申请的决定。很自然，我们可以指望大型团队稳定地产出重要的研究成果。但我们不能因此假设团队越大，它的贡献就会越出色。有证据表明，基金机构更喜欢大的团队，即使两者都同样优秀[209]。这种倾向可能促成一个自我应验的预言：将资助不成比例地输送到大型团队，使科研圈子里那些已经掌握着高度资源的团队处于更重要和更有利的地位。

但是，正如本章展示的那样，敢于冒险的独立研究人员和小团队，在科学界也有着关键的作用，他们依靠更深更广的知识基础，往往会带来具有颠覆性的新构想。因此，当小团队和独立研究员的繁荣逐渐成为历史，大型团队开始兴旺发达的今天，关键是要意识到，小型团队越来越少了。如果这种趋势再继续下去，科学界某一天可能会发现，他们已经没有了零散的、富有创造性的思考者，而大团队通常依赖于这些思考者提供有待解决的宏大课题。

13

“谁应该获得荣誉”Vs.“谁将获得荣誉”

2008 年 12 月，在诺贝尔颁奖晚宴上，道格拉斯 · 普拉瑟（Douglas Prasher）穿着燕尾服，系着白领带和他的妻子吉娜坐在一起。他们的头顶上，从蓝色大厅 7 层楼高的天花板上悬垂下来的吊灯熠熠生辉。普拉瑟到斯德哥尔摩是来庆祝他的研究成果对世界所产生的巨大影响：用诺贝尔基金会的话来说，他在 1992 年首次克隆的绿色荧光蛋白（Green Fluorescent Protein）成为“生物化学的启明星”，使科学家能够以前所未有的精细度窥探细胞和器官的内部工作机制。

然而，普拉瑟并不是获奖者，他只是一名出席宴会的嘉宾。当晚的获奖者中，有 2008 年诺贝尔化学奖得主马丁·查尔菲（Martin Chalfie）和钱永健（Roger Tsien）。普拉瑟曾遭遇了职业生涯最沉重的打击而决定离开学术界，他将自己克隆的绿色荧光蛋白基因邮寄给了这两位科学家。2008 年 10 月 8 日早上，当普拉瑟从厨房的收音机里听到与绿色荧光蛋白相关的研究获得诺贝尔奖的消息时，他正准备出门上班，但不是去大学或实验室。他现在是亚拉巴马州亨茨维尔市一家丰田汽车专卖店的面包车司机，为顾客提供免费接送服务。由两位新科诺贝尔奖得主支付费用的瑞典旅程，是普拉瑟数年来的第一次外出休假。为了当晚的盛典，他特意借了一套晚礼服，还在亨茨维尔的一家商店借了一双与之相配的正装皮鞋。他只能在观众席中观看颁奖仪式，由于十几年前决心离开学术界，他最终与诺贝尔奖失之交臂。

本章和下一章将关注现今一个越来越重要的问题：科学研究的荣誉究竟应该

怎样分配？在论文通常由一位作者独立完成的年代，功劳分配不存在任何疑问。但当代的科学发现越来越多地由团队做出，涉及两位或上千位作者时，功劳属于谁呢？或者说，更务实的问题不是“谁应该获得荣誉”，而是“谁会获得荣誉”。本章将探讨第一个问题，下一章再来回答第二个问题。

很多人觉得，讨论功劳分配会令人不安甚至比较忌讳去谈论。毕竟，我们是为了科学而从事科研，而不是为了享受获得认可的荣誉。但不管我们喜欢与否，功劳并不是平均分配的。因此，即使不是为了我们自己，为了我们的学生和合作者，也需要认真了解一下分配机制。特别是现在我们对团队科学已经有了很多认识，更不能让功劳分配这样的问题阻碍宝贵的合作机会。虽然没人想把别人的功劳据为己有，但也没人愿意像道格拉斯·普拉瑟一样，穿着借来的鞋出现在诺贝尔颁奖晚宴上，怀着惊愕、难以置信的心情与别人一道鼓掌，眼睁睁看着其他人拿走了本属于自己的奖杯。

论文属于哪位作者

与其他行业相比，科学界尤其重视对个人而非团队的赞誉，特别是涉及奖励和认可时[105]。不少标志性的成就往往就用发现它的科学家的名字来命名，这方面的例子不胜枚举：欧几里得几何、牛顿运动定律、孟德尔遗传定律、海森堡不确定性原理。同样，那些能给获奖者带来巨额奖金和显赫声名的科研奖项，无论是诺贝尔奖还是菲尔兹奖，抑或图灵奖，通常也只看重个人贡献。

虽然科学产出的方式已经向团队转移，但科学中的重要决策仍然几乎完全是根据个人成就做出的。学术界的任命、晋升以及授予终身职位等问题的核心都集中在个人评价上，但其实现今大多数人的职业发展都离不开团队的协作。正因为如此，无论是申请科研经费、竞争奖项候选人、谋求学术任命，还是申请晋升职称，科学家往往需要将自己的贡献与合作者的贡献区分开来。那么，教职委员会和颁奖机构怎样判断团队中的哪些人应该享受合作研究成果带来的殊荣呢？

在合作研究中，功劳分配的困难之处在于信息的极度不对称。我们很难通过查看论文的署名来判断不同个体的贡献大小。例如，图 13-1 显示了三篇获得诺贝尔奖的、由多位作者合作撰写的论文，它们都发表在了《物理评论快报》上。每篇论文只有一位作者被授予了诺贝尔奖。那么，谁是幸运的获奖者呢？就像图 13-1 所显示的那样，答案并不简单：诺贝尔奖得主有时是第一位作者，有时是最后一位作者，而有时是中间的作者。

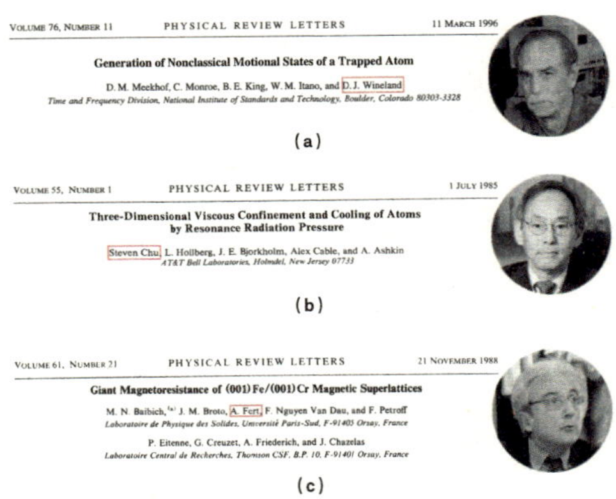

图 13-1　谁获得了诺贝尔奖

（a）戴维·J. 瓦恩兰（David J. Wineland），最后一位作者，因在量子计算方面的贡献被授予 2012 年诺贝尔物理学奖。

（b）朱棣文（Steven Chu），第一位作者，因使用激光冷却和俘获原子的研究论文获得 1997 年诺贝尔物理学奖。

（c）阿尔伯特·费特（Albert Fert），论文署名位于中间的作者，因发现巨磁阻效应（GMR）而获得 2007 年诺贝尔物理学奖。

三位作者的获奖论文都曾发表在《物理评论快报》上，表明仅通过论文的署名顺序来分配功劳，存在不确定性。

需要明确的是，这一问题并不仅关乎认可，或者将功劳公正地分配到位；这实际上也关乎责任，因为贡献越大，责任也越大。谁对项目的哪部分负有责任？由于缺乏一致的指导原则来界定论文中的个人贡献，我们只能依赖个人假设、传统经验或者主观判断来推定责任和功劳。最常用的方法是检查论文作者的排名顺序[51,210]。一般来说，对作者姓名的排序有两种标准，按字母顺序和不按字母顺序。我们先来看最普遍的做法：不按字母顺序排序。

排名第一或是末尾

在科学研究的许多领域，特别是自然科学领域，作者的署名是按他们在合作中的贡献大小排序的。在生物学领域，承担大部分研究工作的个人是主要作者，剩下的作者按贡献大小依次排列。这样，我们可以知道，排名第二的作者所做的实际贡献比第一位少，但比第三位多，依此类推。最后一位作者往往是个例外，他得到的荣誉往往会和排在第一位的作者一样多，有时甚至超过后者。将首席研究人员列在最后一位已经成了自然科学和工程学领域普遍接受的标准做法。最后一名作者也被称为通讯作者，被认为是在研究的理念、资金以及组织方面起真正作用的推动力量。因此，评估委员会和资助机构往往会将最后一位作者视为学术领袖，同时将此作为聘用资助以及职务晋升的标准。

但论文的作者署名顺序，真能反映它所标榜的那些含义吗？通过分析论文中列出的作者贡献，我们现在可以定量地回答这一问题[211–213]。比如，从1999年开始，《自然》杂志便包含了明确的作者贡献列表[214]，这一做法现在也被许多其他期刊所采纳。虽然具体的分类体系在不同期刊之间存在差异，但期刊编辑一般会要求作者自我报告他们在6类任务中所做的贡献，包括：数据分析、数据收集、实验设计、实验实施、论文撰写和论文修改。分析这些自我报告，我们可以将作者在指定项目中履行的责任与作者顺序联系起来。通过分析2006—2014年发表于综合期刊《公共科学图书馆：综合》（*PLOS ONE*）上的大约 80 000 篇论文，研究人员证实了第一位作者和最后一位作者确实是一篇论文最重要的两位作者：排在第一位的作者，通常会参与研究中几乎所有方面的工作，从进行实验到论文撰写；而排在最后的作者，则对项目起到一个督导作用，主要责任是对研究进行设计和构思，并撰写论文［见图 13-2（a）］。不管论文有多少个作者，排在第一位的作者贡献总是最多的，而排在最后一位的作者贡献往往次之［见图 13-2（b）］。有趣的是，只有这两位作者的贡献被凸显了出来，但论文中其他作者的贡献几乎没有明显的差别。比如排在第三位和第四位的作者，他们的贡献通常就无法区分［见图 13-2（b）］。

这些结果表明，作者在署名栏中的位置，可能是推断每位团队成员实际贡献的有效手段，但需要声明两点。

第一，期刊收集这些信息的方式并不准确。由于每项贡献缺乏清晰的界定，作者可能对“数据分析”或“实验设计”的含义有他们自己的解释。有时候，共同作者似乎也不能就团队成员贡献多寡这一问题达成一致。例如，一项研究分析了提交给《克罗地亚医学杂志》（*Croatian Medical Journal*）的所有稿件，研究人员将通讯作者认定的共同作者的贡献，与共同作者自认为做出的贡献进行了比较，他们发现，在论文贡献上，919 名通讯作者中，有 2/3 以上（69.4%）与他们的共同作者意见不一致[215]。具体而言，与通讯作者做出的评价相比，共同作者在自我报告表格中填写了更多的贡献。

第二，根据贡献大小对作者排序的做法并未统一实施[51]。例如，社会学和心理学就没有遵循将最资深作者放在最后的传统做法。在这些学科里，没人希望自己的名字排在最后一位。此外，因对论文的重要指导、学术贡献以及经费支持，把导师放在第一位置的做法也并不少见，即使所有繁重的工作都是由学生完成的。

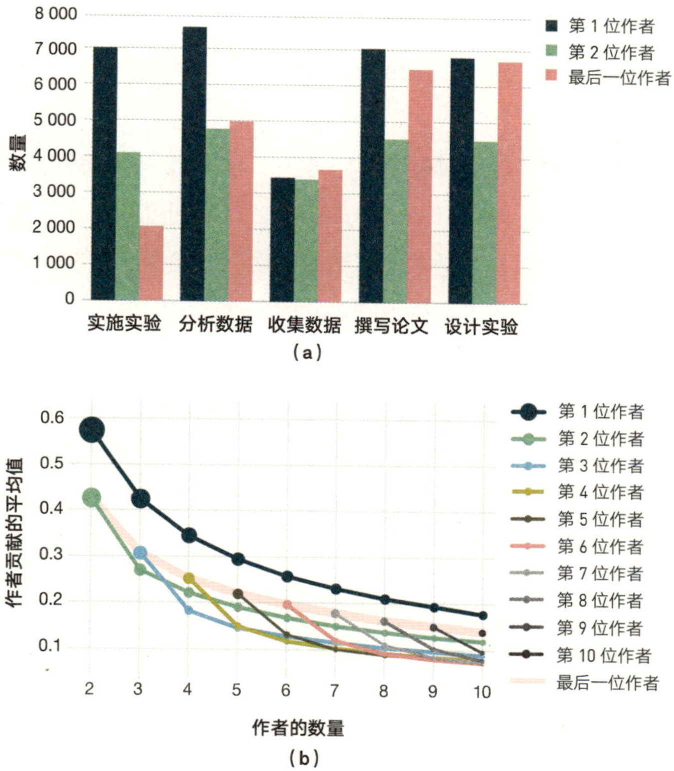

图 13-2　论文中作者的贡献

（a）排在不同位置的作者对论文的贡献。

（b）排在不同位置的作者做出的贡献的平均值，证实了第一位和最后一位作者对论文的贡献通常最大[211]。

在评估某位科学家的时候，对资深作者的不同理解方式往往会导致分歧，特别是当涉及跨学科的聘用时。一位心理学教授可能会质疑来自另一个学科的潜在求职者：为何最近没有以第一作者身份发表论文？因为在心理学领域，即使是知名的科学家，如果没有以第一作者身份发表过论文，也很难让人满意。但由于将知名作者列在最后是其他一些学科的通行做法，比如生物学和物理学，所以当生物学家和物理学家看到某位候选人以第一作者的身份发表过大量的论文时，往往会提高警惕，会对候选人的合作风格和指导能力产生怀疑。

对作者排序的不同喜好有时还会引起冲突。比如，一篇于2017年发表在《基因、大脑和行为》（*Genes, Brain, and Behavior*）[216] 期刊上的论文，在发表几个月后便被撤稿。撤稿的原因并非是学术不端或错误，而是由于有些作者对署名顺序存在争执。该期刊因此发布了一份不同寻常的声明。

> 由于全体作者不能对修改后的作者顺序达成一致，同时至少有一位作者仍对最初的作者署名顺序提出异议，经与全体作者协商一致后，本刊决定做撤稿处理。

共同第一作者

在过去30年，2位及以上共同作者共同成为第一作者的论文比例急剧增加。像这样被称作“共同第一作者”的现象，在生物医学和临床医学期刊上特别突出。许多期刊在1990年还没有刊登过一篇这样的论文，但到了2012年，在所有发表的研究论文中，超过30%[217] 的论文具有共同第一作者。这一增长在高影响力期刊中尤为明显：2012年，在《细胞》（*Cells*）杂志中，拥有共同第一作者的论文占比为36.9%，在《自然》杂志中的比例为32.9%，在《科学》杂志中则为24.9%。

共同第一作者越来越普遍，这其中有许多原因。首先，在一个竞争激烈的期刊上发表论文，需要多名研究人员共同领衔。这种趋势很有可能还会继续，特别是现今科学研究越来越复杂，解决重大的科学和临床挑战越来越需要团队的努力。其次，在跨学科研究中，一个项目往往需要 2 个或多个在专业特长上能够互补的首席作者，共同为项目做出贡献。没有哪个研究人员具备推进项目所需的全部知识，能够独自指导项目的完成。

不过，共同第一作者也为荣誉分配带来了新的问题。虽然在论文原稿中，都会用星号或上标清楚地标注共同第一作者，但在引用的参考文献列表中，共同第一作者就无法区分了。更糟的是，对于作者名单较长的论文，引用会采取“等人”（et al.）的方式，列出的只是第一位作者的姓名。在撰写本书的时候，我们也才刚刚就共同作者事宜着手建立新的规范。比如，像《胃肠病学》（*Gastroenterology*）[218, 219]和《细胞分子生物学》（*Molecular Biology of the Cell*）[220]这样的期刊，现在就要求在文献列表中将共同第一作者用粗体字标识出来。这样一来，每一位受之无愧的作者在其论文被引用时都能得到同样的认可。

从 A 到 Z，每个人都是公平的

虽然生物学或者医学对第一位作者和最后一位作者予以特别重视，像数学和实验粒子物理学这样的学科，仍坚持按字母顺序对作者的署名进行排序。但是，在调查了这种署名方法在所有学科中的应用情况后，研究人员发现，总体而言，这种做法正在逐渐减少[221]。在 2011 年，只有不到 4% 的论文选择按字母顺序列出作者的名字。4% 的确是一个很小的数字，但这并不意味着这种署名方法会完全消失。这种减少只能说明不按字母顺序署名的学科（如生物学和医学），其扩张速度比数学等学科要快。的确，按字母顺序署名的传统做法高度集中在少数的科研领域。在这些领域，这种做法还相当稳定。在数学领域，按字母顺序排名的方法最为常见，在全部论文中占比高达 73.3%（见表 13-1）。金融学次之，占比 68.3%，接下来是经济学和粒子物理学。

表 13-1　按字母顺序署名的普遍性

学科分类	按字母顺序署名的比例
生物化学与分子生物学	-0.1%
生物学	0.2%
医学，普通内科医学	0.2%
多学科材料科学	0.6%
神经科学	0.8%
多学科化学	0.9%
物理化学	0.9%
应用物理学	1.3%
电子与电气工程学	3.6%
历史学	30.7%
数学物理学	32.1%
统计学与概率论	33.8%
应用数学	44.7%
经济学	57.4%

续表

学科分类	按字母顺序署名的比例
物理学，粒子物理与场论	57.4%
数学	72.8%

表 13-1 显示了某一特定学科“按字母顺序署名”的论文比例，列出所选学科具有低、中、高比例特意按字母顺序署名的论文。研究人员通过比较观察到的按字母顺序署名，与随机巧合出现的按字母顺序署名，估测特意按字母顺序署名的比例情况[221]。

为什么这些领域不欢迎信息量更丰富的、不按字母顺序的署名法呢？从美国数学学会的一则声明中可见一斑[166]。

> 在数学学科的许多领域，共同研究中，研究人员分享的技能和想法并不单独归个人所有。与从事实验科学的同行相比，我们很难区分研究人员的贡献。要区别哪一个人贡献了哪一种想法往往是没有意义的，因为这些想法是在所有人员共同参与的复杂讨论中产生的。

此外，在遵循按字母顺序署名的领域，对作者身份的界定，也与不采取这种方式的领域有实质性的差别。在不按字母顺序署名的领域，作者的姓名在署名栏中出现的位置，能清楚地表明他在项目中的作用。那些为研究做出微小贡献的个人也能进入作者列表，同时又不会降低核心成员辛勤劳动的价值。但是，在按字母顺序署名的名单中，每一个人的贡献都被认为是均等的，要在名单中增加一位不太够格的人，代价过于高昂，因此有必要考虑得更周全。比如，在按字母顺序署名的领域，如经济学，仅仅为项目提供数据的研究人员没有署名权；而在生物学或医学这样不按字母顺序排名的学科，通常是可以的。因此，数学领域的论文在致谢部分，往往包含对重要的“准作者”的感谢，因为这些“准作者”可能为项目提供了基础构想，或者为作者所需要的关键技术结果进行验证等。在数学领域，想在论文里署上同事的名字却被婉拒的情况也很常见。这样，为论文的成功做出重要贡献的同事，到头来只得到一句感谢。

按字母顺序署名有一些好处。首先，它非常方便，可以使作者避免因争论排名先后而陷入难堪。其次，由于成为作者的门槛较高，所以按字母顺序署名也可降低出现“挂名作者”的频率。

但是，按字母顺序署名同样也会遗漏重要的信息。即使每位作者做出的贡献是相同的，在没有明确认定的情况下，科学界仍然有较大的空间去推测某篇论文的真正“所有者”是谁，而这种推测往往是不准确的。正如下文所述，这可能会导致一些严重后果。

科学的真相 The Science of Science

幽灵作者和挂名作者

作者列表越来越长的趋势产生了一个令人担忧的副作用：“挂名作者”多了起来。这些作者在研究中所做的贡献极少。一项针对 2 300 位第一作者的调研发现，在生物学、物理学或社会科学的学术论文中，33% 的论文中至少有一名作者，其贡献没有达到大家认可的共同作者的界定标准[166,222]。不够格的共同作者在论文中的出现频率，在有 3 名作者的论文中占比 9%，在有 6 名以上作者的论文占比 30%[213]，而接受不够格作者最常见的理由是职位晋升[141]。

另一个更为严重的问题是“幽灵作者”，即那些为论文的发表做出了实质贡献，但未被承认的研究人员[223]。以 17 世纪伦敦著名的化学家罗伯特·玻意耳为例。他的实验室有许多助手负责蒸馏、混合以及精馏，他们进行实验观察，并将结果记录下来供玻意耳研究[224]。然而，我们对这些研究人员以及他们的贡献，甚至他们的名字都一无所知，因为玻意耳将他们所有的发现和贡献都当成自己的成果发表了（见图 13-3）。

图 13-3　隐形的技术人员

在 17 世纪，艺术界通常将操作科学仪器的人描绘成丘比特或小天使，而不是人类，从而确保低级技术人员不为人所知。本图片出自加斯帕·肖特（Gaspar Schott）的作品 *Mechanical Hydraulico-pneumatica*[224,225]。

很遗憾，这种现象在此后的几个世纪并未减少。最近的一项评估表明，在许多学科里，超过半数的论文至少有一位幽灵作者[222]。主要的受害者往往是研究生，幽灵作者的身份会给他们的职业发展造成负面影响。

合作对女性的不公

与其他许多学科一样，经济学一直是男性主导的领域。虽然在从高中到博士后的各个阶段，女性放弃这一学科的可能性远远高于男性[226-228]，但经济学家数十年来一直困惑的是，在学术晋升道路上女性的流失：女性经济学家被拒绝终身教职的可能性，是她们的男性同事的 2 倍[220,230]。如果我们仔细观察美国 30 所顶尖大学经济学系的所有教师，会发现大约有 30% 的人未能在他们入职的第一家院所获得终身教职[230]。但如果按性别进行划分，那么一个巨大的差异就出现了：48% 的女性申请者被拒绝授予终身教职，差不多占所有女性申请者的一半，而只有 23% 的男性申请者会遭到拒绝。

为什么会存在这样大的差异呢？可以归结为不同的产出模式吗？答案是否定的。如果测量男性和女性经济学家在获得终身教职之前的论文发表数量，并且考虑发表论文的期刊水平，我们发现这两组在统计数据上不相上下[230]。这些年来，研究人员也分析了其他一些看似合理的解释，包括各所大学终身教职授予比率互不相同、女性所在的经济学分支学科的影响、竞争力和自信心等行为差异[231]以及养育后代所造成的影响等。但事实证明，这些因素都不能解释在教职聘用上的性别[229]差异①。因此，晋升中存在的性别差异的很大部分（30% 以上），仍然是令人

① 当然，这些变量很多也确实起到一些解释作用。比如，女性职员对家庭承担的责任就是一个重要因素，但这至多也只能解释为什么女性在被考虑授予终身教职时，平均要晚一年多的时间，对获得终身教职的结果似乎并无影响。

困惑的难解之谜[229, 230]。

但最近的研究为终身教职聘用上的性别差异找到了答案。其原因也可能非常简单[230]：女性经济学家面临巨大的合作不公（见图 13-4）。也就是说，如果计算一位经济学家在其职业生涯中独自发表的论文占比，然后根据这一比例对经济学家排名，就会发现一直独自工作的女性经济学家与她们的男性同事相比，获得终身教职的成功率完全相同。无论是男性还是女性经济学家，每一篇独自发表的论文都能使他们获得终身教职的概率上升 8% ～ 9%。但是，一旦他们的简历开始包含团队合作的论文，性别差异就开始发挥作用。

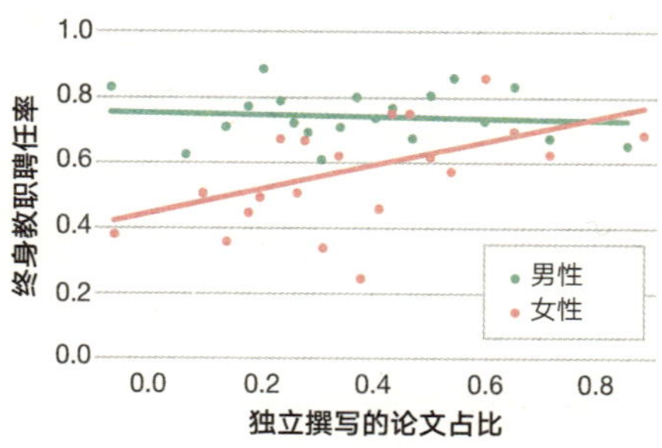

图 13-4　独立撰写的论文和终身教职聘任率

按照性别进行分组后，终身教职聘任率和个人独立撰写的论文占比之间的关系。在控制达到申请终身教职资格所需的年限、独立和合作发表论文的期刊平均等级、总引用量、任职学校、年限以及所属领域之后，得到了图中的两个变量值。图中的直线代表男性和女性（N = 552）的最佳线性拟合，其中女性的斜率为 0.41，而男性为 0.05[230]。

男性在合作研究中获得的功劳与独立研究几乎没有差别，这表明无论独自研究还是成为团队成员，男性的职业前景几乎是相同的。然而，女性与女性共同撰写的论文，能为她们的职业前景带来的好处不及男性的一半。而当女性同男性合作撰写论文，情况更令人沮丧。一位女性经济学家同一位或多位男性经济学家合作，对她的职业前景不会有任何改善。换句话说，当涉及终身教职聘任时，如果女性同男性合作，人们基本上不会把任何功劳算在她们身上。这个结果如此富有戏剧性，以至于仅凭独立作者论文占比这一个变量，就能够解释终身教职聘任结果中大部分由性别引起的差异。

合作导致的性别不公，能够归结为经济学界缺少透明的功劳分配协议吗？比如在社会学领域，科研人员也经常进行合作研究，但他们通过将某人列为第一作者来明确表示，谁在合作研究中的功劳最大。可能也正因为如此，社会学终身教职聘任中男女比例持平，即便男性倾向于比女性产出更多独立撰写的论文。按照贡献大小列出作者的姓名，似乎能够消除基于偏见做出推断和假设的冲动。相比之下，大多数经济学论文按字母顺序列出作者的名字，这种方式可能在无形中使基于性别的判断（尽管有可能是无意识的）起到了决定性作用。

在本章，我们比较了科研中常用的作者署名方法，以及它们对科研的功劳分配产生的影响。不过，到此为止的讨论，仅是在原则上探讨了功劳应该怎样分配。但是，女性经济学家在终身教职聘任上的差异表明，科学研究的功劳在实践中的实际分配仍然值得深入探讨。这也是我们在下一章要关注的内容。

14

功劳分配：谁最终获得了合作成果的功劳

即使你从来没有听说过托马斯定理（Thomas theorem），你对它的内容可能也并不陌生。简单来说，它宣称：如果人们将情境界定为真实的，那么其结果也将是真实的。这有助于解释，为什么仅凭一句“即将发生食品短缺”的谣言，人们就会蜂拥至商店抢购囤积，从而使谣言最终变为现实。这条著名的定理以社会学家威廉·艾萨克·托马斯（William Isaac Thomas）的姓氏命名，常被认为是“自我应验预言”的源头。它最初出现在托马斯的著述《美国儿童》（*The Child in America*）中[232]，这是社会学领域一本影响深远的著作。托马斯定理和《美国儿童》作为托马斯一人的成果都被反复引用[233]。但事实是，该书的封面上有两位作者的名字：威廉·艾萨克·托马斯和多萝西·斯韦恩·托马斯（Dorothy Swaine Thomas）。

在本章，我们将专门探讨谁最终获得了合作成果的功劳。比如在下面介绍的几个案例中，某些研究人员从共同研究中获得的好处有时完全不成比例；而在另外一些案例中，研究人员又被不公正地忽略掉了。事实是，功劳分配与偏见有很大关系，而这样的偏见有一些深深根植于科学研究的实施方式上。但好消息是，通过现有的一套工具，我们可以精确地解读科学界如何看待合作论文中的每位作者做出的贡献。借助此工具，我们不仅能够统计在某个特定项目中，甚至在项目开始之前，团队成员的功劳如何被看待、如何被分配，同时还能为科学界那复杂与微妙的功劳分配方式提供宝贵的见解。

马太效应与反转马太效应

威廉·艾萨克·托马斯从合作成果中得到的不均等的认可，正是马太效应的一个例子。它支配着科学研究中的功劳分配[234]。马太效应表明，具有不同知名度的科研人员参与共同研究时，知名度越高的人，得到的功劳就越大，这与他在项目中的实际贡献无关。在为写书而采访诺贝尔奖得主的过程中[101]，哈丽雅特·朱克曼就曾听到一位诺贝尔物理学奖得主这样简明扼要地说道："世人在论功行赏时的做法颇为奇特，他们往往将功劳给予已经成名的人。"

对于这个现象最显而易见的解释就是熟悉度和可见度。也就是说，在浏览某篇论文的署名栏时，不认识的名字对于我们来说实际上是毫无意义的，而熟悉的名字一下子就会吸引我们的目光，于是我们马上就将这篇论文与已经熟悉的名字联系在了一起。而通常情况下，这个熟悉的名字正是一位更为知名和资深的作者。借用一位诺贝尔化学奖得主的话："当人们在论文上看到我的名字，他们倾向于记住这个名字，而忽略其他名字[234]。"多萝西·斯韦恩·托马斯在《美国儿童》中的贡献被贬低至无视的程度，就代表着这种荣誉歧视。《美国儿童》在1928年首次出版，威廉·艾萨克·托马斯当时65岁，是美国社会学学会主席，这也是对他身为美国社会学界泰斗的一份迟来的认可[234]。而多萝西·斯韦恩·托马斯当时还是一位20出头的年轻女子，作为威廉·艾萨克·托马斯的助手参与写作该书。对社会学界的其他人来说，她几乎是无名之辈。

马太效应简要回顾

我们在第3章探讨科研人员个人的职业生涯时提到过马太效应。马太效应在科学研究中通过多种途径起作用，大体上可以分为两类：交流和奖励[234]。瑞利男爵的例子适用于前者，其中学术地位和声望影响了人们对论文品质的感知。当他的名字不经意间从作者署名中被漏掉，这篇论文马上就被拒稿了。当瑞利的真正身份揭晓时，虽然论文仍是那篇论文，但编辑对它的态度却发生了巨变。

在科学界的奖励体系（这也是本章的关注焦点）中，马太效应会导致声望极不均等的作者在贡献上得到不同的认可。比如，马太效应预示，当两位不同级别的科学家做出独立的科学发现时，功劳将归属于声望更高的人。法国沙特尔的伯纳德（Bernard of Chartres）的故事就是一个典型的例子。虽然这位 12 世纪的哲学家说过“我们都像站在巨人肩膀上的矮子”这样的话，比牛顿在致罗伯特·胡克（Robert Hooke）的信中写下了这句话早了 400 年，然而这一著名短语却从此完全归于牛顿名下。当多人参与同一发现，马太效应也同样适用，功劳的绝大部分最终都会归属最有名望的合作者。在本章，我们将马太效应的这两种情况视为源于相同的功劳分配问题。

声名显赫的科学家在与不那么出名的同事合作时，前者会获得太多的功劳，这会使两者都陷入两难境地，正如罗伯特·默顿在采访一位诺贝尔奖得主时总结的那样[60]。

你有一位学生，你会在那篇论文上署上你的名字吗？你已经为它出了力，但究竟应该是署名还是不署名？对此有两个选择。如你选择不署名，有可能那篇论文便不会得到认可，也没有人去读它。如果你选择署名，它可能会被认可，然而你的学生却不能得到他应得的荣誉。

的确，研究证明，地位意味着名望，这不仅能增加论文的可见度，也能影响科学界怎样评估论文的质量[60,61,65]。此外，通过与最杰出的科学家共同工作，年轻的科学家能获得在其他地方不能得到的各种隐性知识，例如有关导师工作习惯的感悟，他怎样提出研究问题以及怎样应对研究过程中的挑战等。

但从功劳分配的角度来看，这有极其不利的方面。即使你有机会同爱因斯坦共同撰写论文，这篇论文也永远都是爱因斯坦的。即便年轻作者完成了大多数的研究——实际情况也往往如此，他们的努力也将黯然失色，最终获得的荣誉也远远少于他们应得的。

我们再想想另外一种情景：如果论文出了差错，比如撤稿，有抄袭问题，结论属于弄虚作假或倍受质疑，又会出现什么情况？谁会为此承担责任呢？声名卓著的作者从成功的合作中获得了远超他们应得的好处，因为科学界认为论文的重要观点源自他们，而资历较浅的共同作者仅仅是执行者。因此，我们完全有理由认为，资深作者作为人们心目中的项目带头人，应该为错误或失败承担更多责任。更多的荣誉意味着更大的责任，难道不是吗？

但研究表明，实际情况恰恰相反。事实上，当资深作者与资历较浅的作者一同被卷入论文撤稿事件中时，资深作者大多都能安然无恙，不会受到撤稿的负面影响，而资历较浅的共同作者，特别是研究生或博士后往往会受到惩罚[75]，严重时其职业生涯可能就此终结了。因此，良好的声誉不仅给予了声名卓著的科研人员不均等的功劳，同时在灾祸来临之时还可保护他们。这其中的逻辑非常简单：如果爱因斯坦合作撰写的论文被撤稿，这怎么可能是爱因斯坦的过错呢？

科学的真相 The Science of Science

再回顾一下反转的马太效应

你可能会回想起第 3 章的内容，当对撤稿论文、高度匹配的对照组论文[72]和非撤稿论文的作者[74]进行比较时，研究人员发现论文撤稿导致作者所有先前发表的论文引用量下降[72-74]，而在撤稿事件之后，著名科学家比起不那么知名的同行所受到的惩罚要严厉很多[74]（见第 3 章“从升到降：反转的马太效应”部分）。这些结果似乎与这里得出的结论大相径庭。这两种发现的关键区别在于，我们所比较的引用惩罚是在团队内还是在团队间。如果作者是在同一个团队，正如本章所关注的，科学界认为责任应由资历较浅的作者承担。但是，如果我们比较两篇不同的论文，一篇是著名作者的，另一篇的作者则名不见经传，第 3 章的结果显示，前者受到的惩罚比后者严厉。

这些结果揭示了科学研究一个严酷的现实：功劳是由科研群体集体确定的，而不是共同作者个人。当他们真正的贡献与科学界的看法不一致时，团队成员个人往往是无能为力的。不过，我们还有一线希望。科研荣誉遵循着严格的规则，不那么容易受个人意志左右。这意味着如果能够破解这些规则，我们就能够根据规则计算甚至预测出到底谁应该享受某项科学发现的荣誉。这样一来，科研人员有能力保护自己在团队项目中应得的那份荣誉，同时也确保合作人员的功劳分配更为公正。

集体荣誉分配算法带来的新见解

图 14-1 显示的论文公布了 W 和 Z 玻色子的发现[235]，这项发现在论文发表的次年便被授予诺贝尔物理学奖，从发现到认可的过程罕见地迅速。但是，论文中按字母顺序列出的 135 名作者中，谁有资格获得该奖呢？对于高能物理学界来说，答案不难得出：功劳毫无疑问应归卡洛·鲁比亚（Carlo Rubbia）和西蒙·范·德·米尔（Simon van der Meer），而且非他俩莫属。用诺贝尔奖委员会的话来说，他们“对这个大型项目做出了决定性贡献。”然而，对于其他人来说，从这长长的按字母顺序列出的作者名单中挑出这两个人，似乎和变戏法没有什么不同。

显然，科学界使用了一种非正式的功劳分配体系，而这需要具备大量的专业知识。但对于这一领域之外的人，有没有办法知道谁是这项发现的核心人物呢？前一章介绍了一些有用的经验法则，可以用来推测功劳的分配。比如，当作者按他们的贡献排名时，我们需要关注的作者往往是第一位和最后一位。但是，如果要在图 14-1 中按字母顺序排列的上百位作者中挑选出两位了，我们就茫然无措了。好在我们开发了一种算法，它描述了科研荣誉的集体分配过程[236]，同时它也提供了一个工具，用于计算共同作者发表论文后应获得的功劳份额。

为了了解这一算法的工作原理，假设有两位作者玛丽和彼得以及他们共同发表的论文 p_0［见图 14-2（a）］。这篇论文的功劳归属于谁呢？要获得答案，一种方法是考察谁在论文主题方面具有更多深厚的专业知识。举一个极端点的例子，玛丽在这一课题上已经发表了其他几篇论文，而 p_0 则是彼得的唯一一篇。这一事实可以在引用情况上反映出来：如果我们观察经常与 p_0 同时被引用的论文，其中有几篇的作者会是玛丽，而彼得则一篇都没有。这意味着玛丽在科学界非常知名，而彼得实际上是一个门外汉。结果就是，科学界更有可能将 p_0 论文看作是玛丽的成果，而不是彼得的 [见图 14-2（a）]。

EXPERIMENTAL OBSERVATION OF ISOLATED LARGE TRANSVERSE ENERGY ELECTRONS WITH ASSOCIATED MISSING ENERGY AT $\sqrt{s}$ = 540 GeV

UA1 Collaboration, CERN, Geneva, Switzerland

G. ARNISON [j], A. ASTBURY [j], B. AUBERT [b], C. BACCI [i], G. BAUER [1], A. BÉZAGUET [d], R. BÖCK [d], T.J.V. BOWCOCK [f], M. CALVETTI [d], T. CARROLL [d], P. CATZ [b], P. CENNINI [d], S. CENTRO [d], F. CERADINI [d], S. CITTOLIN [d], D. CLINE [1], C. COCHET [k], J. COLAS [b], M. CORDEN [c], D. DALLMAN [d], M. DeBEER [k], M. DELLA NEGRA [b], M. DEMOULIN [d], D. DENEGRI [k], A. Di CIACCIO [i], D. DiBITONTO [d], L. DOBRZYNSKI [g], J.D. DOWELL [c], M. EDWARDS [c], K. EGGERT [a], E. EISENHANDLER [f], N. ELLIS [d], P. ERHARD [a], H. FAISSNER [a], G. FONTAINE [g], R. FREY [h], R. FRÜHWIRTH [l], J. GARVEY [c], S. GEER [g], C. GHESQUIÈRE [g], P. GHEZ [b], K.L. GIBONI [a], W.R. GIBSON [f], Y. GIRAUD-HÉRAUD [g], A. GIVERNAUD [k], A. GONIDEC [b], G. GRAYER [j], P. GUTIERREZ [h], T. HANSL-KOZANECKA [a], W.J. HAYNES [j], L.O. HERTZBERGER [2], C. HODGES [h], D. HOFFMANN [a], H. HOFFMANN [d], D.J. HOLTHUIZEN [2], R.J. HOMER [c], A. HONMA [f], W. JANK [d], G. JORAT [d], P.I.P. KALMUS [f], V. KARIMÄKI [e], R. KEELER [f], I. KENYON [c], A. KERNAN [h], R. KINNUNEN [e], H. KOWALSKI [d], W. KOZANECKI [h], D. KRYN [d], F. LACAVA [d], J.-P. LAUGIER [k], J.-P. LEES [b], H. LEHMANN [a], K. LEUCHS [a], A. LÉVÊQUE [k], D. LINGLIN [b], E. LOCCI [k], M. LORET [k], J.-J. MALOSSE [k], T. MARKIEWICZ [d], G. MAURIN [d], T. McMAHON [c], J.-P. MENDIBURU [g], M.-N. MINARD [b], M. MORICCA [i], H. MUIRHEAD [d], F. MULLER [d], A.K. NANDI [j], L. NAUMANN [d], A. NORTON [d], A. ORKIN-LECOURTOIS [g], L. PAOLUZI [i], G. PETRUCCI [d], G. PIANO MORTARI [i], M. PIMIÄ [e], A. PLACCI [d], E. RADERMACHER [a], J. RANSDELL [h], H. REITHLER [a], J.-P. REVOL [d], J. RICH [k], M. RIJSSENBEEK [d], C. ROBERTS [j], J. ROHLF [d], P. ROSSI [d], C. RUBBIA [d], B. SADOULET [d], G. SAJOT [g], G. SALVI [f], G. SALVINI [i], J. SASS [k], J. SAUDRAIX [k], A. SAVOY-NAVARRO [k], D. SCHINZEL [f], W. SCOTT [j], T.P. SHAH [j], M. SPIRO [k], J. STRAUSS [l], K. SUMOROK [c], F. SZONCSO [l], D. SMITH [h], C. TAO [d], G. THOMPSON [f], J. TIMMER [d], E. TSCHESLOG [a], J. TUOMINIEMI [e], S. Van der MEER [d], J.-P. VIALLE [d], J. VRANA [g], V. VUILLEMIN [d], H.D. WAHL [l], P. WATKINS [c], J. WILSON [c], Y.G. XIE [d], M. YVERT [b] and E. ZURFLUH [d]

Aachen [a]–Annecy (LAPP) [b]–Birmingham [c]–CERN [d]–Helsinki [e]–Queen Mary College, London [f]–Paris (Coll. de France) [g]–Riverside [h]–Rome [i]–Rutherford Appleton Lab. [j]–Saclay (CEN) [k]–Vienna [l] Collaboration

Received 23 January 1983

图 14-1　1984 年的诺贝尔物理学奖

宣告发现 W 和 Z 粒子的论文截图[235]。基于这篇论文，卡洛・鲁比亚和西蒙・范・德・米尔这两位论文的共同作者共享了 1984 年的诺贝尔物理学奖。“由于他们对这个大型项目所做出的决定性贡献，最终带来了弱相互作用的传播者，即场粒子 W 和 Z 的发现。”

根岸英一（Ei-ichi Negishi）与马场茂（Shigeru Baba）在 1976 年合作发表了一篇论文 [见图 14-2（b）]，根岸因这篇论文获得 2010 年诺贝尔化学奖，这件事就是这一情况的很好的示例。虽然马场茂是这篇里程碑式论文的共同作者，但这也是他在这一课题上唯一一篇高知名度论文。相反，根岸在随后几年发表了另外几篇高被引论文。在诺贝尔奖委员会要做出决定时，他们把大奖单独授予了根岸。

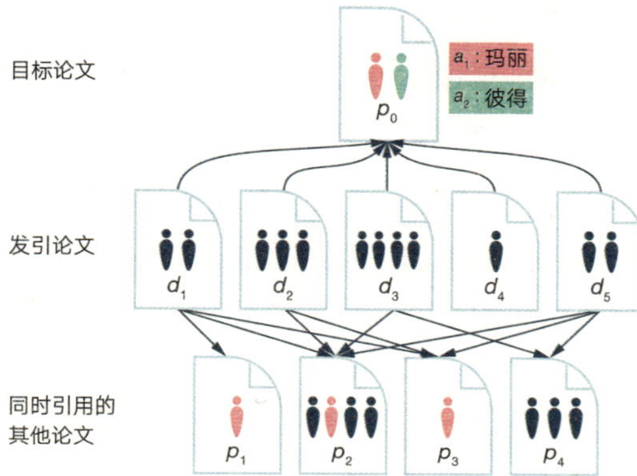

（a）

2010 年诺贝尔化学奖得主

Baba, Negishi, J.Am. Chem Soc. 98, 6729 (1976)

Cocited Papers

Negishi, Okukado, King, Van Horn, Spiegel, J. Am. Chem. Soc. (1978)

Negishi, King, Okukado, J. Org. Chem. (1977)

Negishi, Vanhorn, J. Am. Chem. Soc. (1977)

Negishi, Vanhorn, J. Am. Chem. Soc. (1978)

Negishi, Valente, Kobayashi, J. Am. Chem. Soc. (1980)

（b）

2010 年诺贝物理学学奖得主

Novoselov, Geim, Science, 306, 666 (2004)

Cocited Papers

Geim, Novoselov, Nature (2007)

Novoselov, Jiang, Schedin, Booth, Khotkevich, Morozov, Geim, PNAS (2005)

Novoselov, Geim, Morozov, Jiang, Katsnelson, Grigorieva, Dubonos, Firsov, Nature (2005)

Castro Neto, Guinea, Peres, Novoselov, Geim, Rev. Mod. Phys. (2009)

Ferrari, Meyer, Scardaci, Casiraghi, Lazzeri, Mauri, Piscanec, Jiang, Novoselov, Roth, Geim, Phys. Rev. Lett. (2006)

（c）

图 14-2　科学中的集体荣誉分配

（a）显示了一个极端的例子，说明科学研究中功劳分配是怎样运作的：当彼得在所有成果中只贡献了一篇论文，科学界便将功劳的大部分给予了玛丽，因为她在相关课题上已发表了多篇论文。

（b）和（c）显示两个有关功劳分配的案例。根岸的故事验证了（a）的例子，他发表了有关该领域的其他几篇论文，与最上面的诺贝尔奖获奖论文一起被同行们引用。但该论文仅是他的共同作者马场茂发表的唯一一篇。相比之下，在（c）中，诺沃肖洛夫（Novoselov）和盖姆（Geim）合作发表了几乎所有涉及该主题的高被引论文，因此功劳相等，被共同授予了诺贝尔奖[236]。

再看图 14-2c 显示的另外一个极端案例。在这个案例中，所有与主题 p_0 有关的高被引论文都由相同的两位作者诺沃肖洛夫和盖姆共同发表。如果这两位科学家总是共同发表论文，不受外来信息左右的观察者一定会将 p_0 的功劳平等地分配给二人。他们因发现石墨烯共同获得诺贝尔奖的这一事实，就是这种情况的一个极好的示例：诺沃肖洛夫和盖姆不仅共同撰写了石墨烯的第一篇论文，而且在那之后还共同发表了几乎所有该主题的高影响力论文，因此他们在原创性发现中赢得了同等份额的功劳。

不过，大多数案例显然更为复杂，处于这两个极端例子之间。两名作者可能共同发表了一些论文，与其他的作者合作发表了另一些主题相似的论文。因此，他们在某一篇论文中的功劳份额可能随时间的推移而产生变化。那么，怎么量化每位作者应该在“整体研究成果”中分得多少呢？我们可以分析我们关注的论文与这些作者发表的所有其他论文的共同引用情况。图 14-3 展示了一个集体功劳分配算法，可以帮助我们解决刚才提到的问题[236]。为了理解这个算式怎样运作，我们探讨一下，对于图 14-3 中任意两位作者合作的一篇论文，应该怎样分配每个人的功劳。

在图 14-3 概述的算法中，每篇额外的论文都隐含地传递了他人对作者贡献的感知，反映了科学界如何以独立于具体学科的方式，对一篇论文的功劳进行分配。该算法不仅是一种理论工具，还是一种预测工具：当应用于所有多作者的诺贝尔奖获奖论文时，这种方法在 81% 的论文中（63 篇论文中的 51 篇）正确地找出了获奖者，他们正是应得大部分功劳的作者。无论获奖者是来自按字母顺序排名的高能物理，还是来自团队领导者通常列在第一或最后一位的生物学，这种算法都能始终如一地预测获奖者。而在挑选了错误人选的其他 19% 的案例中，该算法也往往揭示了值得进一步思考的有趣分歧以及潜在的错误分配。

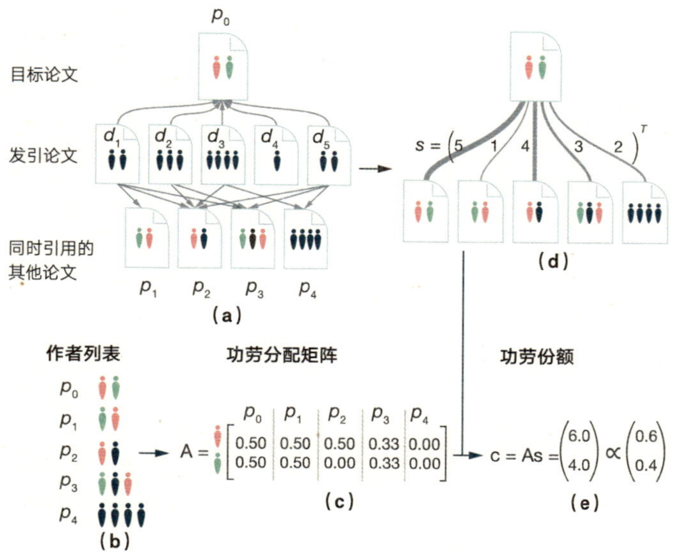

图 14-3 集体功劳分配算法图示[236]

（a）目标论文 p_0 有两名作者，分别用红色和绿色表示。为了决定他们两人的合作论文 p_0 功劳份额的去向，我们首先确定引用了 p_0 的所有论文：$\{d_1,\ldots,d_5\}$。然后，追踪它们的参考文献，确定与 p_0 同时被引用的所有其他论文，$P\equiv\{p_0, p_1,\ldots,p_4\}$。这样，论文集 P 代表了专门与 p_0 相关的论文总和，因为每次 p_0 在文献中被引用，它都会和 P 中的论文同时出现。下一步，我们设法找出这两位作者在论文集 P 的参与度。

（b）我们首先计算作者在每篇论文 p_0，$p_1,\ldots,p_4$ 中的参与度。在（a）显示的例子中，两名作者都在 p_0 和 p_1 中获得同等（各享一半）的功劳，因为他们是论文中仅有的两位作者。但对于 p_2 来说，只有红色作者是文章的两名作者之一，因此他被给予了一半的功劳，而绿色作者在这篇论文中为 0。对 P 中的所有论文都重复这一流程，我们就能够得到作者参与度矩阵 A，其中每个元素 A_{ij} 代表每个作者从发表的每篇相关主题的论文中获得的功劳份额。

（c）从（b）中共同被引的论文作者名单里获得的功劳分配矩阵 A。矩阵 A 提供了每篇共同被引论文作者的功劳份额。例如，由于 p_2 中红色作者是两位作者之一，但绿色作者没有参与，因此给予红色作者 0.5 的份额，而绿色作者没有获得任何份额。但也不是 P 中所有的论文都是等同的：一些论文与 p_0 的相关性比其他论文更紧密。这可以通过计算 p_0 与 P 中任意一篇论文 p_j 之间的共同被引强度 s_j 而得以解决，这需测量 p_0 和 p_j 的共同被引次数。

（d）展示了这个过程，一个从（a）构建的以 p_0 为中心的共同被引网络，其中连边权重代表同

引论文和目标论文 p_0 之间的共同被引强度 s 。比如在（a）中，p_1 仅与 p_0 被共同引用一次（通过论文 d_1），而 p_2 和 p_0 同时被 4 篇不同的论文（d_1、d_2、d_3、d_5）引用。因此就 p_0 的情况而言，p_2 比 p_1 具有更高的共同被引强度（即 $s_1=1$ 与 $s_2=4$），这意味着 p_2 可能与 p_0 的关联更紧密。

（e）给定矩阵 A 和共同被引强度 s，p_0 的两位作者的功劳份额可以通过适当规范化后的两个矩阵相乘而计算出来。最终通过算法分配至每位作者的功劳，反映了他们在论文总体中的参与程度，并考虑到了与目标论文的关联程度。从数学上来说，这相当于作者参与度矩阵和共同被引强度矩阵相乘，$c=As$。[236]

在功劳分配算法失败时

看到算法从长长的作者名单中自动地确定获奖者，这真令人着迷，但算法的失败也同样令人着迷[236]。这意味着，在科学界同仁眼中，个别研究人员可能应该得到某一发现的主要功劳，但不知什么原因被诺贝尔奖委员会忽略了。一个例子是，2013 年诺贝尔物理学奖被授予了“上帝粒子”希格斯玻色子这一科学发现。1964 年预测希格斯玻色子的理论归功于 6 位物理学家，但诺贝尔奖最多只能授予 3 个人。弗朗索瓦·恩格勒（François Englert）和罗伯特·布劳特（Robert Brout）最先发表该理论[237]，但未能进一步充实，而随后彼得·希格斯的论文预测出希格斯玻色子的存在[238]。G. S. 古拉尔尼克（G. S. Guralnik）、C. R. 哈根（C. R. Hagen）和 T. W. B. 基布尔（T. W. B. Kibble）独立提出了相同的理论，在恩格勒和布劳特合作一个月之后发表[239]，解释了构成宇宙的物质是怎样获得质量的。2010 年这 6 位物理学家得到美国物理学学会的同等认可，共同获得了理论粒子物理学的樱井奖。然而，诺贝尔奖委员会在 2013 年将诺贝尔奖仅授予希格斯和恩格勒。功劳分配算法预测希格斯将获得最大的功劳，随后是基布尔。恩格勒则排在第三，其功劳份额比他的共同作者布劳特仅仅高出一点点，而布劳特在诺贝尔奖颁奖前便已离世。古拉尔尼克和哈根平分了剩下的功劳。根据算法，这意味着 2013 年诺贝尔物理学奖，应该按照这个顺序授予：希格斯、基布尔和恩格勒。诺贝尔奖委员会跳过了基布尔，偏离了科学界对功劳归属的感知。

一个类似的现实和算法预测的获奖者的不匹配，使我们注意到了道格拉斯·普拉瑟。由于在绿色荧光蛋白这个主题上，他是许多高被引的重要论文的共同作者，2008 年诺贝尔奖颁奖时，他在绿色荧光蛋白发现上的功劳份额是 0.199。虽然这个份额比两位诺奖得主钱永健和下村脩（分别为 0.47 和 0.25）要小，但它超过了马丁·查尔菲的份额（0.09），而查尔菲却获得了大奖。

功劳分配算法表明，当为团队成员分配功劳时，我们不必知道是谁实际上做了该研究。它强调了一个重要信息：科学研究的功劳不仅与贡献有关，与他人感知同样有关。因此，本章并不只是提供一个量化工具，用于计算合作发表论文预测的功劳份额，它还赋予我们有关功劳分配性质的几个深刻见解。

第一个见解是：在科学界，发表一项突破性的研究成果，然后静待成果得到认可是不够的。为了认领在他人眼中当之无愧的功劳，你必须独立于你以前的共同作者，继续发表有重要价值的研究成果。你需要让科学界在你前期所取得的突破性成果的基础上，将你视为始终如一的学术领袖，而你最初的论文在形成这种感知方面并不重要。更确切地说，正如算法所证实的那样，你在突破性论文之后所发表的东西才最终确定你的功劳份额。

第二个见解是：如果你贸然进入一个已经发展完备的领域，比如通过与领域专家一道工作来开启自己的职业生涯，那么你的功劳份额可能在一开始就被预先确定了。的确，如果你的共同作者在你刚刚开始探讨的课题上已经有了重要建树，他们早期的论文就很有可能与当前的论文一起被引用。在这种情况下，即使你后来努力发表了许多相关论文，而且是独立发表的，没有共同作者的参与，你也将花费很多时间来填补预先存在的功劳亏损。毕竟，如果引用你新的研究成果的论文，同时也引用了你在这一领域的共同作者过去所发表的经典论文，你的努力就会被弱化。

我们有很多理由去从事某一特定的研究项目。比如，加入某一团队，可能是因为我们喜欢同团队成员一道工作，或者因为我们相信该项目的崇高使命，抑或是项目中有重大问题有待我们去解决。也就是说，我们参加一个团队，往往并不会在乎谁会获得这项工作的荣誉。但如果真的要寻求荣誉，那么这个算法能够帮助我们提前分析，是否真正有希望从团队工作中争取一份令人瞩目的荣誉。

科学的真相 The Science of Science

功劳分配算法可能产生激励问题

通过以量化方式揭示非正式的功劳分配体系，就像本章所讨论的这个算法一样，可以帮助任何人，甚至在团队正式组建之前，去计算他们所认为的功劳份额。这可能会带来一些意外的后果[105,147]。比如，研究人员个人可能会部分地出于事后功劳的考虑，而不是出于团队本身的有效性来选择合作者。这些方法的应用会使合作变得更加策略性吗？如果是这样，我们怎样才能抵消个人利益与科学研究的集体进步之间的冲突？对这些问题我们还没有找到答案。但是，随着认识科学研究内在机制的方法越来越具有科学性，我们也许可以更早地预见并发现新的负面影响，从而找到更好的解决方法。

多萝西·斯韦恩·托马斯当时面临两个挑战：她不仅是一位与功成名就的搭档合作的年轻研究人员，同时她又是一位女性，生活在科学界经常贬低女性贡献的年代。不过，她的故事并没有在默默无闻中结束：她砥砺前行，最终建立了辉煌的职业生涯，取得了属于自己的卓越的学术声誉。就像威廉·艾萨克·托马斯一样，她在 1952 年也当选为美国社会学学会主席。但所有的这些成就都不能阻止人们（即使是最细心的学者）将 1928 年的专著单独归功于她那位知名的共同作者。这种现象到今天仍在继续。更重要的是，正如本章所表明的那样，如果不是因为她后来杰出的职业发展，我们可能从一开始就不会为她鸣不平，她可能就完全湮没于历史之中。

The Science of Science

Part 3
The Science of Impact

第三部分

影响力升级的科学新思维

优先连接 + 适者成功，影响力源自“积累”的力量

“如果我看得远一点，那是因为我站在了巨人的肩上。”1676年2月，牛顿在给罗伯特・胡克的一封信中这样写道[240]。这句被经常引用的名言，准确地描述了科学的一个根本特征：累积性。科学发现极少孤立出现，往往建立在其他科学家先前的研究上。古往今来的科学家通常都会承认他们的研究所基于的创意出处。随着时间的推移，这一传统逐渐发展成为严格的规范，形成了引用。

引用是对某项早期研究或发现做出的正式参考，明确地指出某一特定的研究论文、专著、报告或其他形式的学术成果，使读者能够找到所参考的资料出处。引用对科学交流极其关键，能帮助读者确定先前的研究是否真能支撑作者的论点。恰当地使用引用，能增加作者证据的力度和可信性，将先前的思想归属于合适的原始出处，维护学术诚信，避免剽窃。对于作者来说，引用起到了浓缩和标识知识的作用，避免了为理解新的研究而必须重新提供所有背景信息的累赘。

不过，引用最近又承担了新的作用：科学界已经开始利用它们来衡量某篇论文或某一系列研究成果的科学影响力。人们认为这是可行的，因为科研人员只是引用与他们研究相关的论文。因此，那些激发众多科学家的灵感，引出众多相关研究项目的突破性论文，应该获得许多引用。而渐进的研究结果只会得到少量引用，甚至不会获得任何引用。

然而，影响力和引用之间的关联看似简单，其实充满了模糊性：多少引用才能构成“许多”？引用累积背后的驱动机制是什么？什么样的科学发现会得到更多的引用？能否预知某篇论文未来获得的引用量？多久能够断定某项发现是否能引起研究人员的强烈兴趣？退一步，想想在有关论文所涉思想的可信性和影响力方面，引用量能体现什么？简单地说：引用量究竟有无意义？

以下 6 章将对这些问题予以量化解答。本书前两部分已经分析了科研人员个人职业发展和合作的一系列模式。既然我们已经对科学的“产出者”，无论是个人还是团队，都已经有了更多的了解，那么现在是时候关注他们所产出的产品了。

15

大科学时代，指数级增长的科学仍然拥有前所未有的朝气与活力

The Science of Science

1949 年，德里克·德索拉·普赖斯（Derek de Solla Price）在新加坡莱佛士学院教授应用数学，当时学院的新图书馆收到了全套的《自然科学会报》（*Philosophical Transactions of the Royal Society of London*，简称《会报》)。《会报》于 1662 年创刊，是首个专门致力于科学研究的杂志。由于图书馆还在等待进一步的修建，德索拉·普赖斯将全卷《会报》置于自己的床头。他接下来花了一年时间一本接一本地阅读，并将《会报》每 10 年的杂志单独放成一摞。一天，当他从阅读中抬起头来，注意到了不同寻常的一幕：第一个 10 年堆积起来的杂志很薄，第二个 10 年也只厚了不多。但随着时间的推移，每 10 年一摞的杂志厚度增长越来越快，到最近的几个 10 年，其高度更是疯长。总之，这 28 摞《会报》看起来就像一条经典的指数曲线。

正是这一关注使德索拉·普赖斯在随后的数十年，满怀激情地去系统性探索科学是怎样随时间发展的。1961 年，他统计了他能获得的所有内容：科学期刊的数量、为这些期刊投稿的科学家的数量，以及多个学科中论文摘要的总量[241]。无论从哪个维度来看，总是会得到相同的指数曲线。这证实了他最初的观点，科学正在加速发展[241]。他最后总结到："以令人震惊的速度发生的指数级增长，显然是普遍存在而且具有明显的长期性。"[12]

但是，德索拉·普赖斯很快就意识到，这样的指数级增长很难维持下去。我们从菌群的研究中知道：细菌的数量在最初呈指数级增长，但最后，当维持它们增长的营养物耗尽时，增长也会达到饱和。因此，德索拉·普赖斯预测，科学的指数级增长肯定仅代表初始的迸发。推动科学增长的动力终将耗尽，最终达到饱和。他最后甚至大胆预测，科学的迅速发展在 20 世纪 50 年代不久之后，便会逐渐减弱 [242]。

科学体量的指数级增长

图 15-1 显示了科学网每年编入索引的论文数量，证实了一个世纪以来，论文发表的数量一直呈指数级增长。平均来看，总数差不多每 12 年便要翻一番。图 15-1 还显示，科学并没有像德索拉·普赖斯所预测的那样，在 20 世纪 50 年代之后达到饱和。相反，指数性的增长在过去 110 年中一直持续，仅在两次世界大战之间有所停顿。另外，如果测量某一单独学科的增长情况，比如物理学，我们会发现相似的指数级增长。各个学科以相同的方式加速增长，表明科学的扩张并不是简单地由新领域的出现所驱动，而是一种适用于所有科学领域的特征。

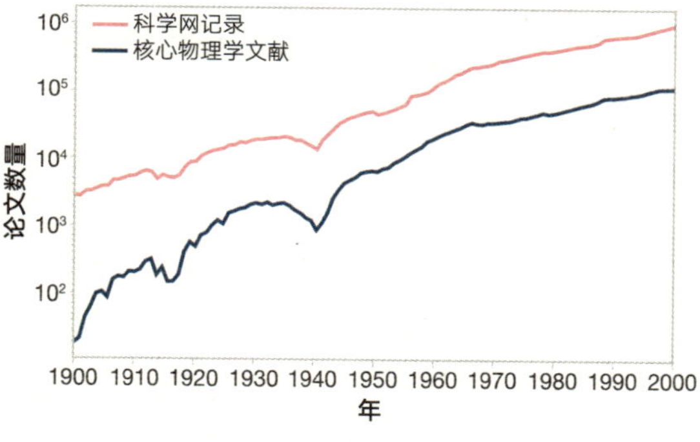

图 15-1 科学的增长

科学网记录的过去一个世纪发表的论文数量，显示了科学文献的指数级增长。这一增长仅在 1915 年和 1940 年前后由于两次世界大战而中断。图 15-1 显示了物理学文献也呈指数级增长，与整个科学所遵循的增长方式相似 [116]。

科学的指数级增长对科学乃至科学家意味着什么？在本章，我们将尝试回答这些复杂的问题。

科学的真相 The Science of Science

总共有多少论文

考虑到一个多世纪以来科学的指数级增长，你可能想知道，科学界产出了多少论文。2014 年，研究人员应用一种被称作“标记再捕获”的方法[243]（一种最初由生态学家发展的方法，用于在不能逐一计数的情况下推测野生动物的种群规模），估测了互联网上学术文件的总数。他们发现，那时候在网络上可以找到至少 1.14 亿篇英文学术论文。显然，考虑到互联网的规模，我们永远不可能知道学术论文的准确数量。但无论在一个特定的时间点，人们估计的数量是多少，这个数量将很快过时。由于科学的指数级增长，到 2018 年 3 月，也就是在估算出 1.14 亿篇论文的 4 年之后，微软学术搜索索引记录的论文超过 1.71 亿篇[244]。

指数级增长的意义

遵循指数级增长的任何系统，必须以与当前规模成比例的速度扩张。由于科学文献大约每 12 年增加一倍，这意味着当前全部科研论文中，有一半是在过去 12 年产出的。因此，科学的特点就是即时性[12]：知识的主体总是保持在最前沿。此外，数量不断增加的科研人员往往与为学科带来变革的那些人处于同一时代。德索拉·普赖斯在他的专著《小科学、大科学及其他》(*Little Science, Big Science, and Beyond*)中对这一点有很好的表述[12]。

> 在一次会上，一些著名的物理学家准备报告他们划时代发现的第一手资料，会议主席用了这句话作为开场白："今天，我们非常荣幸地与那些为同行提供肩膀的科学巨人们并排就座。"这句话简明扼要地例证了科学特有的即时性，它也是对一个事实的认可，即已经发生的所有和科学有关的事宜，有很大一部分现在仍在继续，我们对此都记忆犹新。换言之，无论使用哪一种对科学家的合理定义，我们都可以这样说，80%～90%曾经在这个世界上存在过的科学家，现在仍然存在着。

为了认识这种指数级增长对个人意味着什么，想象一个处于职业生涯开始阶段的年轻科学家[12]。他花了数年阅读文献之后，在学识渊博的导师指导下，最终抵达学科的前沿，准备闯出自己的一番事业。如果科学停止发展，他将在未知的海域里独自航行。虽然能够愉快地做出一个又一个发现，但同时他也将极其孤独，几乎没有什么同伴能与之合作或请教。因此，就这一方面而言，科学的持续发展是一个好消息，可以为科学家提供足够的志同道合的同事和有趣的构想，使他们能够借鉴彼此的研究，一道探索世界的未知领域。

但是，科学的迅速扩张也产生了另外一个问题。当我们年轻的科学家解开缆绳，将航船驶出港湾时，他将发现还有许多其他船只，大小不一，都朝同一个方向行驶，船长都经过同等水平的训练，具有同样的抱负、决心和资源。这种极具竞争性的环境，将对年轻科学家的整个职业发展产生严重的影响。

无论多么努力，他也不可能密切监视每艘船驶向何处。新知识的体量呈指数级增长，但一位科学家能够用来吸收新知识的时间是有限的。因此，今天的每位科学家是不可能遍读自己领域的每一篇论文的。

也许最重要的是，每一艘船都希望获得新的发现。确实，在科学界，率先发现一直都至关重要。年轻科学家希望在新的海域有所建树，而不是跟随在别人的船尾航行。但如此激烈的竞争，会削弱科学家个人做出重大发现的机会。

许多人对科学都有一个英雄般的构想，相信这一领域是靠少数天才推动前进的。但现实是，突破性的发现，往往是靠许多科学家多年辛勤工作的积累。认可之前的成果，然后试图迈出合乎逻辑的下一步，新的发现才有可能应运而生。弗朗西斯·培根曾经说过，所有的创新，无论是社会的还是科学的，“都是时间而不是智慧的产物”[245]。换句话说，苹果熟了就会掉在地上，而与谁在旁边收获它无关。因此，如果某位科学家错过了某一特定的发现，其他科学家将会取而代之。毕竟，如果我们已经拥有一台蒸汽机和一艘船，要发明一艘汽船还需要等多久呢?

这可能是科学在很多重要方面与其他创造性活动不同的原因之一。如果米开朗琪罗或毕加索从未在这个世界存在过，艺术博物馆里我们为之赞叹的雕塑和绘画可能会有很大不同。同样，没有贝多芬，我们将不会有第五交响乐以及那与众不同的命运的敲门声。但是，如果哥白尼未曾在这个世界上存在，我们也绝不会得出有关太阳系的另一种不同描述，我们迟早会发现地球环绕太阳运行，而绝非是太阳绕着地球运行。

这对科学家来说有重要意义：苹果不会在意谁来收获它们，但对采摘苹果的人来说，能最先接近一个成熟的苹果是尤为关键的。如果科学是一场速度竞赛，由跑在最前面的人报告发现，那么科学的指数级增长就产生了一个重大的问题：不断增加的竞争会使科学实践更加困难吗?

答案并不是显而易见的。历史记录表明，消化并创建新知识的压力并不是新鲜事。比如在1900年，当皮埃尔·居里和玛丽·居里抢先发表有关放射性的论文之后，欧内斯特·拉瑟福德（Ernest Rutherford）写道："为了保持竞争力，我必须尽可能快地发表我目前的研究成果。"[246]或者想一想以下这则自白[12]。

> 这个时代的痼疾之一便是书籍的泛滥，它们充斥着这个世界的每个角落，以至于我们没有办法消化这么多无聊的东西，而它们还在每天产生并涌入这个世界。

巴纳比·里奇（Barnaby Rich）说这段话时是1613年，半个世纪之后第一本科学期刊才得以发行。显然，被现存的知识量击垮的那种情感经历，对知识不断增加而感到的恐惧，远早于我们这一代就已经出现了。那么，科学的实践真的变得越来越困难了吗？为了找到答案，让我们把成功的科学家所需经历的步骤拆解开来，分析其中每一步在这个大科学时代是怎样形成的。

快报的诞生

"快报"（letters）对于许多杂志来说是一种常见的出版形式，例如《自然》或《物理评论快报》。但这个标题看起来似乎具有误导性，这些"快报"通常完全就是研究论文，而不是像"letter"（来信）这个词字面上所表达的意义。那么，这个名称是从哪里来的呢？这要追溯到欧内斯特·拉瑟福德在通告自己的研究时所做出的一个实用的选择，而这个选择改变了我们今天传播科学知识的方式[247]。

在 20 世纪初，第一个做出发现已经成了科学研究的重要目标。然而，只有极少数期刊的出版频率能满足迅速传播新发现的需要[248]。一种能满足这种需要的期刊是《自然》，它每周发行一期，读者是欧洲（主要是英国）的科学家，也是拉瑟福德的主要竞争者和读者。他很聪明地开始利用“读者来信”（Letters to the Editor）这一传统上专用于评论他人论文的栏目，把它作为迅速宣告自己的发现并建立首发权的一种方式。如果你早在 1902 年就阅读了拉瑟福德所写的“读者来信”，你会发现它们的内容更像科学论文，而不是短评。这种特洛伊木马似的方法如此成功，以至于很快就被拉瑟福德的学生和同事如法炮制，其中的知名人士有奥托·哈恩（Otto Hahn）、尼尔斯·玻尔和詹姆斯·查德威克（James Chadwick）。到了 20 世纪 30 年代，奥托·弗里施（Otto Frisch）、利斯·迈特纳（Lise Meitner）以及同玻尔一道工作的“哥本哈根学派”物理学家都采用了这种方法，最终将“读者来信”这一栏目变成了我们今天熟悉的“快报”形式。

当一名科学家越来越难了吗

如今，要成为一位科学家，需要几个关键的步骤，不仅要获得适当的学位，而且还要获得能够使个人致力于科学研究的工作。快速增长的培训机会以及科学从业者数量都对这两个步骤有所影响。

获得博士学位

图 15-2 展示了在美国完成科学领域博士学位所需要的时间，表明这一过程在2007 年所需的时间仅比 30 多年前稍长了一点。尽管在 2007 年之前的 20 年，这一时间略有下降的趋势，但在生命科学和工程学，获得学位所需的平均时间仍然是6 ～ 8 年。事实上，大多数博士项目所声称的 5 年时间，对多数研究生来说只是一个梦想，仅有不到 25% 的研究生能设法在这一期限内完成学位要求[250,251]，而 55%的研究生需要 7 年甚至更长的时间。这些统计数据只计算了那些真正获得学位的个人，但掩盖了一个事实，即在美国开始博士学习的研究生有 40% ～ 50% 未能毕业[250,252]。

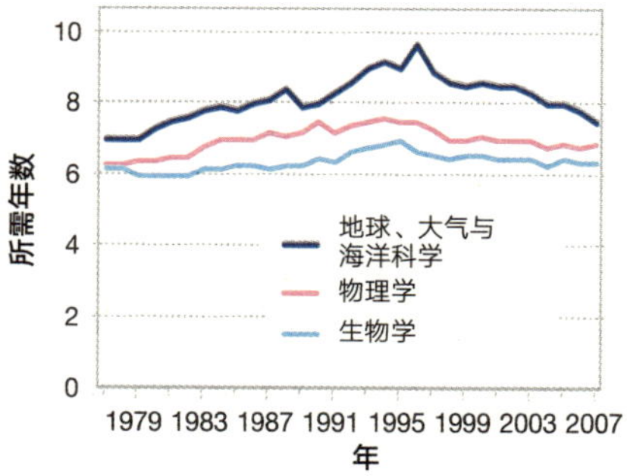

图 15-2　在美国获得博士学位需要多长时间

2007 年，完成理学和工程学博士学位的平均时间为 7.2 年[252]。

考虑到博士项目数量的迅速增加，考上博士似乎应该要容易很多。但为何获取博士学位却要花这样长的时间呢？各方面的数据表明，进入博士项目后，写出达到毕业要求的博士学位论文变得越来越困难。

比如就论文本身的长度而言，生物学、化学和物理学博士论文的平均长度在

1950—1990 年几乎翻了一倍，在 40 年里从 100 页飙升到差不多 200 页[76]。论文所包含的参考文献数量同样也在上升[253]，表明今天的研究论文建立在比以往更大的知识体量上。最后，作为胸怀远大的科学家职业生涯的重要里程碑，博士论文的要求也越来越高：将 1984 年上半年发表在 3 种主要杂志上的生物学论文，与 2014 年相同时段发表的论文进行比较，研究人员发现实验图表的插图数量（与论文一道发表的表和图）增加了 2 ～ 4 倍[254]，这表明，成功发表论文所需的证据量也有显著的增加。

这些统计数据清楚表明获得博士学位变得多么困难。然而，获得博士学位只是迈向成功的第一步。

获取学术职位

普赖斯的那句“80% ～ 90% 曾经在这个世界上存在过的科学家，现在仍然存在着”，令人印象深刻地证实了科研从业者数量的指数级增长。但并不是学术就业渠道的所有部分都得到同等迅速的扩展。比如，每年获得的理学博士学位的人数在 1998—2008 年增长了将近 40%，在构成“经济合作与发展组织”的 34 个国家中达到了 34 000 人[249]。但是，同样的 30 年，在这些国家的大学里，教师岗位数量却大多保持不变，甚至还略有下降（见图 15-3）[252]。

虽然并不是所有获得博士学位的人都打算谋求一个学术研究的职位，但如今，他们中的绝大多数人似乎都愿意选择学术研究，而不是在企业、政府，或非营利性单位工作。《自然》于 2017 年在世界范围内进行了一项调研，参与调研的 5 700 位博士生中，有将近 75% 的人更倾向于选择学术岗位，而不是刚才提到的非学术性工作[255]。对他们来说，图 15-3 所展示的趋势可能令人沮丧，一个稳步增长的博士群体不得不为数量有限的机会展开激烈竞争。

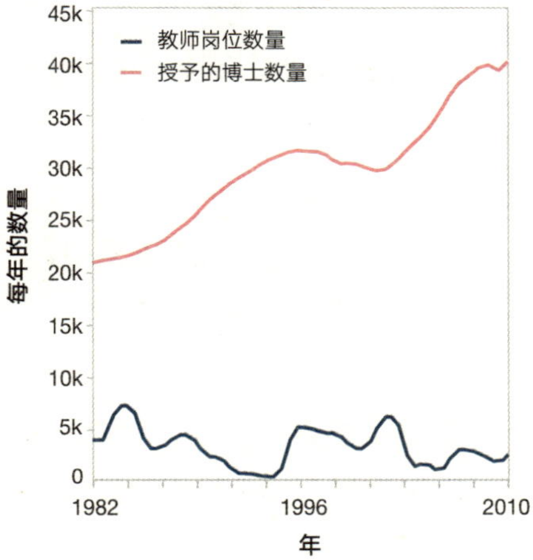

图 15-3　学术就业渠道

自 1982 年以来，理学和工程学（S&E）学科共授予了近 80 万个博士学位。这些毕业生要竞争约 10 万个学术教师岗位。每年授予的 S&E 博士学位数量，在这个时间范围内逐年上升，从 1982 年的 19 000 到 2010 年的 40 000。然而，每年所空缺的教师职位数量却保持不变，甚至还略有下降。2010 年，40 000 名博士在竞争约 3 000 个学术岗位[251]。

全世界的学术就业渠道

2009 年，美国大约有 19 733 名生命学科和物理学博士毕业[249]，该数字后续还在继续增加。但是，获得终身学术职位的博士比例在不断地下降，而企业的需求并不能够完全弥补这一缺口。1973 年，美国的生物学博士中，有 55% 的人在获得学位的 6 年之后获得了终身教职。而到了 2006 年，博士毕业生在 6 年后取得终身教职的比例降至 15%，但有 18% 拥有非终身教职。

在中国，博士学位获得者的数量也在猛增，2009 年所有学科获得博士学位的毕业生约有 5 万人，是美国的 3 倍。

但是，由于中国经济的繁荣，大多数博士学位获得者很快便在私营企业找到了工作。

日本同样寻求在科研上能与西方平分秋色。1996 年，该国政府宣布了一项雄心勃勃的新计划，要将日本的博士后数量增加到 10 000 名。

但是，日本政府几乎没有怎么考虑这些博士后研究人员的就业问题。即使政府曾经给予企业 400 万日元（约 47 000 美元）的补贴，用于雇用这些受过优秀教育的个人，但仍有 18 000 名博士后未能找到工作。

增加博士人数的一个后果就是，短期、非终身教职的博士后研究人员数量开始激增。美国博士后岗位的研究人员从 1979 年以来增加了 3 倍，在生命科学领域的增长尤为显著（见图 15-4）。尽管博士后推动了许多学科的科研工作，但他们的回报却不尽如人意。在获得博士学位 5 年之后，终身教职岗位或企业科研人员的工资中位数高于博士后的工资中位数。

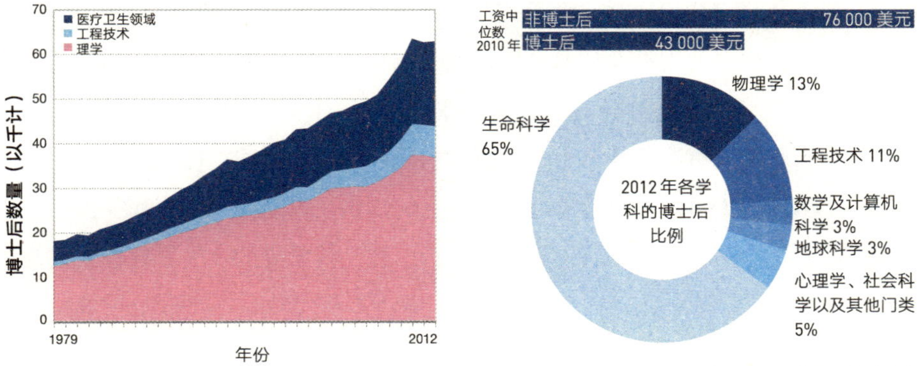

图 15-4 博士后的积压

美国博士后岗位科研人员的数量，从 1979 年以来增加了 2 倍多。绝大多数博士后来自生命科学领域。在所有研究领域，从获得博士学位后的前 5 年来看，博士后的工资中位数显然低于非博士后[256]。

找到一个全职的大学工作前景暗淡，这意味着许多科研人员不得不在学术研究之外寻求其他工作。但他们离开学术界后的发展又如何呢？为了回答这个问题，研究人员在 8 所美国大学采集数据，并将匿名人口普查中的就业和收入数据，与这些大学的研究生管理记录关联起来[257]。他们重点关注 2009—2011 年毕业的博士生，发现其中有约 40% 的人进入了企业，许多人在技术和专业服务行业中的大型高薪企业找到了工作。其中电子、工程和制药企业最受青睐。这些结果显示，离开学术领域的博士往往转投大型企业，他们工资的中位数超过 90 000 美元。相关研究还表明，科研人员在私营企业的总体失业率很低[258]。根据美国国家科学基金对博士学位获得者的调研数据，2013 年在美国拥有理学、工程学和卫生领域博士学位的人，总体失业率仅为 2.1%，而全国 25 岁及以上人口的总体失业率是 6.3%。

总之，这些数据表明，对于远航者来说，知识和机遇的海洋正在变得日益拥挤。在博士数量增加的同时，大学的空余岗位保持不变，竞争加剧导致博士后数量快速上升，更多的人离开学术领域，到其他领域寻求职业发展。但有一点很重要，即这种趋势未必对社会有害，对从事各类职业的科研人员来说同样不是坏事。迄今为止的所有迹象都显示，离开学术领域的博士们往往能找到充满成就感的工作。虽然他们可能不会创造学术意义上的知识，但是他们的工作往往会产生重要的专利、产品，以及创新的解决方案。因此，科学界的“失”往往会成为社会的“得”。

“苹果”越来越难以摘到了吗

我们在前面说过，苹果熟了就会掉下来，也就是说，一旦知识体量达到一个临界点，科学的突破便成为可能。但随着越来越多的人试图前来收获成熟的苹果，树上剩余的果实是否会变得更难采摘呢？更具体地说，做出新发现是否需要比以往付出更多的努力呢？

跟踪产出率的变化，能够帮助我们回答这一问题。经济学家将产出率定义为产出一件产品，如造一辆车或印一本书所需要的工作时间。在科学界，产出一件产品等同于做出一项新的发现，可以用写出一篇论文所需付出的工作量计算产出率。正如我们已经展示的那样，科学发现和科学从业者在数十年里都呈指数级增长。但每位科学家平均产出率的变化则取决于哪一种指数增长更快一些。如果科研产出率确实下降了，这将意味着需要更多的劳动力来取得突破，也就是说，科学研究可能变得更加困难。

想一想计算机行业的一个相关例子。1965 年，英特尔的合作创建者戈登 · 摩尔注意到，集成电路板（现在被称作芯片）上每平方英寸的晶体管数量，从它们被发明之后，每年都会翻一番。他预测这种趋势将一直持续到可预见的将来。摩尔的预测被证明是正确的：在将近半个世纪的时间里，芯片密度大约每 18 个月确实翻了一倍，代表了历史上最强劲的增长现象之一。但是，这种增长需要大量研究人员的共同努力[259]。为使今天的芯片密度翻倍，所需的研究人员数量比 20 世纪 70 年代初期增加了 18 倍多。因此，即使处理能力继续呈指数级增长，在开始产出新一代芯片时，研究人员的个人产出率也会暴跌。每一次新的发布都需要前所未有的大量人力资源。在各行各业都可以观察到同样的规律，从农作物产量到批准上市的新药数量[259]。这意味着，在这些行业里，指数级增长的进步掩盖了一个事实，“成熟的苹果”确实是越来越难找到了。

在科学界，虽然论文发表数量呈指数级增长，但是对物理学、天文学以及生物医学的论文进行的大规模文本分析显示，文章标题所用的独一无二的短语数量只呈现线性增长[260]。这表明，科学的认知空间，也就是近似于现存的独特的科学构想数量，可能要比科研产出的增长慢很多。

那么，科学正在失去动力吗？如本章所展示的那样，科研论文的指数级增长实际上伴随着科研人员数量的指数级增长。但是，如果在各个不同学科比较这两种增长的速度，包括从计算机科学到物理学，从化学到生物医学，我们发现前者与后者往往是接近的[4]。正如第 1 章所讨论的，科学界的个人产出在过去的一个世纪保持相对稳定，甚至在近年还略有上升。

当回头审视 20 世纪时，从内燃机到计算机再到抗生素，我们对前辈们所做出的发现和发明由衷地惊叹。这些领域的巨大进步可能暗示着收益的递减，因为那些甜蜜多汁的苹果已经被摘光了。然而，情况也许并不是这样。数据表明，我们已准备好在下一个 20 年，做出比整个科学史上已经做出的成果还要多的发明和发现。也就是说，即使经过一个世纪突飞猛进的发展，今天的科学仍比任何时候都更充满朝气和活力。

在一个世纪的指数级增长之后，科学怎么能够不知疲倦地继续快速前行呢？因为不同于一辆汽车或一个菌群，科学发展依靠的是创意。虽然汽车最终将耗尽汽油，细菌最终也将耗尽养分，但创意则是越用越多的资源。现存的创意将产生新的创意，很快它们就会成倍增长。因此，虽然我们进一步改进内燃机、计算机或者抗生素的能力确实可能会减弱，但我们在基因工程、再生医学、纳米技术，以及人工智能方面能有新的进展，这些领域将再次为科学和社会带来革命，以我们难以想象的方式开启全新的篇章。

16

论文引用量的差异

在尤金·加菲尔德（Eugene Garfield）的科学引文索引（*Science Citation Index*，简称 *SCI*）问世 50 周年纪念日时，《自然》与汤森路透合作，计算由 *SCI* 收录索引的论文总数，最后算出总共是 5 800 万篇[261]。如果我们只是将这些论文的第一页打印出来，依次叠放，其厚度将达到乞力马扎罗山的顶峰（见图 16-1）。

虽然这个高度无疑令人印象深刻，但更不同寻常的，是这座山峰所掩藏起来的科学影响力上的差距。如果我们按照每篇论文所获得的引用量来整理这些打印页，将引用最多的放在顶部，然后依次往下放，那么底下的 2 500 米（几乎是整座山峰的一半高度）由从未获得任何引用的论文构成。在另一端，顶部的 1.5 米包含了至少获得 1 000 次引用的论文。而在这座山峰最顶端的 1.5 厘米，则是引用量超过 10 000 次的论文，包含了科学史上一些最受认可的科学发现。

引用量也遵循二八定律

论文之间影响力的差别可以通过引用分布 $P(c)$ 反映出来，它代表一篇随机选择的论文有 c 次引用的概率。德索拉·普赖斯是第一个计算这一分布的人[262]，使用的是 20 世纪 60 年代初加菲尔德和谢尔（Sher）人工整理的引用数据[263]。德索拉·普赖斯手工清点了被引用 1 次、2 次、3 次一直到 N 次的论文数量。他发现大多数论文很少被引用，但少数论文的引用则要多得多。将这些数据绘制在曲线图中，他意识到引用分布近似于一个幂律函数：

$$P(c) \sim c^{-\gamma} \tag{16-1}$$

其中引用幂指数 $\gamma \approx 3$。

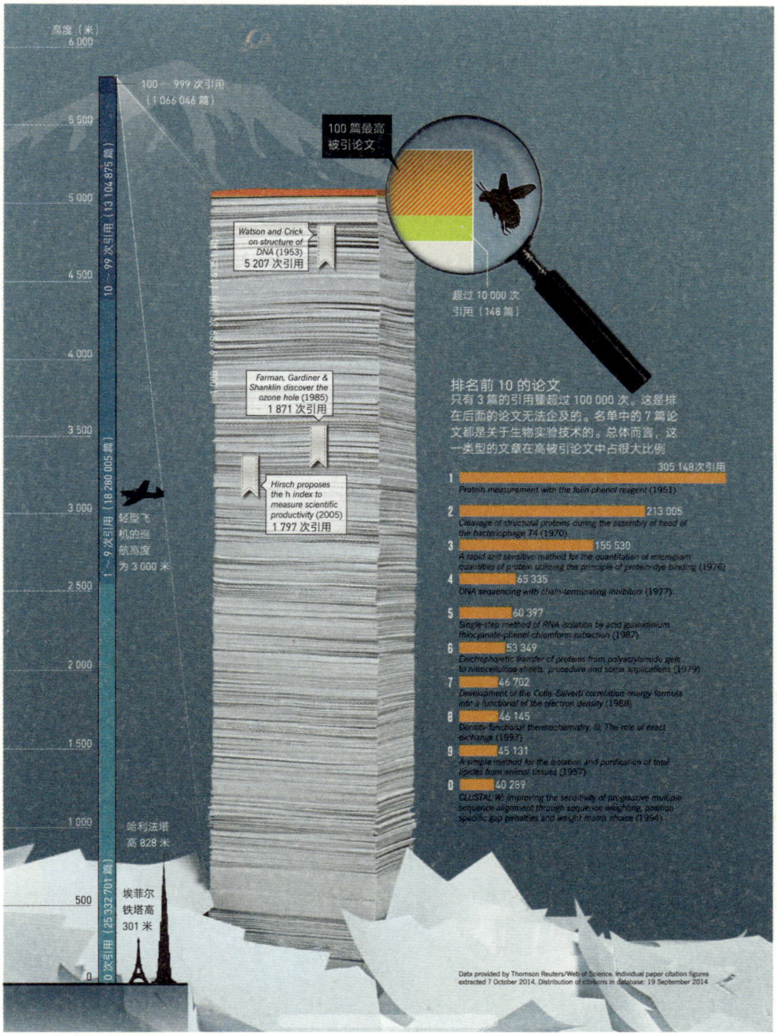

图 16-1　科学之山

如果你将截至 2014 年科学网收录索引的每一篇科研论文的第一页打印出来，它们叠放起来的高度几乎相当于乞力马扎罗山的高度。但只有最上端的一叠 1.5 米的论文能获得 1 000 次或更多的引用，仅有 1.5 厘米的最顶端的论文获得超过 10 000 次的引用。最顶端的 100 篇论文被引用的次数超过 12 000，囊括了有史以来一些最受认可的科学发现[261]。

自然界中大多数的量都遵循正态分布（也叫高斯分布），这种分布的形态通常被称作钟形曲线。比如，如果测量你所认识的所有男性的身高，你将发现他们的身高大多为 160 ～ 180 厘米。如果你将他们的身高绘制成一个柱状图，那么峰值会出现在此范围内的某个位置处，从峰值处向任意方向继续移动，取值都将迅速衰减。毕竟，你不太可能认识一个身高超过 2 米或不足 1 米的成人。从气体分子的移动速度到人类的智商等许多现象，都遵循相似的钟形曲线。

但是，像公式 16-1 的幂律则属于一种不同类别的分布，通常被称为“肥尾”分布。肥尾分布的主要特征是取值的高度差异性。比如，数以百万计的论文只有很少的引用量，它们与极少数获得数千次引用的论文同时存在（见图 16-2）。如果引用量也遵循钟形曲线，我们永远不会看到被如此大量引用的论文。确实，假设有一颗行星，它上面的生物的高度遵循肥尾分布。那么，这颗星球上大多数的生物将会很矮，不到 30 厘米，但偶尔也能碰到 3 000 多米高的怪物在街上走动。这个想象中的星球的怪异性，强调了引用量所遵循的肥尾分布和我们平时经常看到的钟形曲线之间的巨大差别。

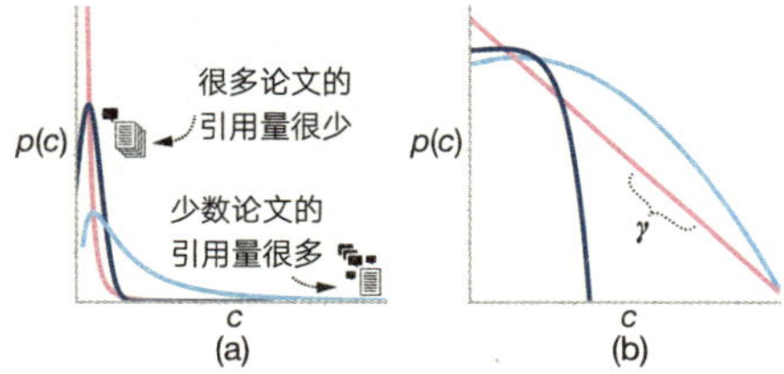

图 16-2　正态分布、幂律分布和对数正态分布

（a）幂律函数、对数正态函数与正态分布在线性坐标图上的对比。

（b）在双对数曲线图上显示同样的对比，有助于我们观察在高被引区间正态分布和肥尾分布的根本差别。幂律函数在双对数图里呈一条直线，斜率为幂指数 γ。对数正态和幂律分布在双对数图里看起来相似，有时很难将它们区分开来。

二八定律

幂律分布现象在收入和财富分配中十分常见。19 世纪的经济学家维尔弗雷多·帕雷托（Vilfredo Pareto），注意到意大利少数富豪拥有大部分财富，而绝大多数人只能挣到少量的钱。通过进一步观察，他得出结论，收入遵循幂律函数[264]。他的发现也被称作“二八定律”：20% 的人获得了 80% 左右的财富。

二八定律的不同版本适用于许多具有肥尾分布的量[68,265,266]。例如，在商业界，20% 的销售人员通常产生 80% 的销售总额；在互联网中，80% 的链接指向 15% 的网页[425]；在医院，20% 的病人贡献了 80% 的医疗支出。

引用分布的普适性

引用在不同学科之间也存在巨大的差异。例如，生物学论文常常收获数百甚至数千次引用，而一篇高影响力的数学论文则可能至多得到一二十次引用。图 16-3 描绘了发表于 1999 年的几个学科的论文引用分布，充分展示了这种差异。相比于一篇发育生物学论文，一篇航天工程论文获得 100 次引用的概率约为前者的 1/100。这种系统性的差异表明，仅仅比较不同学科两篇论文所获得的引用量是没有意义的。引用量少的航天工程论文，报告的可能是该领域的决定性发现；而引用量多的生物学论文，可能报告的仅是学科内渐进性的进展。

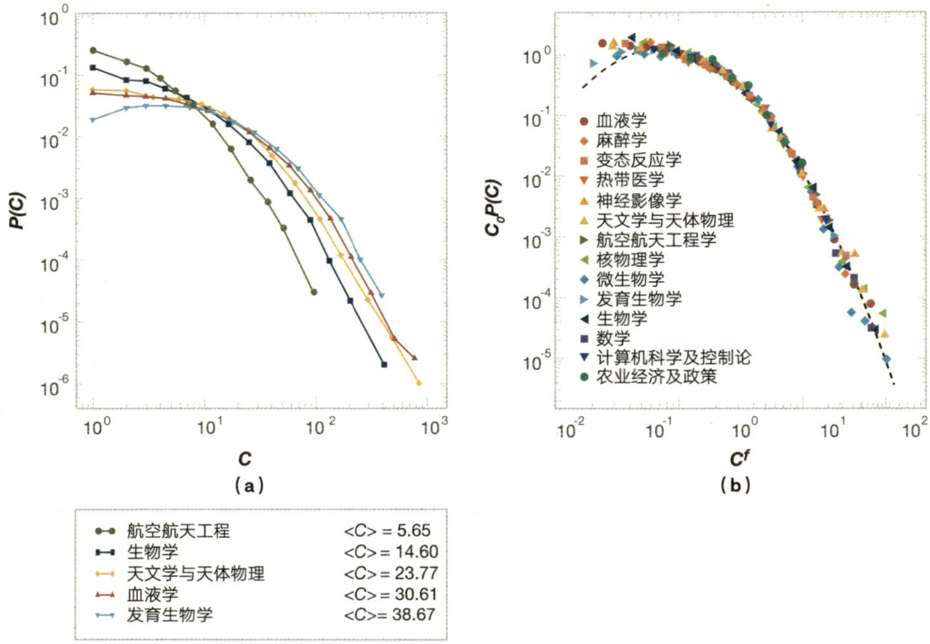

图 16-3 引用分布的普适性

（a）发表于 1999 年的论文的引用分布，按学科分类。图 16-3 显示，在多个学科中，一篇论文获得 c 次引用的概率 P（c）表明，在有些领域，如发育生物学，高被引论文比在工程学更为普遍。

（b）缩放后的引用分布，说明（a）显示的所有曲线按相同领域、相同年代的平均引用量 <c> 进行缩放后，都遵循相同的分布。虚线表示数据的对数正态拟合（公式 16-2）[43]。

要更清楚地了解一篇特定论文的影响力有多大，我们可以将它与其学科内的普通文章做个比较。用一篇论文的引用量除以相同领域、相同年代发表的论文的平均引用量，是一种对相对影响力更好的测量手段。当原始引用量以这种方式标准化以后，我们发现每个领域的分布都整齐地遵循一个单一的通用函数［见图 16-3（b）］。在图 16-3（a）中看起来如此不同的多条曲线，现在却收缩为一条曲线，这一发现反映了两个重要信息。

- 引用模式具有惊人的普适性。无论你发表的论文属于数学、社会科学，还是生物学领域，相对于自己本学科产生的影响力而言，你的论文究竟是稍差、普通，还是卓越的概率，与校园里其他所有建筑里进行的研究是相同的［见图 16-3（b）］。
- 普适性曲线很接近下面这个对数正态函数：

$$P(c) \sim \frac{1}{\sqrt{2\pi}\sigma c}\exp\left(\frac{-(\ln c-\mu)^2}{2\sigma^2}\right) \tag{16-2}$$

能描述引用分布的不同函数

像对数正态（公式 16-2）或幂律函数（公式 16-1）这样的肥尾分布在函数曲线上看起来极为相似（见图 16-2）。但我们怎么知道哪一种函数是最佳拟合呢？许多研究证明，各种不同的函数都能描述引用分布，从幂律函数[265-268]到平移幂律函数[269]，再到对数正态函数[43,268,270-275]，及至其他更为复杂的形式[276-280]。这些分布与数据拟合得多好，往往取决于研究所基于的论文数据库、发表年代、期刊、学者、他们的院系、学校以及原籍国等众多因素。支配不同形式 $P(c)$ 出现的机制，是一个热门的研究课题，我们将在下面章节进行讨论。

引用分布的普适性，为比较不同学科的科学影响力提供了一种简便方法。让我们关注两篇假想的论文：论文 A 是发表于 1978 年的计算几何学论文，迄今为止被引用了 32 次；论文 B 是 2002 年发表的生物医学论文，被引用了 100 次。尽管并不是同一领域的论文，但相对引用函数却能帮助我们比较这两篇论文的影响力。为此，我们要首先收集 1978 年发表的所有计算几何学的论文，算出它们的平均引用量，同样也将 2002 年发表的所有生物医学论文集中起来，计算对应的平均数。将论文 A 和 B 的原始引用量与它们各自领域和年代的平均引用量进行比较，就能得到各自相对影响力的评估指标，使我们能在两者之间做出无偏差的比较。

在附录 2 的表 25-1 中，我们计算了 2004 年所有学科类别的论文截至 2012 年的平均引用量。正如表中所示，某一特定学科领域的论文越多，每篇论文能够获得的平均引用量也越多，这可能是因为它在该领域被引用的机会要多一些。例如，平均引用量最高的论文大多属于生物学，基本都在 20 次以上，而引用量最低的大多对应工程和数学学科。即使同一学科也存在很大差异。例如，生物材料学作为材料科学的热门领域，其平均引用量为 23.2。而材料科学的另一个分支领域，材料表征和检测，其平均引用量仅为 4.59。有趣的是，这两个领域的论文数量差别并不太大（2 082 比 1 239），表明生物材料学论文往往被其他学科专业所引用。

科学的真相 The Science of Science

引用差异的扩大

发生在 2008 年的“占领华尔街”运动凸显了一个事实，美国全国人口中的 1%，拥有全国收入中高得不成比例的 15%。这表明巨大的收入差距遵循幂律分布这一事实。然而，有关这 1% 的争论，关注点不在财富的巨大量上，而是它随时间推移的增长趋势：收入差距在过去数十年中迅猛增加（见图 16-4）。

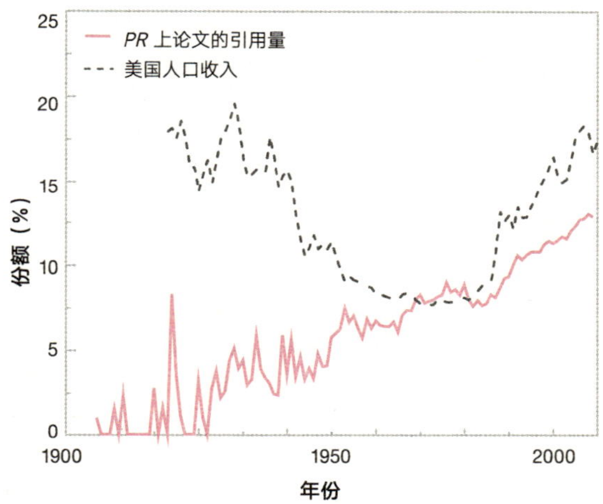

图 16-4 科学顶尖的 1%

1930—2010 年，美国收入最高的 1% 的人口的收入占比以及《物理学评论》（*PR*）上引用量最高的 1% 的论文所获得的引用份额。我们使用了 *PR* 论文库中发表于 1893—2009 年的 463 348 篇论文，确定每篇论文在发表 1 年之后对应的引用份额[281]。

由于引用量也遵循肥尾分布，在科学界同样会有影响力差异的大幅上升吗？为了回答这个问题，我们来看一看 *PR* 系列期刊从 1893 年开始，每年发表的论文引用量最高的 1%，测量它们在发表后第二年获得的引用量占总引用量的百分比[281]。物理学科的影响力差异在过去一个世纪中一直在稳步上升（见图 16-4）。

引用能反映什么

引用及基于引用的指标往往被用来量化某篇论文的影响力或质量。这些评价指标在科学政策以及对科研人员、机构还有研究领域的评价上，都起着至关重要的作用。例如，在聘用和批准终身教职以及奖项推荐时，往往要考虑引用量。此外，许多国家在做涉及资金和其他资源分配的决策时，也要参考引用量。由于用途广泛，人们很容易忘记引用仅仅是影响力或科研质量的一个代表。确实存在许多开创性的科学发现引用量相对很少的情况，而不那么重要的论文却能积聚数百次引用。下面是促成这种现象的一些原因。

- 归纳某一领域或主题研究现状的综述性论文，往往比普通论文更频繁地被引用，但其科学贡献与原创性研究相比，往往被认为是微不足道的[282]。
- 有时候引用不是在之前研究的基础上寻求进一步发展，而是对先前的论文进行批评或更正。它们可以被视为“负面引用”，但引用量并不区分支持性或批判性的文献参考[283]。
- 有些引用可能是“例行公事”，仅仅指出有其他研究存在，但并不能支持论文发现的主要论述。1968—1972 年，人们对《物理学评论》上 30 篇理论高能物理论文所做的人工核查表明，这样的引用占比相当大[284]。这意味着，虽然引用的计数方式相同，但它们在推动科学进步上起着不同的作用。

这引发了一些问题：引用量更高的论文真的就更好吗？引用在何种程度上能正确评估其科学影响力？或者，在职科研人员真正看重的是什么？有几项研究探讨了这些问题。总体来说，引用量与其他科学影响力或学术认可的评估结果，如奖励、名誉[285]、同事评价[286-290]以及作者对他们科研贡献的自我评估[282]，都具有正相关性。例如，在一项针对 400 名高被引生物医学科学家的调研中，研究人员问了他们一个简单的问题[11]：你的最高被引论文也是你最重要的论文吗？这一精英群体的绝大多数回答“是”，证明引用量确实是体现论文重要性被感知程度的重要衡量标准。

但是，该领域的其他研究人员也这样认为吗？如果我们在同一研究领域中挑选两篇论文，并排放在一起，给这一领域的研究人员看，询问哪一篇论文对他们的研究更有价值，他们会毫无疑问地选择引用量更高的那篇吗？

来自两个重点大学的近 2 000 名科研人员认真参与了这一实验。但实验结果并不那么一目了然[291]。这些学者的选择会有很大不同，主要取决于是否被要求评价自己的论文。如果提供的两篇论文都是研究人员自己的，他们基本上会选择被引用较多的那一篇作为更有价值的论文。但如果要求作者将自己的论文与他人的论文做比较，即使另一个人的论文是领域中引用量最高的论文，影响力甚至比自己的论文高出几个数量级，前者也会毫不犹豫地选择自己的论文。

这些结果表明，就像孩子都是自己的好一样，无论别人家的孩子多么讨人喜欢，当要求科研人员将自己的论文与别人的论文进行比较时，他们的感知就会进入盲区，使其对最重要的研究成果视而不见。

总而言之，这些调研结果似乎得出了两个相互矛盾的结论。一方面，科研人员无法避免偏见，特别是在涉及自己的研究成果时。另一方面，引用可能是一个有意义的衡量标准，因为它们与专家的看法高度一致。这表明，尽管存在缺陷，引用还是能够在评价科学影响力方面发挥关键作用。

但引用为何重要，还有另外一个更根本的原因：世界上没有哪位科学家能只手遮天，要求必须集中引用某篇论文[16]。我们每个人自主决定要站在谁的肩上，我们引用的是那些能激发研究灵感的论文，以及那些在发展构想方面起关键作用的论文。当所有这些个人决策集中起来，就形成了科学界在评价某篇论文的重要性上的集体智慧。某篇论文伟大与否不是某个人说了算的。科学界的其他人必须同样赞同，而每次额外的引用，就相当于一次独立的点赞。也就是说，科学影响力与你自己的感知无关，而与所有其他人的感知有关。

专利引用

引用同样有助于量化发明的重要性。当专利局发布一项专利时，它不仅包含了对学术文献的引用，也包括了对先前专利的引用。专利引用可以由发明者、他们的代理人，或专利审核人添加。就像科学界一样，具有最高引用的专利往往代表重要的发明[292,293]。但专利引用还要更进一步，它不仅代表着发明的重要性，而且还有它的经济影响力。例如，研究发现，拥有高被引医学诊断成像专利的仪器会吸引更多的需求[294]。拥有高被引专利的公司具有更高的市值[295]。更为重要的是，专利的商业价值与它的引用正相关，而且高度非线性。有一项在专利发明 20 年后针对专利所有人所做的调研。研究人员问道：如果能预知现在的情况，那你当时会为自己的专利开价多少？调研结果揭示了专利的经济价值和引用量之间一个令人印象深刻的、指数性的关系[296]：例如，拥有 14 次引用的专利，其估价是获得 8 次引用的专利的 100 倍。

17

适应度，最终决定论文影响力的高低

The Science of Science

为何大多数论文很少被引用，而少数幸运的论文又为何会一举成功？这些问题使人深感困惑。对于每一篇新的论文，作者会根据文稿的选题以及自己对文献的熟悉程度，仔细地选择需要引用哪些论文。然而，这些大量的个人决策却最终产生了高度稳定的引用分布，描述了跨越学科专业的影响力差异。引用的超级明星是怎样出现的？是什么因素决定哪些论文具有较高的引用量，而哪些论文默默无闻？为什么这些引用分布具有普适性，而与学科专业无关？

本章将向你展示，引用的超级明星和引用分布普适性，完全是因为引用由个人喜好和决定所驱动，这一事实也许与你的直觉相悖。尽管我们个人的选择千差万别，但科学界作为一个整体，其行为模式仍遵循高度可重现的规律。正因为如此，尽管看起来有无数的因素在制约每篇论文的影响力，但少数简单的机制便可解释极富影响力的论文的出现。

累计优势，“锦上添花”现象之源

没有哪位科学家能读完每年发表的百万量级的科学论文。因此，我们通常是在阅读其他论文，看到它们所引用的成果时发现了自己感兴趣的论文。这也导致一个有意思的偏差：某篇论文越被广泛地引用，就越有可能通过文献浏览被我们读到。由于我们往往引用阅读过的论文，高被引论文的身影自然就经常出现在参考文献列表中。这就是“锦上添花”现象的一个很好的例子，这一点与第 3 章介绍的马太效应相似。某篇论文的引用量越高，它将来继续被引用的可能性就越大。

就如同看起来那么简单，“锦上添花”机制本身就能够解释很大一部分科研论文的引用差异，以及引用分布独立于学科的普适性本质。德索拉·普赖斯于1976年首次提出的一个模型将这种现象规范化了，这个模型有时也叫作普赖斯模型（Price model），它包含了引用的两个关键方面。

- **科研文献的增长。**新论文的发表层出不穷，每一篇都会引用一些先前发表的论文。
- **优先连接。**作者选择引用某一特定论文的概率并不相同，而与该论文已经获得多少引用成比例。

正如在附录2中更为详细讨论的那样，具有这两个因素（增长和优先连接）的模型预测，引用遵循幂律分布，因而能解释实证观察中引用的肥尾属性。

科学的真相 The Science of Science

“锦上添花”现象

“锦上添花”现象在20世纪由多个学科独立发现，用于解释城市和公司规模、物种多样性、收入、词汇频率，及其他方面的差异[60,297,299-304]。最知名的是复杂网络背景下的版本[67,68]，巴拉巴西－阿尔伯特模型提出了优先连接这一概念，解释真实网络中枢纽节点的存在。它在社会学领域通常被称作“马太效应”，这在第3章中讨论过，而德索拉·普赖斯则将它称作累积优势[297]。

这种分析带给我们一个重要理念。很显然，论文影响力受多种因素影响，其中一些将在后面章节讨论。但是普赖斯模型能准确描述实证观察到的引用分布，说明如果我们的目标仅是解释引用肥尾分布的原因，那些额外的因素都不重要。增长和优先连接共同产生的锦上添花效应，足以充分解释所观察到的引用差异，并指出引用超级明星出现的原因（优先连接的出处见附录 2）。它还能解释，为何引用分布在差别极大的不同学科中具有如此的普适性：虽然学科与学科之间的许多因素可能不同，但只要存在相同的优先连接，便会产生相似的引用分布，与任何学科特点无关。

先发优势，不是推动引用量增长的唯一动力

普赖斯模型还有另外一个重要结论：一篇论文发表的时间越长，它获取的引用量就越多。这种现象在商业文献里被称作"先发优势"（first-mover advantage）。也就是说，某一领域出现的第一批论文，比后来发表的论文有更大的机会去积累引用。随后，由于优先连接，这些早期发表的论文将长期保持它们的优势。

这种预测在几个分支学科——如网络科学和成体神经干细胞[305]的论文引用分析中得到了验证。研究人员从中发现了明显的先发优势，其程度和持久性与普赖斯模型预测的结果非常相似。为理解这种优势的规模，我们看一看 20 世纪 90 年代末期出现的网络科学。发表于这一领域的首批 10% 的论文，获得的平均引用量是 101，而第二批 10% 的论文，平均引用量仅为 26。由于第二批论文是紧随第一批之后发表的，它们的差异可能并不是源于第二批论文累积引用的时间要更短一些。

科研人员往往将第一批论文视为这一领域的开创论文，这也许能解释它们的高引用量。第一个提出问题并引起科学界关注的科学家理应获此殊荣，无论这些

原创性结果是否能被后续的研究完美地重现。

但是，这些先行者偶尔也会被杰出的后来者所超越。例如，Bardeen-Cooper-Schrieffer（简称 BCS①）论文[306]，介绍了最早被广泛接受的超导理论。它对超导领域的贡献相对来说要来得晚一些。但通过一个简明的理论便解释了困扰该领域的一系列疑难问题，因此这篇论文很快就成了定义性论文，引用也随之而来。BCS 论文生动地说明了，先发优势并不是绝对的。它激励我们去思考这样一个问题：如果仅仅只有锦上添花，那么后来者如何能够成功呢？

要回答这个问题，我们必须认识到，优先连接并不是推动引用量增长的唯一机制。还存在其他的机制，决定了哪些论文在科学文献中受万众瞩目，而哪些论文则鲜有人问津。

适应度，后来者居上的秘密

虽然普赖斯模型非常简明，但它忽略了一个确实可能影响引用累积的关键因素：并非所有论文的贡献都同等重要。的确，论文的新颖性、重要性和质量都存在巨大差异。比如，有些论文报告了令人极其震惊的发现，改变了当前通行的研究范式；另外一些，如 BCS 论文，则澄清了一个庞大且活跃的研究领域里长期存在的种种困惑。但是，这样的论文却与那些仅仅重复旧观点或推出不成熟理论的论文比肩为伴。论文在发表渠道、读者规模以及贡献性质（如综述论文和方法论文往往比常规研究论文更易被引用）方面也有所不同。也就是说，论文在获取引用的内在能力上各有差异，每一篇都有一组内在的属性决定其相对于其他论文

① BCS 论文以论文作者巴丁（Bardeen）、库珀（Copper）和施里弗（Schrieffer）的姓氏命名。——译者注

的影响力。我们将这一组属性称作适应度（fitness），这一概念源自生态学和网络科学[307]。

普赖斯模型假定，一篇论文的引用增长率仅仅取决于它当前的引用量。在这个基本模型上，让我们再假定，引用量是由优先连接和论文的适应度共同驱动的。我们将此称作适应度模型[307,308]，或者比安科尼–巴拉巴西（Bianconi-Barabási）模型，它包含了以下两个要素（详情请见附录 2）。

- **增长。**在每个时间步长中，一篇具有一定数量参考文献和适应度 η_i 的新论文 i 得以发表，其中 η_i 是从分布 $p(\eta)$ 中选择的一个随机数。论文的适应度一旦给定就不随时间变化。
- **优先连接。**新论文引用现存论文的概率与论文 i 当前的引用量及其适应度 η_i 的乘积成正比。

在这里，论文的引用不仅取决于现有的引用量，还取决于它的适应度。对于两篇具有相同引用量的论文，适应度高的那篇将有更高的概率获得更多的引用。因此，适应度的出现能确保，即使是一篇相对较新、最初引用较少的论文，如果其适应度比其他论文高，也能迅速获得更多引用。

科学的真相 The Science of Science

引用中对数正态分布的来源

正如我们在第 16 章讨论的那样，几项最近的研究指出，引用分布有时更符合对数正态分布。虽然对数正态形式与普赖斯模型（预测幂律分布）并不一致，但它可以通过适应度模型予以解释[307]。如果每篇论文都有相同的适应度，由于优先连接，引用将遵循幂律分布。但是，如果论文的适应度不同，那么潜在的适应度分布 $p(\eta)$——我们从中提取出赋予每篇论文的适应度参数，将确定引用分布的形态。比如，如果基于适应度的有界性而假设 $p(\eta)$ 遵循正态分布，那么适应度模型预测引用分布会遵循对数正态分布[273]。我们将在第 18 章估测论文的适应度。届时，我们会看到，适应度分布确实是有界的，与正态分布非常相似。这表明，如果希望解释实证观察中的引用分布，我们不能忽视这一事实，即论文具有不同的适应度。

适应度的差异，可解释后来者为何能超越那些论文引用量遥遥领先的功成名就者。一篇强有力的论文可能在游戏中亮相稍晚，但尽管如此，它却能在较短时间内获得大量的引用。不同于普赖斯模型（该模型预测所有论文的引用以相同的模式增长），适应度模型预测，引用的增长速度与论文的适应度 η 成正比。因此，一篇具有更高适应度的论文，将以更快的速度获得引用，如果时间足够长，它最终能把发表时间更早但适应度更低的论文甩在身后。

但怎样才能写出一篇高适应度的论文呢？

18

创新与报道，改变科学影响力的两个因素

The Science of Science

如果我们假定，一篇论文的科学影响力大致可通过对它的引用量来体现，那么影响力分布的肥尾形态遗憾地表明，大多数论文几乎没有任何影响力。实际上，仅有极小部分的文献会影响某一领域的发展。正如前一章所展示的，某些创意能产生重大影响，高适应度在其中起到了关键作用。但什么因素能预测高适应度呢？怎样才能把科研成果的影响力发挥到极致呢？本章将关注两个不同因素在其中的作用，它们分别是论文的内部因素和外部因素，即创新和宣传。

创新的涌现和科学影响力的关系

虽然影响某篇论文的适应度的因素有很多，然而有一个因素尤为受关注，那就是创新。创新究竟是什么？我们怎样衡量科学创新呢？创新会增强或者损害论文的影响力吗？

对创新的衡量

正如第 3 章所述，新的创意通常综合了现有的知识。例如，很多发明往往通过整合已存在的创意或过程，进而创造出具有原创性的东西（见图 18-1）[309]。汽船是帆船和蒸汽机相结合的产物，而世界上第一辆汽车，奔驰专利 1 号，则由一辆自行车、马车车厢以及一个内燃机组成。即使是你口袋里的智能手机，也只是组合了许多先前存在的部件和特征：内存、数字音乐、移动电话、互联网接入以及轻量型电池。

图.18-1 新的创意往往是现有创意的原创性组合

建造于 1885 年的奔驰专利 1 号车被视为世界上生产出来的第一辆汽车。卡尔·本茨（Karl Benz）在 1886 年 1 月 29 日为该车申请了专利，它的德国专利号是 37435。奔驰专利 1 号车结合了三项已经存在的创意：自行车、马车车厢和内燃机。

新发明往往由现有技术重新组合而成，这一理论在对美国专利的分析中也得以证实[310]。美国专利局通过使用统一的技术编码方案，按照类和子类对每一项专利进行分类。比如，苹果公司的产品 iPod 曾取得一项原创专利 [US20030095096A1]，其中史蒂夫·乔布斯也为其发明者之一，它的类 - 子类编码对是 345/156，这表示它是由 345 类（计算机图像处理和选择性视觉显示系统）和 156 子类（显示外设接口输入设备）组成的。研究人员分析了 1790—2010 年所有的美国专利，发现在 19 世纪，美国颁发的近一半专利属于单编码发明，即应用单一技术而不是整合多技术领域的发明。与此相对的，当前 90% 的发明至少组合了两个编码，表明现在的发明越来越成为一个组合的过程。

发明创造具有组合性，这一视角为我们提供了一种科学创新的量化方式。的确，科学论文从众多的期刊中选择参考文献，这些期刊指明了创意源自哪一领域[92,311,312]。有些组合是意料之中的，而另外一些则很新颖，偏离了常规思路。

如果某篇论文引用了两种很少同时出现的期刊，这可能意味着该论文提出了一个基于已有研究的新颖组合。以《生物化学杂志》(*Journal of Biological Chemistry*) 刊载的一篇 2001 年的论文[313]为例，该论文确认了一种与已知的抗精神疾病药物相互作用的蛋白质，并利用这一发现确定了其他生物效应。它的文献列表首次囊括了两种期刊《基因表达》(*Gene Expression*) 和《临床精神医学杂志》(*Journal of Clinical Psychiatry*)[314]，表现出一种基于先前知识的创新性组合。与此同时，这篇论文频繁引用的其他期刊，如《生物化学杂志》和《生化杂志》(*Biochemical Journal*)，也在其他文献中被同时引用，这种传统搭配反映了该领域内的主流思想。

创新悖论

从一系列广泛调查中获得的证据一致表明，科学出版物或者专利发明中不常见的组合，通常意味着论文或发明有更高概率获得高影响力。换句话说，伴随创新而来的，还有不断增加的能够一举成功的机会。这个发现也证实了跨学科研究[426]的一个关键前提[315-317]——通过组合先前毫无关联的构想和资源[5,317,318]，不同领域和思维方式得以交互作用，最终形成了富有成果的发现。

虽然新颖的创意常常带来高影响力的成果，但它们同样也可能导致较高的不确定性[311,319,320]。事实上，极其新颖的创意和组合既可能带来突破性进展，也可能带来失败。例如，对超过17 000项专利进行分析后发现，合作者专业领域之间的差异越大，其结果的波动性越大；差异巨大的专利会比普通专利有更大的不确定性，或者产生突破，或者导致失败（见图18-2）[320]。

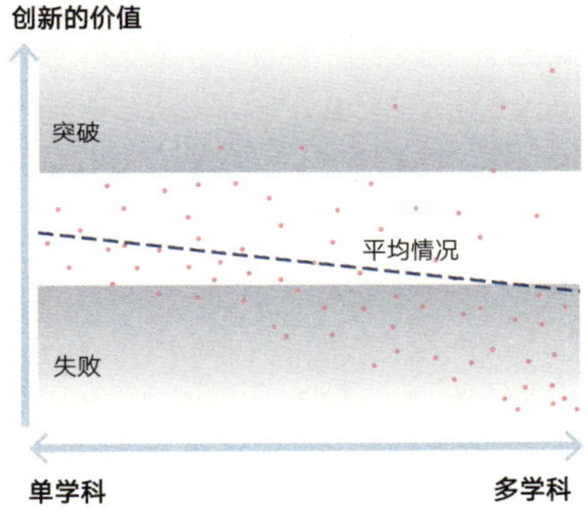

图 18-2 专利中的多学科合作

当发明者之间的合作更具多学科特点，他们专利的整体质量会有所下降。但多学科合作增加了结果的不确定性，意味着失败和突破都更有可能[320]。

同样，如果某篇论文的参考文献中包含新颖的期刊组合，那它们就更有可能成为该领域内引用排名前1%的论文。但同时，它们也承担更大的风险，可能要花更长的时间才能开始累积更多引用[311]。在学术界产生（或无法产生）何种创新方面，创新固有的较高风险可能起着关键作用。例如，在生物化学领域，研究无人涉足的一对化合物之间的化学关系，比起关注研究得已经很透彻的化合物就更具创新性，而且这样的策略的确更有可能获得较高的影响力。但是，探索这种以前无人尝试的组合，失败的风险也非常高，正如一项分析所评估的那样，这额外的奖励似乎不足以成为冒险的理由[319]。

新颖的创意在影响力上的高变数，可能源自人类对创新的偏见。对科研基金申请的分析显示，在研究工作真正实现之前，科学家们对创新的概念往往持有偏见。在美国一所一流的医学院里，研究人员随机指定 142 名世界级的科学家评审 15 份科研基金申请书。与此同时，研究人员计算了每份申请书中罕见的关键字组合出现的次数[321]。例如，包含“I 型糖尿病”和“胰岛素”关键字组合的申请较为常规，而包含“I 型糖尿病”和“斑马鱼”的申请，则呈现了一种文献中少见的新颖组合。但是，较新颖的申请在评估时，会或多或少更受青睐吗？研究人员发现，相比创新性不那么高的申请，创新性高的申请获得的分数整体偏低。即使是名义上的“跨学科”项目也避免不了类似的偏见[322]。一项研究对一个澳大利亚基金项目收到的全部 18 476 份申请书进行了分析，包括申请成功的和申请失败的，研究人员查找并界定了每份申请中出现的不同学科领域的具体数量，并以这些领域之间的学科距离对每份申请进行加权。结果显示，研究计划的跨学科性越强，获得资助的可能性越低。

这就使我们处于一种矛盾的境地。很显然，创新对科学来说是必不可少的，新颖的构想理应获得高分。然而，基金申请中观察到的对创新的偏见则表明，具有创新精神的科学家往往一开始就难以获得验证这些创新思想所必需的资助。而且，即使他获得了资助，新颖的创意也比平庸的构想更有可能失败。

怎样才能改善这种矛盾呢？最近的研究提供了一个重要见解：平衡好创新与常规。想想达尔文，他专门在《物种起源》的第一部分叙述有关狗、牛和鸟的选育这类非常传统、被广泛接受的知识。他的这种方式揭示出许多取得重大影响力的高适应度构想所拥有的一项基本特征：它们往往立足于先前研究成果的传统组合，同时也融入迄今为止还未被组合的、非典型的知识。研究人员在分析了 1 790 万篇包含所有学科领域的论文后发现，相比于普通论文，那些既能推出创新组合，同时又能继承传统研究成果的论文，其成功的概率至少高出两倍[92]。这些结果表明，当创新性与熟悉的传统思维结合起来时，它就会特别具有影响力[92,323]。

报道可以提升你的“能见度”

媒体报道会扩大论文在科学上的影响力吗？我们是否更可能引用大众媒体报道过的论文呢？为了回答这些问题，我们来看一家主流新闻媒体《纽约时报》。

由于涉及人类健康的论文通常会引起大众的兴趣，研究人员在一项研究中，关注在《新英格兰医学杂志》（*New England Journal of Medicine*）上发表的论文是否会被《纽约时报》报道。他们比较了在该杂志上发表的论文被《纽约时报》报道和没有被《纽约时报》报道时，两者的引用量[324]。总体来说，被《纽约时报》报道过的论文在第一年所获得的引用量，比没被报道的那组论文高出了72.8%。

但是，我们能够将这一巨大的影响力差异归结为《纽约时报》的报道吗？《纽约时报》有没有可能只报道一些优秀的论文，而它们即使未被报道也能获取同样多的引用？一项自然实验帮助研究人员找到了更加明确的答案。《纽约时报》员工在1978年8月10日至11月5日经历了12周的罢工，在此期间，该报继续刊印，但缩减了版面，仅作为一种“记录版本”留存，并未公开发行。也就是说，在罢工期间，报社继续安排了它认为值得报道的文章，但读者却并不知道这些信息。研究人员发现，引用优势在此期间完全消失，那些被《纽约时报》挑选出来准备报道的文章，在引用量方面并不比没被挑选的文章表现更好。因此，吸引眼球的论文所具有的引用优势，不能仅仅解释为它们有更高的质量、新颖性，或者大众吸引力，媒体报道本身也是原因之一。

要理解为何媒体报道有助于提升引用量并不难。媒体报道扩大了受众对于信息的接触范围，潜在地使更广泛的研究人员得以获知相关发现。它也有可能充当一种认证标志，增强了论文在学术群体中的可信度。但也许最根本的原因还在于，媒体报道往往是报道好的消息。确实，电视台或者报刊无意对科学问题进行查证或保持平衡的态度，当媒体选择利用有限的播出时间或笔墨来报道某项科学研究时，它通常是把被视作真实的、有趣的以及重要的发现展示出来，毕竟，如果它们不具备这些特点，为什么还要浪费观众和读者的时间呢？

媒体偏见和科学

媒体在传播科学进程中的重要作用引出了一个关键问题：媒体能提供平衡的报道吗？对医学研究的媒体报道进行的调查显示，新闻记者仅仅喜欢报道最初的发现，而许多这样的发现都被后续的研究和元分析否定了。当这些最初研究被否定时，记者却往往没有告知公众[325,326]。一组研究人员调查了 5 029 篇有关疾病风险因素的论文，以及媒体对这些论文的报道情况[326]。他们发现，有关疾病风险和防控之间的正向关联的研究，往往会被广泛报道。例如，研究表明某种东西可能致癌，或者某种行为可能有助于避免心脏病。与此相反，对于未发现有明确关联的研究，媒体基本上不会有任何兴趣。此外，如果后续分析未能重现此前曾被大量报道过的正向关联，那么这些后续研究结果也基本上不会再被提及。这种现象令人担忧，因为研究者发现，在报刊报道过的 156 项最初被描述为具有正向关联的研究中，仅有 48.7% 被后续研究所支持。

这暗示了媒体和科学之间的主要冲突：虽然媒体试图报道最新的科学进展，但在科学界，科学研究的完整性才是最重要的。单独一项研究几乎永远不能确切地证明或者否定某个结果，也不能证实或者质疑某种解释[327,328]。一篇论文最初的发现越是新颖，反驳起来就越是容易[8]。

就像对疫苗接种的报道所揭示的那样，媒体对于简单的初步结果的报道偏好，可能会带来严重的后果。目前，美国的许多父母拒绝让他们的孩子接种麻疹、流行性腮腺炎和风疹的三合一疫苗（MMR），害怕疫苗会引起孤独症。为什么他们会相信这个传言？这种恐惧来自安德鲁·韦克菲尔德（Andrew Wakefield）于 1998 年发表在《柳叶刀》上的一篇论文[329]，该论文被全世界的媒体广泛报道。但是，最初的研究样本仅为 12 名儿童，后续研究全都未能证实该疫苗和孤独症之间的关联。而且研究人员后来发现，韦克菲尔德篡改了他的数据，因此这篇论文被撤稿。《柳叶刀》还附上一个明确的声明，证实原始研究存在有意的弄虚作假。韦克菲尔德后来被吊销了行医资格证。然而，尽管韦克菲尔德的发现受到科学界的广泛驳斥，他本人也因此声名狼藉，但媒体对他的结论的报道引起了美国、英国和爱尔兰疫苗接种率的下降。

媒体只对科学进行正面报道，这会严重影响公众对科学的认知。但是，用于确保科学研究准确和诚实的制衡机制，是由科学家来维护的。科学批评和反驳以多种形式出现：一些仅对原始结论提供不同的解释，另一些则可能对部分研究提出反驳。多数情况下，反驳旨在凸显已发表论文的实质性缺陷，充当这些科学研究通过同行评审之后的第一道保险。在这一点上，我们似乎终于有了一种负面宣传。但这些批评和反驳会降低论文的影响力吗？如果有的话，又有多大影响呢？

对论文的有效性提出质疑的评论，往往会被视为“负面引用”，表面上好像使原论文在科学同行的眼中变得不那么可信了。因此，我们可能觉得这类论文的影响力会下降。然而，研究结果显示的情况恰恰相反：受到评论的论文不仅比未受评论的论文引用量更高，还明显更有可能成为期刊中引用量最高的论文之一[283]。

对负面引用的研究发现了同样的结果。负面引用是指明确提出先前研究的局限、不一致，或存在缺陷的文献参考[330]。利用从《免疫学杂志》(*Journal of Immunology*) 提取的 15 000 条引用制作的训练数据集，并且在 5 位免疫学专家的帮助下对这些引用加以“负面”或“客观”的分类标注，研究人员运用机器学习和自然语言处理技术识别负面引用。他们分析了这个期刊的 15 731 篇论文，发现负面引用仅仅对论文长期积累的总引用量造成了轻微的影响，随着时间的推移，受批评的论文继续获得引用，最后表明，受到负面关注比默默无闻要好得多。

总之，这些结果表明：评论和负面引用起到的作用似乎与它们的本意相反；它们成了论文影响力的早期信号。为什么这样的负面报道反而会提升论文的影响力呢？

主要原因是选择效应：科学家往往不怎么愿意花时间，为说服力不强的和无关紧要的结果撰写评论[331]。因此，只有具有潜在重要性的论文才会首先引起足够的关注从而获得评论。另外，虽然评论和负面引用是批评性的，但它们往往会对结果提出更加细致的理解，更进一步探讨论文所述观点，而不是简单地否定其关键发现。再者，评论还会为论文带来关注，进一步提高它的知名度。看起来，即使在科学界，负面新闻也是新闻。

19

科学的时间维度

亚历山大图书馆有一个简单但雄心勃勃的目标：收集当时现存的所有知识。图书馆建立在埃及亚历山大的东港，克里奥帕特拉女王（Queen Cleopatra）① 第一次见到尤利乌斯·恺撒的地方。该图书馆依靠一种独一无二的方法来丰富它的收藏：每一艘驶入繁忙的亚历山大港的船只都会被搜查书籍。只要发现一本，便当场将其没收并带回图书馆，然后由抄写员把书逐字誊抄下来。书籍的合法拥有者最终会得到抄本和足够的补偿，而图书馆则保留原本。尽管史学家一直在争论该馆设法累积起来的书籍的精确数目，但据估计，它在鼎盛时期拥有接近 50 万卷藏书，当然，那是在公元前 48 年尤利乌斯·恺撒把图书馆全部烧毁之前。

想象一下，假如你现在正在亚历山大图书馆，看着大火慢慢地向这座建筑蔓延过来。你的周围是这个世界上最伟大的知识宝藏，你知道它将很快化为灰烬。还有时间冲进去，把一些书卷抢救出来，但你应该去拯救什么样的书卷呢？取走那些最古老的书卷吗，因为里边的思想经历过时间的考验？或者直奔最新的文献，因为它们集合了过去知识的精华？或者可能会随意挑选一些文献。大火正在逼近，时间正在流逝，该怎么办？

明日的发现必然建立在过去的知识之上。但我们要回溯多远才能找到那些足

① 也被称为埃及艳后。——译者注

以作为基础的知识呢？另外，在饱受岁月摧残的成果最终变得毫无意义之前，人们还愿意引用它们的时间还剩多少？

这些就是本章将要探讨的问题。我们将准确指出旧知识和相对较新的知识如何进行独特的组合，才最有可能产生新突破。在这一过程中，我们将看到，对过去知识的汲取，实际上遵循着十分清晰的模式。同时，我们也将探讨这些模式怎样塑造未来的科研话语。先来考虑一个简单的问题：对于已有知识的探究，科学家一般会回溯多远呢？

是站在巨人的肩膀上，还是关注最新的成果

“如果说我比别人看得远一点，那是因为我站在了巨人的肩膀上”，牛顿的这句名言表明，经受过时间检验的早期科研成果是新发现的基础。但弗朗西斯·培根对此持不同观点[245]。他认为，新的科学发现是时机成熟的必然产物。如果培根是对的，那么驱动科学突破的应该是最近的研究成果。因此，如果不想与科学发现擦肩而过，最好紧紧把握知识的最新动态。

谁才是正确的，牛顿还是培根？检测这两种理论的一种方法是，通过测量论文及其参考文献发表年代之间的时间间隔，来了解科研论文中参考文献的年龄分布情况。这种方法已经有很长的历史：图书管理员常会通过查看文献的年代，以确定哪些旧期刊需要下架以腾出书架的空间[332]。

图 19-1 显示了某篇论文对 t 年之前发表的论文的引用概率。这一分布生动地证明了科学的短视特征：大多数参考文献都指向最近两三年发表的论文。人们可能会辩称，这是因为最近几年发表的论文比之前更多[297,333]。但是，即使我们考

虑了文献数量的指数级增长，其分布也依然会快速地随时间衰减。虽然学者们确实经常追寻 20 多年前的知识“陈酿”，但引用早期科研文献的概率下降得非常迅速。

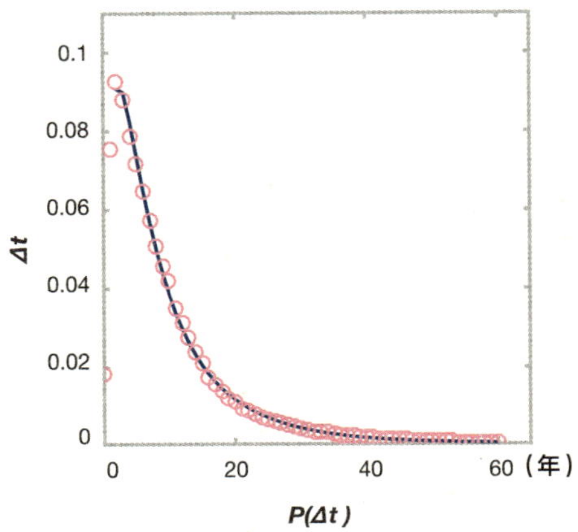

图 19-1　引文的年龄

要想了解新知识来自何处，可以观察（与论文相比）论文的参考文献有多老。针对 2010 年发表的论文，研究引文的年龄分布表明，峰值在两年左右，之后便快速下降。很多研究都致力于如何精确地描述引文年龄分布的特点。用典型的元分析法对 20 多项科学研究进行统计，证明参考文献的年龄分布非常适合用指数分布来描述[297]。一项最新的分析表明，具有指数截断的对数正态分布是最佳的拟合[253]，在图中以实线表示[253]。

图 19-1 的分布反映了科学家共有的文献采集模式，表明我们往往严重依赖于最近的信息，同时也偶尔会摄取一些较老旧或者说经典的知识。但科学家在怎样选择过去的知识方面可能会存在个体差异，这就引发了一个问题：不同的信息采集方式能预测论文的影响力吗？有没有一种搜索策略特别适用于推动未来的科研突破呢？

科学发现的热点

假设有 4 篇论文，对过去文献的引用方式各有不同（见图 19-2），哪一篇会有最高的影响力呢？我们对它们逐一进行分析。论述深入的论文［见图 19-2（a）］主要引用年代久远的文献，研究是建立在确立已久的、经过充分验证的经典文献的基础上的。相比之下，图 19-2（b）中的论文，只是从目前正引起科学界关注的最新的热门课题中寻求参考。图 19-2（c）的论文组合了这两种类型的优点，将新老知识审慎结合，重点放在新的科学发现上。图 19-2（d）中的论文参考文献的年龄分布则比较均匀。

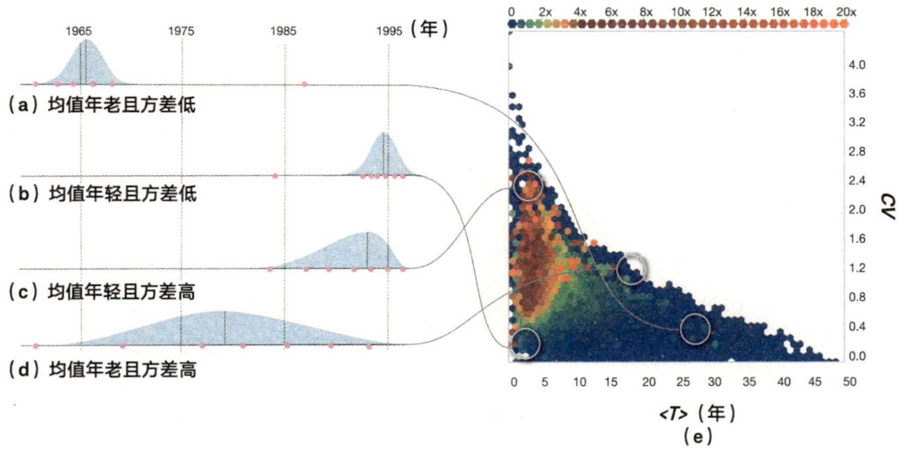

图 19-2 知识热点预测高影响力

（a）～（d）每篇论文特有的潜在信息搜索模式。（e）显示为红色的热点，反映的是参考文献的平均年龄 <T> 较低和年龄的变异系数 CV 较高的“热门”论文（基于 1995 年发表的 N = 546 912 篇论文）。背景概率是任意论文引用量在其领域内排前 5%（热门论文）的可能性。热点区域的论文成为热门论文的概率平均比背景概率中的论文要多两倍。值得注意的是，75% 的论文是在热点区域之外，它们成为热门论文的概率并不比随机情况下更高[334]。

哪种策略会带来最大的影响力？为了回答这个问题，一个研究团队分析了科学网上超过 2 800 万篇论文，并为每篇论文设定两个参数[334]：参考文献的平均年龄（*<T>*）以及参考文献年龄分布的变异系数（*CV*）①，反映了这些文献的年龄分布情况。随后，研究人员还统计了每篇论文在发表 8 年之后的总引用量，如果能在其所属分支学科列入前 5%，他们即认为这是一篇高影响力论文（即热门论文）。

<T>、*CV* 和影响力之间的关系反映在图 19–2（e）的热力图中。每一个点都对应着发表于 1995 年的论文的 *<T>* 和 *CV* 值，颜色则反映了具有 *<T>* 和 *CV* 的论文成为热点论文的概率，这两个值明确了科学发现“热点区域”的边界。从图 19–2（e）中可得出三个结论。

- 具有低 *<T>* 值和高 *CV* 值的论文居于热点区域的中部，其影响力最高。也就是说，参考文献大多专注最前沿的知识，但同时也广泛结合了新旧知识，这样的论文［见图 19–2（c）］往往会获得最多的引用。这一类论文成为学科内最成功论文的概率，比随机选取的论文高了 2.2 倍。
- 参考文献仅仅集中在新知识［即低 *<T>* 值和低 *CV* 值，见图 19–2（b）］的论文，影响力出乎意料的低，几乎没有超过随机预测的概率。这表明，人们惯有的对最近成果的偏爱可能具有误导作用，新的参考文献只有以旧的参考文献作为有效补充时才最有价值。
- 参考文献集中在陈旧过时知识上的论文［高 *<T>* 值、低 *CV* 值的论文，见图 19–2（a）］，其影响力尤其低。它们成为自己学科里成功论文的概率是随机情况的一半。由于这一范畴的论文大约有 27%，因此这一点极不寻常。

① 变异系数，又叫离散系数，为标准差与均值之比。变异系数的优点是不需要参照数据的平均值，可用于比较均值不同的数据的波动。——译者注

图 19-2（e）表明，处于学科最前沿是获得未来影响力的关键，但只有在兼顾更早成果的情况下才会起作用。仅仅依靠最新知识，相当于投掷飞镖来确定论文的影响力，无异于任由运气摆布。另外，影响力最低的论文是那些拘泥于过去，将研究完全建立在陈旧过时的知识之上，而忽视最新发展的论文。这些绝非是泛泛而谈的笼统概括：按研究领域对数据进行分离后，发现在几乎所有分支学科都存在相似的热点模式。更重要的是，引用模式的这种影响在最近数十年已经越来越普遍。在“二战”结束之初，大约在 60% 的研究领域中能观测到热点与热门论文之间的明显关联，但到了 21 世纪初，这种关联已出现在几乎 90% 的科研领域中。

这意味着，尽管在方法、文化以及数据和理论的使用上，学科领域间存在重大差异，但无论科学家身处哪个领域，他选择早期成果奠定研究基础的方式，一直影响着研究能否引起轰动。

早期发现不断增长的影响力

近年来，获取学术知识的途径已经有了根本的变化。今天的学生可能从来不需踏足图书馆一步。他们使用强大的搜索引擎，如谷歌学术，从互联网上搜寻相关文献。虽然可能对教授们办公室里沉重的书架和整齐叠放的一摞摞学术刊物印象深刻，但他们很难想象，为了与所在学科的最新发展保持一致，过去的学者曾经多么依赖它们。今天，许多科学家首先是从社交媒体上获知同事的最新研究，也会因有人转推了自己最近完成的预印本而感到满足。

但是，信息获取方式的变化，又是怎样改变我们利用过去的知识进行研究的方式的呢？一方面，新的工具和技术使我们能更深入地追溯过去[335-337]。今天，每一种杂志都对其早期论文进行了数字化典藏，并提供了在线访问功能 ，对任何能够访问互联网的人来说，所有研究成果都唾手可得。这些变化使人们更容易获得早期的知识[337]，很显然也增加了科学家借鉴它们的机会，特别是搜索引擎往往让用户首先看到最相关的结果，而不仅是最新的成果。

但也有理由相信，这些变化事实上可能限制科学家的思路[338]。超链接的指引有可能使研究人员更倾向于关注当前流行的观点，而不是那些隐藏在典藏深处的东西。的确，经常去图书馆有可能不太方便，但在机缘巧合下，它也可能会给我们意外的收获。翻阅着布满灰尘的书页，研究者不得不与遥远的过去所做出的发现互动，注意到一些并非刻意寻求的论文和知识。因此，数字发行可能会让我们更加短视，它的方便性使我们偏离了经典，转向了更新的研究成果。此外，我们所依赖的数字工具也推动着我们比任何时候都更接近学科的前沿知识。今天的科学家，只要同行有一篇新论文发表或在社交媒体上分享，便会收到邮件提示。他甚至不用等到期刊发行便可获知最新进展，因为预印版的共享（在论文通过了期刊的同行评审，发表之前，便可公开传阅）现今已成为一些学科的常态。总之，这些变化会进一步缩小科研成果与其研究基础之间的时间距离。

为了估计数字化的影响，研究人员分析了 1990—2013 年发表的论文，计算这其中有多少被引用的文献与论文的发表的时间间隔在 10 年以上[337]。他们发现，年代较老的论文的引用比例在 1990—2013 年稳步增长，在 2000 年之后甚至还加速增长。这种变化在 2002—2013 年最为明显，在这一时期，先进的搜索引擎开始出现。到 2013 年，9 大研究领域中的 4 个，至少 40% 的引用论文都是早期论文，“人文和艺术”类以 51% 居先。

这种趋势并不限于过去 20 年。按照时间的推移，将参考文献的平均年龄做成曲线图，我们发现，科学家从 20 世纪 60 年代开始便系统性地深入挖掘相关文献，引用的论文也越来越古老（见图 19-3）。为什么这样的深入引用开始于 20 世纪 60 年代？虽然原因还不完全清楚，但这种变化可能源于同行评审的出现[5]。

在20世纪60年代之前，论文采用与否主要由编辑自行决断[339]。到了20世纪中叶，学科专业的细化加剧了对专家意见的需求，但当时要把一篇论文在跨地域的审稿人之间传阅是非常困难的，直到1959年复印机出现后，这一情况才有所改善[340]。《自然》杂志在1967年正式引入同行评审，在这之后，这种做法很快便为学术出版界采用。很有可能，这些评审人会把一些早期的研究提供给作者，供其参考，这不仅增加了人们对经典文献的引用，同时也带来了一种行为变化，激发作者更仔细地参考早期研究的价值。

总之，这些结果表明，技术转变使我们能够更容易地发现最相关的论文，而不受它们年龄的限制。因此，重要的科学进展再也不会蒙尘故书堆中，而是会继续影响科学研究达数十年之久。但研究人员的论文集的参考价值究竟能保持多长时间呢？

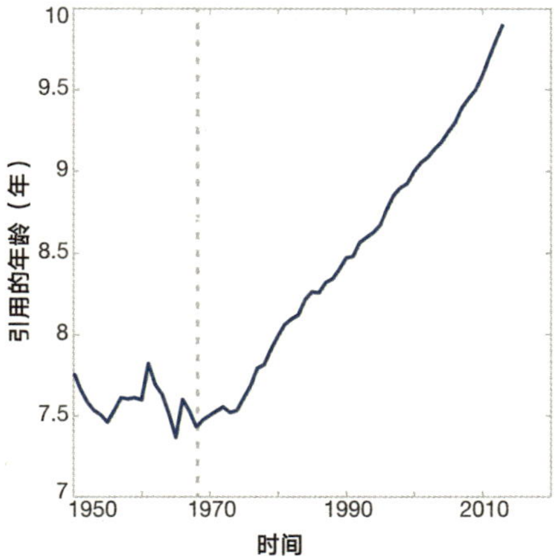

图 19-3　引用过去的文献

1950—1970年，论文参考文献的平均年龄保持在7.5年左右，在此之后，有明显上升的趋势，这表明科学家正系统性地深入考察早期文献。虚线代表1967年《自然》杂志正式引入了同行评审。同行评审的开始时间与引用模式的变化恰巧同时发生，因此研究人员开始假定它们之间有所关联[5]。

关于度量引用年代分布的两种截然不同的方法

从历史角度看，度量引用的年代分布有两种截然不同的方法。回顾法（引自何处）主要是通过回顾历史[341-343]，关注在特定年代被某一论文所引用的论文，然后分析这些被引用的论文的年代分布[272]。与此相反，前瞻法（引用对象）[272,341-344]则研究发表于某一特定年代的论文随时间累积起来的引用分布。

研究表明，这两种方法有着精确的数学联系，我们能通过一种方法推导甚至预测出另一种方法的结果[253]。然而，虽然两种方法都能测量引用年代，但它们却反映出不同的过程。本章迄今为止使用的是回顾法，旨在衡量论文作者在引用早期文献时，在时间回溯上的久远程度，用以描述某篇论文对其他论文的引用“记忆”。前瞻法则相当于一种集体测量，量化某篇特定论文随时间变化所产生的影响力。因此，下文即将用到的前瞻法更有利于我们分析论文影响力随时间的演化。但请注意，2000 年前的研究大多采用回顾法，原因主要在于计算：由于发引论文是固定的，回顾法实施起来更容易一些。

你的失效日期

我们参考一篇早期论文的可能性随该论文年龄的增长而迅速衰减（见图 19-1）。

对于科学家来说，这引发了一个重要甚至令人不安的问题：论文有失效日期吗？在某一刻之后它们在科学界便失去了重要性吗？

为了回答这个问题，我们可以参考一篇论文在发表后每一年获得的平均引用量 $\overline{c(t)}$ 。引用遵循一种先升后降的模式 [298,345]：论文的引用率在发表后快速上升，在两三年前后达到高峰，之后则开始回落（见图 19-4）。也就是说，一篇典型的论文会在发表后的头几年中获得其最大影响力，在那之后，它的影响力就迅速衰减。正如后面“影响因子”专栏所解释的那样，这种先升后降的模式是评价期刊的指标“影响因子”之所以选择两年为时间窗口的根本原因。

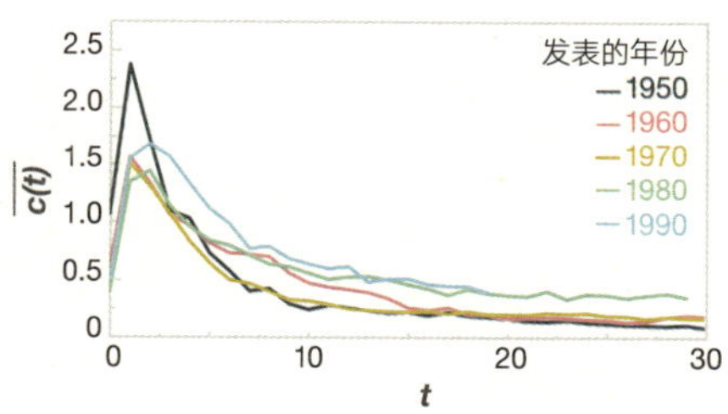

图 19-4　引用的先升后降模式

图 19-4 显示了论文发表后，随时间推移，它的平均引用量变化情况。每条线代表一组论文，颜色表示论文的发表年代。如曲线所示，大多数引用都是发生在论文发表后的 5 年以内，5 年后，论文被再次引用的可能性显著下降。

先升后降的引用模式表明，如果要公平地比较两篇论文的影响力，我们必须首先将它们的年龄纳入考虑因素。一篇发表于 2000 年的论文，其引用量可能会高于一篇 2010 年发表的论文，这仅仅是因为它存在的时间要更长一些［见图 19-5（a）］。但是，一篇论文的累计引用量并不是无止境地增加，而是在几年之后便达到饱和［见图 19-5（b）］。例如，截至 2006 年，发表于 1991 年或 1993 年的论文，其引用分布在统计上已不可区分［见图 19-5（b）］。换句话说，它们的引用分布在某一时间段之后便收敛于稳态（这一时间段对不同期刊而言各不相同）[273]。从那一刻起，论文所获得的新引用量可以忽略不计，也就是说这些论文已经到了它们的失效日期。

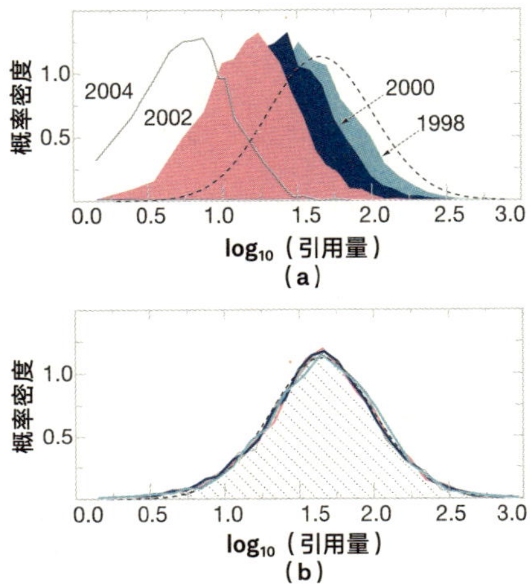

图 19-5　引用分布的时间演化

以《生物化学杂志》上发表的论文为例，(a) 显示了截至 2006 年年底累计引用量分布情况[273]。发表于 2004 年的论文构成最左边的曲线，因为它们仅有两年时间来积累引用。早些年发表的论文，由于它们积累引用的时间更长，逐渐向右延伸。但随着论文年龄的增长，这种时间变化逐渐减弱。在 (b) 中，我们关注发表于 1991—1993 年的论文的引用量。由于那些发表于 1991 年的论文，大多数到 2006 年已经丧失了获取新引用的能力，因此它们的引用分布与发表于 1993 年的论文的引用分布相同[273]。

影响因子

影响因子（Impact Factor，IF）往往用来量化一个期刊的重要性，主要反映该期刊的论文在发表两年后所获取的平均引用量。以《自然》为例，2015 年它的影响因子是 38.1，而《物理评论快报》的影响因子是 7.6，《美国社会学评论》(*American Sociological Review*)是 4.3,《人格和社会心理学杂志》(*Journal of Personality and Social Psychology*)是 4.7。但最近,影响因子开始具有了令人忧虑的新功能。当一篇论文发表在某一期刊上时,读者会越来越多地使用该期刊的影响因子来评价论文的潜在重要性。这就跟以封面去评价书籍一样具有误导性。即使在同一期刊上发表的论文,其影响力也千差万别,这告诉我们,影响因子并不能够预测一篇论文真正的影响力(见图 19-6)。

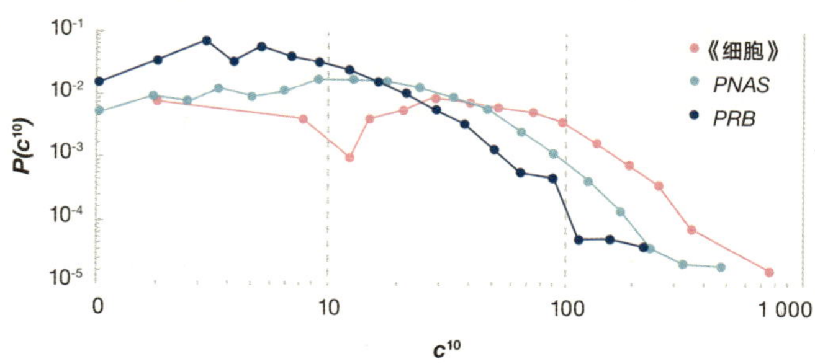

图 19-6 影响因子不能预测论文的影响力

发表于《细胞》(1992 年,IF = 33.62)、《美国国家科学院院刊》(*PNAS*,IF = 10.48)和《物理评论 B》(*PRB*,IF = 3.26)上的所有论文,在发表 10 年之后的累计引用量(c^{10})分布。发表于同一期刊的论文尽管享有相同的影响因子,但它们之间的影响力仍有巨大差异[298]。

小结

在本章开始的时候,我们出了一道难题:如果身处火势逼近的亚历山大图书馆，你会拯救哪些研究成果，是新的还是旧的？本章讨论的一些主题不仅可以帮助我们回答这个问题，也可以帮助科学家更真实地理解他们研究成果的有效期限。

如前所述，科学家会重新利用先前的知识。绝大部分引用的参考文献是最近两三年以内发表的论文，这体现出前沿性的研究是科研发现过程中不可或缺的一部分。但是，仅仅引用学科前沿并不能保证工作的影响力：如能将新知识与经典知识审慎合理地加以结合，论文成功的概率就会是同一研究领域里普通论文的两倍。因此，虽然学科前沿非常关键，但一篇论文的影响力只有着眼于广阔的研究领域时才能得以提升。简单地说，如果亚历山大图书馆的那个人希望确保伟大的科学发现能够延续下去，他就必须努力从大火中拯救出新近出版的卷轴，但还得抢出一些有点年份的。

总体来说，一篇论文在发表后的最初两年内会获得大部分的引用，但老旧一点的论文却并没有完全被遗忘。因此，只关注最初几年获得的引用，就可能会错过某个科学发现的长期影响力。这意味着，要公平地比较两篇论文的影响力，需要它们具有相同的引用时间，或者两篇论文是都已经存在了足够长的时间，已经积累了大部分的引用。一篇论文的真正影响力经常要在十几年后才能显现。

对于科学家来说，还有另外一个启示：我们的每一篇论文都有一个失效日期。不管我们喜欢与否，这个时间点总会到来，那时我们所写的每篇论文对科学界来说都将变得无关紧要。但是，这一片乌云之中也有一线光明：多亏了数字化，老旧的论文也得到了越来越多的关注，这表明科学家的集体视野正在扩大。

但如果每篇论文迟早都会不再获得引用，一篇论文的“最终”影响力是什么呢？我们能够提前预估某篇论文的总体影响力吗？

20

引用动态演化规律，决定最终的影响力

The Science of Science

上一章提到了引用量遵循先升后降模式，使我们想到“过眼云烟”这个词。是否可以这样认为：花费无数个日夜研究、撰写、苦苦思索而得的成果，只能在问世以后区区数年里被人查阅。图 20-1 展示了从 1960—1970 年发表在《物理评论》的论文中，随机挑选的 200 篇论文每年的引用量，它传递出一条清晰的信息：单独每篇论文的引用模式非常复杂。虽然就总体而言，引用量可能会遵循一致的先升后降模式，但涉及单独每篇论文的引用时，则似乎没有明显的时间演化规律。相反，它们呈现出显著的差异。尽管大多数论文在发表之后很快就被遗忘，但还是有少数论文却似乎长青不败。那么，我们怎么理解这些各不相同的轨迹呢？

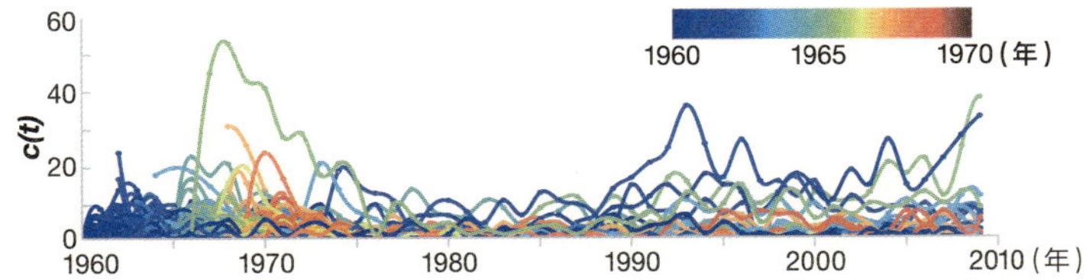

图 20-1 单篇论文的引用轨迹

我们随机挑选了 1960—1970 年发表在《物理评论》上的 200 篇论文，并展示论文发表后每年获得的引用量。线条颜色表示发表年代。绿色论文发表于 1960 年前后，而红色则代表论文接近于 1970 年发表。

如果所有论文都遵循同样的先升后降模式，那么我们很容易就能在发表几年之后，预测任何一篇论文未来的影响力。然而，由于每一个单独的科学发现达到最终影响力的过程是迥异的，所以似乎无法估算某篇论文的未来影响力。让情况变得更糟的是，许多颇具影响力的论文在最初往往未受到足够重视。研究表明，一项发现与当前范式偏离越多，则需要更长的时间来获得科学界的认可[59]。要找到每篇论文的引用规律实属不易，因为许多不同的因素在影响着新发现的认可度，比如：成果的内在价值、发表时间、发表在的期刊，甚至纯粹的运气等。

但是，正如我们将在本章展示的那样，随机性和无序性之下还隐藏着一些引人注目的规律，而这些规律使得单篇论文在引用上的动态演化具有一定的可预测性[298]。

单篇论文引用的动态演化

我们简要回顾一下已经讨论过的决定论文影响力的因素[298]。

- **科学的指数级增长**（第 15 章）。论文为了获得新的引用，必须有新的论文发表。因此，新论文发表的速度，影响着现有论文累积引用的过程。
- **优先连接**（第 17 章）。高被引论文有更高的可见度，因而比引用量较少的同类论文更有可能被再次引用。
- **适应度**（第 17 章）。这反映了论文之间的内在差别，代表着某项发现被他人感知的创新性和重要性。
- **衰减度**（第 19 章）。它反映了新的创意如何与后续研究融合：每篇论文被引用的能力最终都会逐渐消失，对数正态生存概率能很好地描述这一消失的方式。

这些因素能告诉我们哪些引用中的规律呢？事实证明，我们能够将这些特征融合进一个数学模型，然后通过对该模型解析求解（详见附录 2），得到一个公式，来描述论文 i 在发表后的 t 时刻的累计引用量：

$$C_i^t = m\left(e^{\lambda_i \phi\left(\frac{\ln t - \mu_i}{\sigma_i}\right)} - 1\right) \quad (20\text{–}1)$$

其中，$\phi(x) \equiv \frac{2}{\sqrt{\pi}}\int_{-\infty}^{x} e^{-y^2/2} dy$ 是正态分布的累积函数，m 相当于每篇新论文的平均参考文献数。对于公式 20–1，不同参数取值可以生成各不相同的引用轨迹（见图 20–2）。

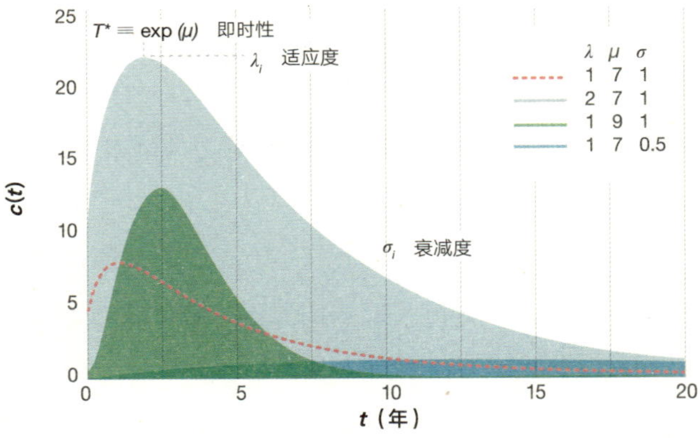

图 20–2　公式 20–1 的函数图形

论文 i 的引用曲线由 3 个参数来表示：①相对适应度 λ_i 反映一篇论文相对于其他论文而言，吸引引用的能力；②即时性 μ_i 反映论文获得科学界的关注有多快，决定了论文到达引用高峰所需的时间；③衰减度 σ_i 反映关注随时间衰减的程度。

公式 20-1 做出了一个令人瞩目的预测：尽管不同论文的引用情况看起来杂乱无章、不可预测（见图 20-1），但它们都遵循同一个普适的公式。论文之间的差异可以简化为 3 个基本参数：λ、μ 和 σ。公式 20-1 预测，如果我们知道每篇论文的（λ_i，μ_i，σ_i）参数并相应地利用换算公式 $\tilde{t} \equiv (\ln t - \mu_i)/\sigma_i$ 和 $\tilde{c} \equiv \ln\left(1+\frac{c_i^t}{m}\right)/\lambda_i$ 进行调整，那么每篇论文的引用演化将遵循相同的普适曲线：

$$\tilde{c} = \Phi(\tilde{t}) \tag{20-2}$$

换句话说，所有的引用曲线尽管看起来不同，但是都遵循一个公式。下面，我们将检测，实证证据是否能支持这一出乎意料的预测。

引用的动态演化：显著的普适性

我们选择 4 篇论文，它们的引用曲线明显不同［见图 20-3（a）］。但公式 20-1 告诉我们，如果我们获得最能描述每篇论文引用历史的（λ_i，μ_i，σ_i）参数组，并按照公式 20-2 进行简化，所有这些不同的曲线可能收缩为单一的一条曲线［见图 20-3（b）］。事实正是如此。也就是说，尽管我们因其各自引用的差异而特意选择了这些论文，它们也没有能违背这种普适性的规律。事实上，我们可以选择发表于不同年代、不同期刊、不同学科的任意数量的论文。我们挑选了约 8 000 篇物理学论文，根据公式 20-2，它们都应该收缩为一条相同的普适曲线［见图 20-3（c）］。随着论文样本的增加，不可避免会存在一些不规则的引用情况（“睡美人”与“第二春”）。但令人惊奇的是，一旦确定每篇论文的参数，并相应地重新调整它们的轨迹，它们的引用演化大多遵循同样的曲线。

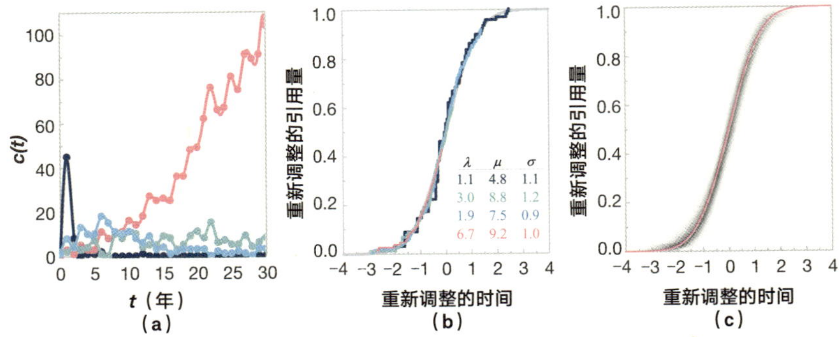

图 20-3　引用动态演化的普适性

（a）1964 年发表于《物理评论》上的 4 篇论文的引用曲线，选择这 4 篇是因为它们类型各异："先升后降"型（蓝色）、延迟的引用高峰型（紫红色）、引用随时间无变化型（绿色）以及每年的引用量持续增长型（红色）。

（b）单篇论文的引用量与 3 个参数有关：适应度 λ_i、即时性 μ_i、衰减度 σ_i。使用恰当的（λ_i，μ_i，σ_i）参数重新调整（a）中每篇论文的引用曲线后，这 4 篇论文的引用曲线变成了单一的普适性函数[298]。

（c）我们重新换算了 1950—1980 年发表于《物理评论》并在这 30 年间至少获得 30 次引用的所有论文（约 8 000 篇）[298]。

如此一来，在引用曲线上观察到的所有差别，可以归结为 3 个可测量的参数：适应度、即时性和衰减度。这揭示了在一个看起来混乱的、不可预测且被无数其他因素所驱动的系统中存在的惊人的规律性。这种规律性源于一个事实，引用量是一个集体衡量指标，反映了科学界对某篇论文重要性的一致性看法。因此，一篇论文究竟是获得成功还是被人遗忘，个人行为都不会有多大影响。能够改变论文影响力的因素其实是无数科学家的集体行动。因此，从整体上来看，科学界的认可方式实际上是一种在几个可觉察因素支配下的高度固定的模式。

但是，为什么这种普适性至关重要呢？

“睡美人”和“第二春”

有一些论文的引用量偏离公式 20-2 典型的升降轨迹。它们至少分为两类。第一是“睡美人”(sleeping beauties)，指那些在发表若干年之后，其重要性才被认可的论文[346-348]。加菲尔德首次提出引用指数的经典论文[349]便是一个很好的范例（图 20-4）。该论文发表于 1955 年，但直到 2000 年之后，多亏人们对引文网络不断增长的兴趣，它才被“唤醒”。而其他“睡美人”只有在被一个新的科研群体独立发现时才会醒过来。保罗·厄尔多斯和阿尔弗雷德·伦伊（Alfréd Rényi）在 1959 年发表的有关随机网络的论文[350]就是一个例子。这篇论文的影响力在 21 世纪随着网络科学的出现而骤然激增。

巴丁、库珀和施里弗合作撰写的 BCS“超导理论”论文[306]，为“第二春”(second act）提供了一个例子[272]，这是非典型轨迹的另外一种形式。在 1957 年发表以后，这篇论文很快大获成功，3 位作者甚至因此在 1972 年获得了诺贝尔物理学奖。但科学界的热情很快消退，它的影响力在 1985 年就跌入谷底。然而，随着 1986 年高温超导的发现，BCS 的这篇论文重新变得重要起来，迎来了引用量的“第二春”。

这些非典型轨迹并不特别稀有[347]。在交叉学科期刊中，超过 7% 的论文可以被归入“睡美人”这一类。我们可以将前文所讨论的引用模式进行扩展，使它涵盖第二个高峰期，从而可以预测 90% 的非典型情况[348]。

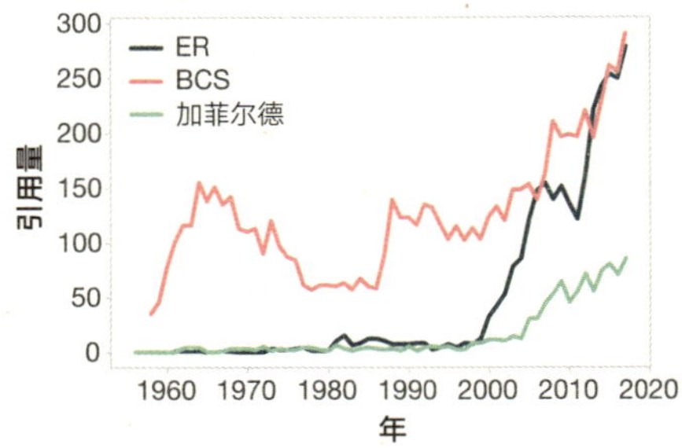

图 20-4　非典型引用曲线

加菲尔德有关引用的经典论文[349]是“睡美人”的典型案例。同样，厄尔多斯与伦伊（Erdös-Rényi，简称 ER）的论文在数学领域被高度重视，但在其他领域则影响有限。然而，随着 1999 年网络科学的出现，论文受到了多学科的新关注，从而使其引用量爆炸性增长。当高温超导被发现后，BCS 超导理论论文也迎来了引用量的“第二春”。

最终的影响力

虽然某项发现的影响力的兴衰带来了一个颇具吸引力的谜题，但很多科研人员对所有这些曲折起伏的最终结果感兴趣：他们想知道，当一切都结束后，一篇论文的累计影响力到底是多少。公式 20-1 提供了一种简明的方法计算这种累计影响力。如果我将时间期限设定为无限期，那么公式 20-1 对应于一篇论文在它的有生之年将会获得的总引用量，或者它的最终影响力（C^{∞}）：

$$c_i^{\infty} = m\left(e^{\lambda_i} - 1\right) \tag{20-3}$$

在之前的讨论中，我们需要 3 个参数来描述一篇论文的引用演化。但是，当涉及最终影响力时，根据公式 20–3，仅有一个参数有意义：相对适应度 λ。多长时间以后论文开始获得关注（即时性 μ），或者它的吸引力随时间衰减有多快（衰减度 σ）都不重要。论文的最终影响力仅取决于它的相对适应度，即该论文相对于其他论文的重要性。

正因为如此，我们可以在不考虑论文发表于何种期刊的情况下，评估其长期影响力。为了证明这一点，我们可以挑选具有可比性的论文并跟踪它们 20 年的引用量演化，这些论文的适应度 $\lambda \approx 1$，但发表于 3 种不同的期刊。尽管期刊的读者群和影响力完全不同，但这些论文所获得的总引用量却极为相似（图 20–5）。

这正是公式 20–3 告诉我们的：如果具有相似的适应度 λ，最终它们应该会有同样的影响力，$C^{\infty}=51.5$。这提醒人们：正如不要以书的封面去评判一本书一样，不可能通过发表论文的期刊去评判论文的影响力。

《细胞》可能看起来是一份比《美国国家科学院院刊》（*PNAS*）更令人向往的刊物，但只要论文具有同样的适应度，最终它们应该获得相同的引用量。

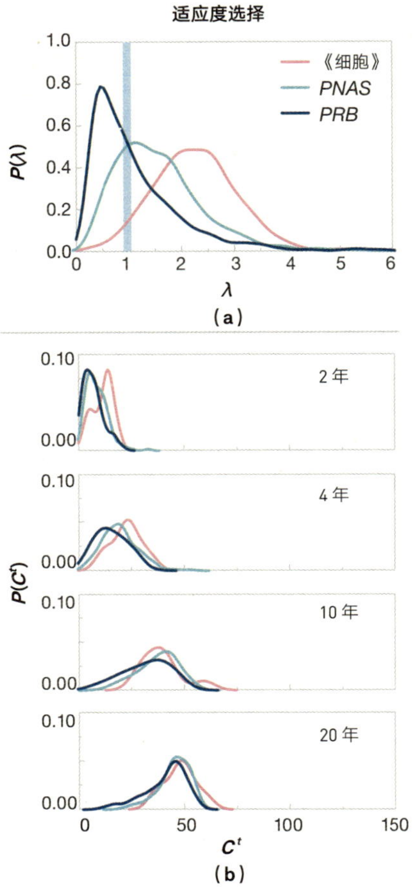

图 20-5　最终影响力

我们选择 3 种具有不同读者群和影响力的期刊：①《物理评论 B》(*PRB*)，影响因子（IF）在 1992 年为 3.26 左右，是《物理评论》家族里最大的期刊，涵盖一个特定的物理学专业领域；②《美国国家科学院院刊》(IF=10.48)，一份高影响力、多学科的期刊，涵盖所有学科领域；③《细胞》(IF = 33.62)，生物学的顶级期刊。我们测量了发表在这些期刊上的每一篇论文的适应度 λ，获取了每个期刊具体的适应度分布（a）。然后，我们在每个期刊中选择具有可比性的适应度 $\lambda\approx1$ 的所有论文，跟踪它们的引用情况。正如我们猜想的那样，论文引用的特定路径取决于期刊的声誉：在最初几年，《细胞》上的论文稍微领先，*PRB* 上的论文靠后，导致第 2 年至第 4 年这两个期刊上的论文形成了明显不同的引用分布（T=2-4）。但是，到了第 20 年，这些论文所获得的累计引用量出人意料地重叠在一起（b）。这正是公式 20-3 告诉我们的，假如它们的适应度 λ 相似，最后这些论文应该具有相同的最终影响力，即 c^{∞} = 51.5。[298]

未来的影响力

我们可以通过天气预报提前为极端天气的到来做好准备。比如，报道将肆虐于加勒比海地区的一场飓风，同时预测飓风将在何时袭击田纳西州的哪些地方。这种详细的预测能帮助居民和紧急救援人员更好地计划如何储备食物和寻找庇护所。

科学家是怎样获得这种气象预测能力的？首先，过去飓风轨迹的海量数据使他们能够详尽无遗地研究这些轨迹所具有的特点及其内在物理驱动因素。然后利用这些信息，结合飓风已经过的地方，建立能表明飓风行经路径的预测模型。那么，我们能够如法炮制，预测一篇论文的影响力吗？

事实证明，我们可以将本章介绍的模型做些调整，使它能预测每篇论文的未来引用量。为此，我们利用论文在发表后的 T_{Train} 年的引用情况来训练模型，从而能够估测论文的 λ_i、μ_i 和 σ_i 参数。图 20-6（a）对此做了说明，其中我们用 5 年训练期来预测 3 篇论文的后续轨迹。图 20-6 显示了预测出的每篇论文引用量的最大似然曲线（红线）以及不确定范围（阴影部分）。将预测与实际的引用曲线做个比较，我们发现 3 篇论文中的两篇确实落入预测区间内。对于第三篇论文，模型高估了它未来的引用量。但使用更长一点的训练期能改善这一问题。如果我们将训练期从 5 年增至 10 年，预测结果的不确定部分将缩小［图 20-6（b）］，模型的预测精度能得到改进：第三篇论文现在与预测范围有很好的重合，而另外两篇论文的预期路径与真实的引用轨迹重合得更为紧密。请注意，本章讨论的模型是一个最小模型，包含已知的影响引用的机制。因此，图 20-6 中的示例仅代表初步尝试，它的预测准确性和稳定性借助更复杂的模型能够得到提升。

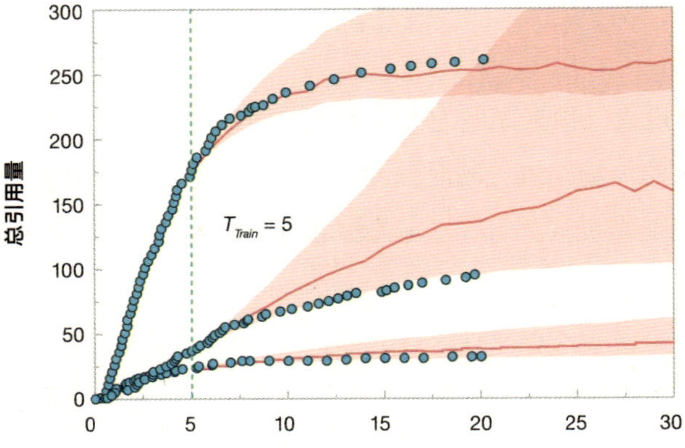

（a）

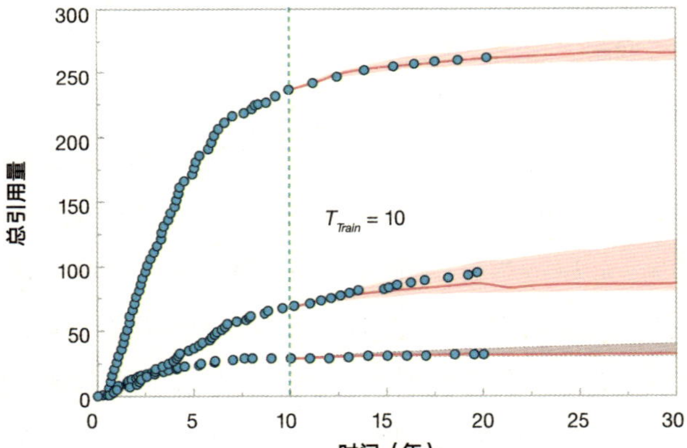

（b）

图 20-6　预测未来引用量

我们可以从现有的引用曲线中学习模型参数，通过改进的引用模型来预测任何特定论文的未来引用量。参数估计中的不确定性转化为预测的最大似然引用路径附近的不确定范围，与我们在飓风例子中所见到的情况相似。我们观察更多的引用记录后，不确定范围会缩小，更精确地包含论文的实际引用曲线[298]。

概括地说，每篇论文遵循迥然不同的路径达到最终的影响力。然而，正如我们在本章展示的那样，引用动态演化上这种明显的差异性中隐藏着极大的规律性，可以通过仅仅包含 3 个参数（适应度、即时性、衰减度）的简单模型来准确地描述引用曲线。一旦从某篇论文的引用曲线中获知这 3 个参数的取值，我们就能分析这篇论文将如何以及何时累积它的引用量。

重要的是，虽然需要 3 个参数才能获得引用增长的特定模式，但涉及预测论文的最终影响力，即一篇论文整个生命周期的累计引用量，适应度这一个参数才是真正重要的。从长远来看，具有相同适应度的论文往往会获得相同的引用量，与它们发表在何种期刊上无关。与缺乏预测力的影响因子和短期引用量不同，最终影响力提供了一种独立于期刊的论文长期影响力指标。

这一模型的预测精度提出了一个有趣的问题：预测某篇论文是否成功的行为会不会改变该论文的成功，或者改变整体的科学话语[351]？这样思考是有道理的。对某个创意的未来影响力进行大范围的持续预测，必然会加速它的认可，同时有可能破坏那些被预测为前景堪忧的创意，因为预测会暗示它们不配获得我们的关注或资源。这样一来，预测某篇论文的受欢迎程度可能变为自我验证预言，导致极有价值的创意过早夭折。但积极的一面是，更好地预测某篇论文的未来影响力能够加速论文的生命周期，缩短论文的发表和被科学界认可之间的时间间隔。

The Science of Science

Part 4 Outlook

第四部分

呼啸而来的新科学

爆发的前沿新科技，

正在催生科学学的全新使命

本书的前面三个部分综述了近几十年科学学研究所取得的成果。当然，我们不可能不加区分地介绍所有内容。本部分将概述科学学的一些前沿研究方向，讨论其中几个刚刚受到关注并且未来可能带来新发展的领域。与前面三个部分采用的方法不同，这部分并不是力求面面俱到，而是介绍一些目前研究中提出的问题，给出一些代表性的例子，展示一些新的机遇及其可能的发展方向。

我们将看到，理解科学的所作所为将如何改变科学的运作模式，这其中包括知识是如何发现的、假设是如何提出的、实验是如何设计的以及这些改变对于每个科学家而言意味着什么。我们也会介绍人工智能时代以及它将如何影响科学，并且说明人机协同如何能够实现人和机器各自独立无法实现的速度和效率。我们也将阐明，科学学应如何超越目前旨在校正潜在偏差的努力，以及如何得到一些能够带来可行的政策影响的因果性见解。

21

当机器可以做出新发现时，科学能否被加速

The Science of Science

18 世纪中叶，蒸汽机助推了工业革命，影响了日常生活的方方面面，也给从中受益的国家提供了通往权力和财富的新途径。蒸汽机起源于一个有些反直觉却深奥的想法，即能量可以从一种形式（例如热）转化为另一种形式（例如运动）。尽管一些人把蒸汽机视作科学中最具革命性的想法之一，但其实它无疑也是最被忽视的一个想法[352]。确实，自从人类知道如何生火烧水，我们就已经非常熟悉水沸腾时壶盖震动产生的恼人的声响。长久以来，人类对于热能转化为动能的现象司空见惯，却没人意识到它的实际应用。

类似于蒸汽机这样的突破性思想的火花可能就在我们眼前闪烁，如何将这种可能性显性地揭示出来，可能正是科学学未来最有成效的成果之一。如果关于知识的认知在广度和质量方面都能得到不断提升，这能否帮助研究人员和决策制定者重塑学科，识别需要重新检视的领域，重新衡量以前的确定性以及发现跨越假设、经验和学科边界的新路径？

数十年来，机器一直帮助科学进步。机器能否更进一步，从而能够自动识别有前途的新发现和新技术？如果机器能够做到这一点的话，无疑就能极大地加速科学的进步。科学家已经依靠由机器人驱动的实验仪器来开展药物筛查及基因测序等任务。但是，形成假设、设计实验和得到结论仍然要靠人来负责。我们可以设想一下：如果完全不需要人的干涉，一部机器就可以负责形成假设、设计和运行实验、分析数据以及决定接下来做哪个实验等整个科学过程，那将会怎样？这似乎是科幻小说中的场景，但是这种场景实际上已经发生了。就在 2009 年，一部机器人系统就在几乎没有借助任何人类智力的情况下做出了一个新的科学发现[354]。

机器科学家的知识闭环

图 21-1 展示的是一个名叫“亚当”的忠实的机器人科学家，它的研究对象就是面包师所用的酵母菌，酵母菌是一种常用于模拟更为复杂的生命系统的有机体。尽管酵母是人类研究的最为透彻的组织之一，但它所包含的大约 6 000 个基因中，仍有 10% ～ 15% 的基因功能未知。亚当的目标就是要阐明其中一些神秘基因的作用。亚当被装配了一个酵母菌的新陈代谢模型以及其他物种新陈代谢所需要的基因和蛋白质数据库。然后它就开始工作，科学家所做的工作仅限于周期性地添加实验消耗品和去除废物。

亚当努力寻找新陈代谢模型中的空隙，力求发现没有与任何父系基因相连的“孤儿”酶。在选择了一个期望的孤儿酶之后，亚当就在数据库中探查其他组织中类似的酶及其相应的基因。基于这一信息，亚当假设酵母菌基因组中类似的基因可以编码这个孤儿酶，并开始检验这一假设。

亚当通过进行如下操作来检验假设：它从冷冻柜的菌株库中选择特定的酵母菌株，并把它们注射进包含丰富介质的微板孔中，测量它们的生长曲线，从每个孔中收获细胞并把这些细胞注射进包含给定介质的微量滴定板孔中，再测量这些细胞在这种特定介质上的生长曲线。这些操作很像实验室助理员的工作，却是由机器人完成的。

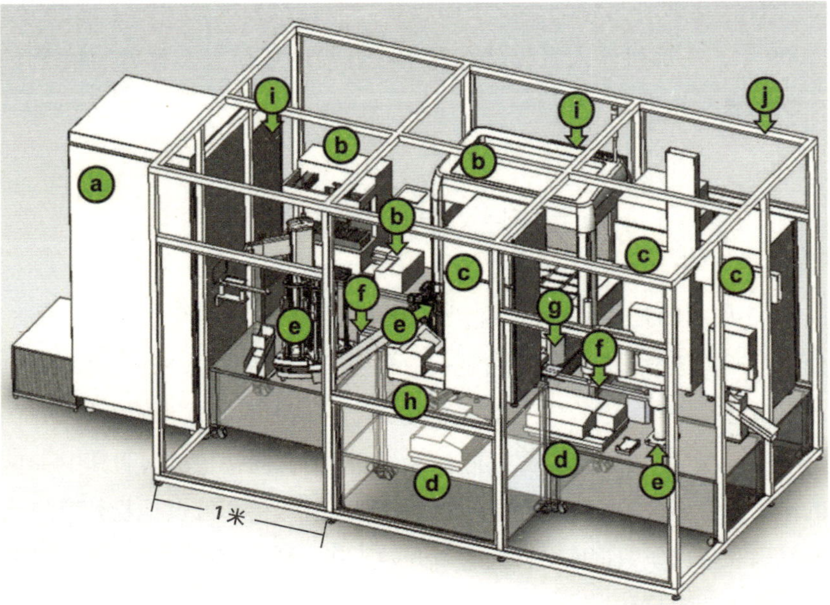

图 21-1 机器人科学家亚当

与其他复杂实验系统的不同在于，亚当独自设计实验以检验假设，并利用复杂的内部循环。亚当包括如下元件：ⓐ 1 个 20℃的自动冷冻柜；ⓑ 3 个液体处理器；ⓒ 3 个 30℃自动恒温箱；ⓓ两个自动酶标仪；ⓔ 3 个机械臂；ⓕ 2 个自动滑板；ⓖ 1 个自动平板式离心机；ⓗ 1 个自动洗板机；ⓘ 2 个高效空气过滤器；ⓙ 1 个硬质透明塑料外壳。它还有两个条形码阅读器、7 部相机、20 个环境传感器、4 台个人计算机以及软件，从而使得它可以每天设计和启动上千次新型的限定增长介质实验（defined-growth-medium experiments）[354]。

亚当是一个好的实验室助理，但是真正使这台机器如此非同寻常的是它如同科学家一般的“闭环”能力。在分析数据和运行后续试验之后，它会设计和启动上千个新实验。当这一切都完成时，亚当形成并检验 20 个假设，这些假设有关编码了 13 个不同孤儿酶的基因。尽管这些假设的实验证据权重并不相同，但亚当的实验还是确认了 12 个新的假设。

为了检验亚当的发现，研究人员检查了与20个所研究的基因相关的文献，从中发现了很强的经验性证据能够支持亚当的12个假设中的6个。换句话说，亚当的12个发现中有6个其实在先前的文献中已有记录，因此从技术层面看已经不算是新发现。但是这些发现对于亚当是新的，因为它的生物信息数据库是不完整的，它并没有意识到这6个假设已经得到确认。换句话说，亚当是独立得到了这6个发现。

最重要的是，亚当发现了3个基因，它们共同编码一个孤儿酶。这一发现是先前的研究未曾发现的新知识。研究人员通过人工实验也确认了亚当的发现。亚当的发现所产生的影响无疑是令人震惊的：机器独自创造了新的科学知识！

人们可以对亚当提出一些合理的批评，特别是在其发现的新颖性方面。尽管亚当“发现”的科学知识并非显而易见，但是它其实是隐含在问题的表述中的，因此发现的新颖性无疑不太大。但是，亚当的真正价值并非在于它今天能做什么，而是在于它明天能实现什么。

作为一个“科学家”，亚当有几个特别的优势。首先，它不需要睡觉。只要接通电源，它就会孜孜不倦、永不停息地追求新知识。其次，这种“科学家”是可扩展的，易于复制为多个不同的副本。最后，亚当的引擎，包括它的硬件和软件，每年都会效率翻番，而这是人脑不可能做到的。

这意味着亚当只是一个开始。计算机已经在帮助科学家存储、控制和分析数据方面起到了关键作用。然而，像亚当这样提供的新能力，正在快速扩大计算机从分析到形成假设所能达到的能力范围[355]。随着计算工具变得越来越强劲，它们将会在产生科学知识方面起到越来越重要的作用。它们将可以自动生成高容量的假设以指导高通量实验。这些实验将有可能促进从生物医学到化学和物理学，甚至社会科学等一系列学科领域的进步[355]。确实，随着计算工具从已有知识库中高效地整合新的概念和关系，它们将能够通过生成新假设和得到新结论有效地扩展这一知识库[355]。

这些进步提出了一个重要的新问题：我们如何能够生成最有成效的假设，从而更为有效地推动科学进步？

选择下一个实验

为了提高对富有成效的新假设的发现能力，我们需要更为深入地理解科学家是如何探索知识前沿，以及何种探索或开发是最富成效的。事实上，仅仅增加概念和关系库通常只会带来大量低质量的假设，而我们需要的是洞察力。斯旺森假设（Swanson hypothesis）就是一个关于如何找到有价值的发现的例子[356]。斯旺森认为，如果一个文献中研究了概念 A 和 B，另一个文献研究了概念 B 和 C，那么概念 A 和 C 之间的联系就值得探索。采用这一方法，斯旺森猜测鱼油能够减轻雷诺氏血液病（Raynaud's blood disorder）的症状，而缺镁和偏头痛有关联。这两个猜测都得到了验证[356]。

目前，在把计算工具用于海量科学文本语料库和实验结果数据库上的努力，已经显著改进了我们跟踪动态变化的知识前沿的能力[319, 357]。通过分析数百万发表于 1983—2008 年的生物医学方面的论文摘要，研究人员识别出一篇论文里共同研究的化合物，把特定的研究问题表示为各种科学实体之间的联系，并将它们呈现在一个知识图谱中[357]。利用这一图谱可以推断出科学家们用于探索新的化学关系的典型策略。

例如，图 21-2 表明科学家倾向于探索位置突出的化合物的邻近区域。这幅图展现了一个“拥挤的边界”的图景[358]，其中多个研究人员将他们的研究聚焦于发现空间中的一个非常拥挤的邻域，而不是去探索更为广泛的未知区域。

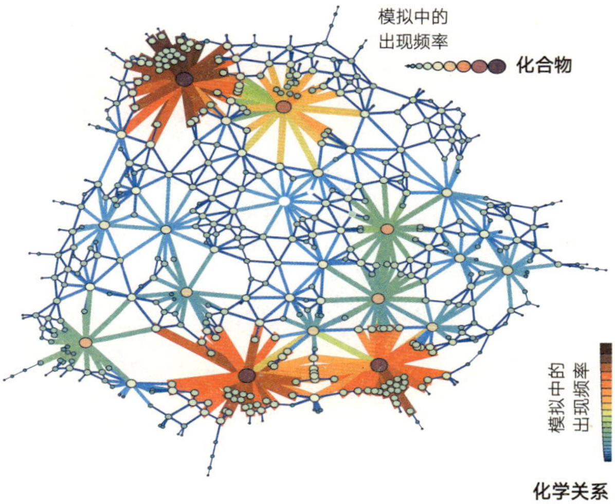

图 21-2　选择实验以加速集合发现

一个假想的化合物关系图上可能发生的实际搜索过程。这里的每个节点是一个化合物，每条线的两端连接的两个节点是在一篇文章中一同检验过的一对化合物。这个图展示的是采用该搜索策略执行 500 次搜索，得到的平均结果。可以看到，这一策略簇拥在少数“重要的”连接度高的化合物周围，而更优的策略估计应该会均匀得多，并且在科学可能性空间中，这些策略对应的搜索不太可能“随大流”[357]。

尽管这些重要的化合物也许值得更多的研究，但这个例子表明可以有更为优化的方式探索知识地图。例如，利用这个模型可以估计出，从总体上看，发掘出图上的 50% 的化合物关系，最优策略与用相同概率检测每条连边的随机策略相比，效率提高了近 10 倍。这表明，更深入地理解科学如何演化，有助于加速推动学科发展，使我们可以更有策略地选择最佳的下一个实验。

白色空间，我们将迎来全新挑战

“白色空间”既是机遇也有危险。探索新连接当然蕴藏着各种可能的机遇，但是，潜在的危险来自“文件抽屉问题”(file-drawer problem)①。也就是说，科学家往往倾向于发表正向的结果[8, 359]以及那些超过某个特定阈值的统计上的发现(例如，p 值小于 0.05)[360, 361]。因而，有可能文献中没有涉及的许多空白其实都已经被先前许多科学家研究过了，但是由于他们没有发现可解释的结果而一直没有加以报道[353]。

如果想要加速科学进步，那么负面的结果也有正面的价值。我们其实也应该保存、报告和分析负面的结果，而不是把它们丢弃掉。这不仅会帮助我们把机会与危险区分开，从而提供偏见更少的知识图景，而且也会改进发现的可重复性，因为在负面结果的衬托下，正面结果的可信性会得到提升。在临床试验中已经开始这样做了，不管得到什么结果都必须要发表在临床试验资料库网站上(ClinicalTrials.gov)。一些生物化学期刊要求研究人员公开早期的I期临床试验，因为失败的尝试对于公共健康至为重要。由于这个原因，顶级期刊已经一致同意，如果研究人员没有先报告 I 期的结果，不管这一结果是正面的还是负面的，那么就不发表其 III 期试验的发现[362]。

截至 2019 年，我们已经看到其他科学领域也在朝着这个方向努力。例如，“预注册革命”(preregistration revolution)[363]鼓励科学家在收集数据之前就详细陈述其研究计划。这一实践源自心理学，但是也已被其他学科所采用。如果期刊和基金资助机构引导正确，那么研究预注册也许有一天就会成为规则而不是例外。

---

① 这一叫法源于不能发表的论文只能躺在研究人员的文件抽屉里。这一问题也常被称为发表偏倚(publication bias)。——译者注

我们努力优化探索知识图景的方式还面临第二个挑战：设计激励机制以鼓励个人敢于承担风险。尽管科学家的共同目标都是探索未知空间，但是科学家的个人目标对于整个科学家群体而言却未必是最优的。研究科学的社会学家长期以来认为，研究人员的选择是由多产的传统研究和冒风险的创新研究之间的“基础张力”所决定的[364, 365]。坚守研究传统的科学家通常是高产的，会发表一系列文章推动某个特定研究领域的进步。但是专注于一个特定的领域也可能限制了研究人员感知和抓住新思想的机会。尽管一篇创新性强的文章要比一篇传统的文章更易产生更大的影响力，但高风险的创新策略还是很少见的，因为潜在的奖励并不足以补偿根本无法发表的风险[353]。

科学奖励和荣誉作为对甘于冒险从事创新性研究的主要激励，是鼓励冒险的一条可能途径。资助机构也能起到帮助作用。通过积极主动资助一些勇于检验未经证实的猜想的高风险项目，我们也许可以看到更多的科学家敢于脱离平凡的研究途径。但是，说起来容易，做起来难。事实上，统计数据表明，美国生物医学基金在不同主题和学科中的分配，与先前的分配情况有更高的相关性，而与疾病负担所对应的实际需要却较少相关[366]。例如，美国花费大约 55% 的生物医学研究基金用于遗传方法的研究，但基于基因的变化只能解释 15% ～ 30% 的疾病原因[367]。而环境因素和饮食研究方面得到的资助就要少得多，尽管这些才是疾病负担中最大的份额，包括糖尿病和心脏病等[367]。这些研究凸显了美国民众的健康需求和研究投资之间的失调，也引起人们对基金资助机构的怀疑：在缺乏额外监管、激励和反馈的情况下，这些由陷于既定范式的科学家主导的机构，能够成功影响科学的演化吗？

科学家们可以向华尔街学习风险管理的经验，华尔街投资的是股票组合而不是单只股票。尽管科学家不能预测哪个实验可行或不可行，但我们可以把风险分散到实验组合中去。这样做的好处是，可以减轻单个科研活动或单个科学家的压力。例如，政策制定者可以从组织设计层面扶持更为明智的冒险，就像当年的贝尔实验室一样，把从对单个个体的评价转变为对整个团队的评价。他们也可以考虑支持有前途的研究人员而不是项目，这一方法已被霍华德·休斯医学研究所成功用于实践。正确的激励和组织能够使研究人员选择那些不仅对自己有利，而且也对科学和社会有利的实验研究。

当然，这一愿景的实现仍然面临着挑战，但是这样做可能带来的好处无疑是巨大的。在过去的二三十年中，80% 最具变革性的药物都可追溯到基础科学发现[368]。然而，令人震惊的是，平均而言，这些发现的发表时间要比相应的药物获得 FDA 批准提早了 31 年。这种在基础发现和 FDA 批准药物之间长达数十年的间隔，凸显了科学学在根本变革科学活动及其政策方面的重要性。大家想想看，如果我们在一个新发现刚发表的时候就能识别出它可以用于设计新药物，如果我们能够更快地缩短新技术和应用的开发时间，其意义有多大?

接下来将会讨论，随着人工智能的崛起，其中的一些目标看上去已不再遥不可及。事实上，这种进步甚至可能改变我们从事科学的本质含义。

22

人工智能颠覆下的科学与科学家

The Science of Science

“刚才发生了什么”

2018 年 12 月 2 日，CASP 会场上弥漫着一种困惑的气氛。CASP 是结构预测关键评价（Critical Assessment of Structure Prediction）的缩写，它是一项两年一度旨在预测蛋白质 3D 结构的竞赛。预测蛋白质的形状可以让我们更好地理解它在细胞中的作用，以及诊断和治疗由于蛋白质错误折叠引发的阿尔茨海默病、帕金森病、亨廷顿病和囊肿性纤维化等疾病[369]。但是，蛋白质如何把其很长的氨基酸链折叠为紧致的 3D 形状依然是生物学中最重要的未解问题之一。

CASP 成立于 1994 年，被称作蛋白质折叠领域的肯塔基德比马赛①。每隔两年，这个领域的顶尖研究小组就会参加这一“赛马”盛会，比较各自的最佳方法，为整个领域建立新的基准。然后，研究人员就回到各自的实验室，研究他人的方法，改进和发展自己的方法，以期在两年后赛出好成绩。

在 2018 年的会议上发生了两件非同寻常的事情。首先，正如组织者所言，“计算方法在预测蛋白质结构的能力上取得了无与伦比的进步”。客观来说，这场竞赛取得的进步大体相当于通常需要两次竞赛才能取得的进步。其次，这一巨大飞跃并非是由该领域的科学家完成的。获胜的团队对于大家而言是完全陌生的。

① 肯塔基德比（Kentucky Derby）马赛是每年于美国肯塔基州路易斯维尔丘吉尔园马场举行的赛马比赛，也是美国赛马季“三冠王”比赛的第一关。——译者注

过去几年，人工智能在许多领域内都系统性地超越了人类专家，2018 年的 CASP 竞赛结果只是其中一个例子。这些进展已经促成一种共识：正在发生的人工智能革命将会改变几乎每一个行业，创造巨大的社会和经济机会以及同样多的挑战[370]。整个社会都将要面对人工智能时代的到来，它们也许会超越甚至取代人类医生、司机、士兵和银行业者。我们需要问的是：人工智能将会如何影响科学？这些改变对科学家又意味着什么？

这波人工智能浪潮有什么不同

当前人工智能革命的核心技术是深度学习，更为专业的叫法是深度神经网络。尽管人工智能专家对于许多事情都还没有形成共识，包括这一领域究竟是应该被称作"人工智能"还是"机器学习"，但是学术圈内外都意识到这确实是"下一个大事件"。

深度学习确实有效，这一点应该说已经得到了验证。2012 年以来，深度学习已经在多到让我们难以记录的领域内击败原有的机器学习方法。这些进展无疑已经改变了图像[371–374]与语音识别[375–377]、问答系统[378]和机器翻译[379, 380]等典型的计算机科学领域。深度神经网络也在其他更广泛的领域突破了原有的记录，这些领域包括药物活性预测[381]、粒子加速器数据分析[382, 383]、大脑回路重构[384]以及基因突变和表达的预测[385, 386]。

最为重要的是，这并非渐进式的改善，而是性能上的跳跃性提升。2012 年，深度学习在 ImageNet 挑战赛首次惊艳亮相，这一赛事是图像目标识别领域的旗舰性年度竞赛。与当时最好的其他方法相比，深度学习方法的误差率几乎减小了一半。此后，深度学习算法的性能快速逼近人类水平。在围棋和日本将旗等策略游戏、强调合作的多人电子游戏和经常要虚张声势的得州扑克游戏等场景中，深度学习的表现甚至已经超越了人类专家。深度学习在 2018 年的 CASP 会议上的表现为它又赢得了一枚超越人类表现的奖章：它在预测蛋白质的 3D 结构方面打败了所有的科学家。

简而言之，人工智能帮助我们发现数据中那些隐含的、不确定的模式和结构。这些模式对于人类而言是易于发现的（例如，在一幅图像中，猫的位置），但是对于计算机而言一直是很困难的。更为精确的表述是，人们通常难以把这类任务转换为计算机任务，而人工智能让机器可以用一种奇特的方式自己来做这种转换。

尽管人工智能浪潮席卷全球，近期的主要进展其实都有赖于一个方法：监督学习。该方法要求只给算法提供两组信息：大量的输入，也被称作“训练数据”以及为了给输入分类所用到的清晰的指令（“标记”）。例如，如果目标是识别垃圾邮件，那么就给算法提供数百万的邮件并告知其中每个邮件是否是垃圾邮件。然后算法就会仔细检查数据以确定垃圾邮件的特征。在这一学习任务完成后，如果给算法输入一封新邮件，算法就会告诉你该邮件是否看上去是垃圾邮件。

深度学习的魔力在于它无须人工输入就能找出数据的最佳表示方式，这是因为它包含许多中间层，并且其中的每一层都会根据标记给出数据的一种表示和转换方式。只要层数足够多，深度神经网络就有可能很好地揭示隐藏在数据中的极为错综复杂的结构或模式。更值得注意的是，深度神经网络完全是靠自己发现这些模式的。我们可以把深度神经网络具有不同层想象为它拥有了能够调节数百万旋钮的灵活性。只要给系统提供指引清晰且足够多的数据，它就能够自动调节所有的旋钮以找出表示数据的最佳方式。

当前的人工智能与以往有什么不同？毕竟 20 多年前 IBM 的国际象棋程序深

蓝（Deep Blue）就击败了当时的世界冠军卡斯帕罗夫（Garry Kasparov）。过去的人工智能依赖的是缺乏智能的精细计算。深蓝击败卡斯帕罗夫是因为它每秒可以估测 2 亿个位置，从而预判哪一步最有可能获胜。这种人工智能在面对围棋和蛋白质折叠这类更为复杂的游戏时就无能为力了，因为它无法处理所有的可能性。

然而，深度学习却在这些领域取得了巨大的成功。2016 年，DeepMind 研究团队设计的 AlphaGo 在 5 轮比赛中击败了围棋世界冠军李世石。它取得胜利并非靠评估每一种可能的走法，而是靠研究人类棋手完成的棋局以学习何种走法有可能获胜或失败。

但是，既然机器系统已经能够向自身学习，那么为什么还要向人类学习呢？这也正是深度学习真正有趣的地方。仅仅在 AlphaGo 战胜人类棋手一年之后，DeepMind 就研发出了 AlphaZero[387]，其厉害之处在于它只知道围棋规则而没有任何先验知识和数据输入。换句话说，它是真正从零开始，通过不停地与自己对弈而自学成才。AlphaZero 既是围棋大师，也是国际象棋和日本将棋大师，它击败了所有的人类棋手和计算机程序。

最为重要的是，由于 AlphaZero 没有学习人类棋手的对局，它的下法也与人类棋手不同。它更像一个外星人，展示了一种人类大师以前从未见过的直觉和见解。围棋世界冠军柯洁甚至感叹人工智能就像“上帝”一样在下棋。确实，它的那些复杂而又优美的下法都没有依靠人类知识。而且 AlphaZero 是以超人类的速度习得这一技艺的：只需 4 小时的国际象棋训练和 8 小时的围棋训练，它的能力就能超过已有的最好程序。

再想想那些数字。我们把变化最多也是研究最多的人类游戏的规则告知人工智能算法，算法自己只是基于规则和棋盘就学会了下棋的策略。像所有的初学者一样，它在一开始也会犯各种愚蠢的错误。但是当你回过神来再去看的时候，它已经是史上最佳棋手了。

如果深度学习能够在人类自己的棋盘游戏上击败人类，对于复杂问题找到先前想象不到的答案，那么它将会如何影响致力于促进创新的科学呢？

更智能的人工智能，更多的创造性创新

人工智能可通过两种主要的途径影响我们从事科学的方式。一种方式类似于谷歌对互联网的影响：人工智能将会极大地改进信息的获取，优化科学的各个方面，包括从信息获取到科学家目前所从事的许多过程的自动化。这是一种理想的情形，因为大多数科学家都期望能够实现日常工作的自动化，从而可以聚焦于创造性的活动。另一种途径更像 AlphaGo 对围棋的影响：人工智能系统能够对于复杂问题快速给出创造性的答案。人工智能也许有一天会在反乌托邦式的世界里取代我们这些科学家，以一种我们今天难以想象的速度和精度推动科学进步。

组织信息

人工智能已经推动了现代社会的许多方面。每次你在谷歌搜索中输入一个搜索查询，人工智能就会在万维网上查找并猜测你的真实需求。当你打开脸书应用的时候，人工智能会决定把哪个朋友的更新首先呈现给你。当你在亚马逊上购物时，人工智能会给你推荐一些你可能会喜欢的商品，尽管这些商品在你的购物车中从未出现过。我们周边的设备中也出现越来越多的人工智能。当你拿着智能手机拍照时，人工智能会自动圈住面部并调整焦距以获得最佳效果。当你对 Siri、Alexa 和 Cortana 这样的“个人助理”说话时，需要人工智能把你说的话转换为文字。

科学的哪些方面能够由这类人工智能加以扩展？首先，我们应该都清楚，现在发表的文献的数量已经多到无法全部追踪。人工智能能否给出个性化的论文阅读推荐？人工智能能否连贯地总结这些文章的内容摘要，提取与我们相关的关键发现，生成该领域关键进展的快报风格的文摘？人工智能这些新的能力将帮助研究人员扩展他们获得知识的深度和质量，并帮助他们发现新的研究可能性。

对于科学领域的决策者而言，人工智能能够提供更为全面的“天际线扫描”①能力，提出战略投资的领域，识别出有可能带来科学变革的想法，甚至组建变革性的科研团队。出版商也可以使用深度学习找到论文的审稿人，或者自动识别论文中的错误和矛盾，从而减少人工评审的负担。

其中的一些应用看上去遥不可及，特别是如果我们想要达到科学家和决策者所期望的精度和可靠性的话。但是，真实情况是，尽管技术已经在过去 20 年极大地重塑了人类社会，但可以促进科学过程的技术却未有实质性进展。如果你对此表示怀疑的话，你可以看看“美国国家自然科学基金会”的项目提交页面，或者是 ScholarOne 论文投审稿系统，它们看上去还像是当初互联网发展初期的那些早已过时的网站。

求解科学问题

人工智能有一天能否帮助我们提出和求解基本的科学问题？通过以单个科学家根本无法实现的方式整合各种信息，人工智能系统能否帮助科学家更快地得到更具创造性的、更好的解答？它是否也能提出新的假设，甚至新的研究领域？

---

① 天际线扫描，也叫作地平线扫描，由剑桥大学生物学家在 2008 年提出。它是一种对环境与生物多样性问题进行研究的未来学研究方法。——译者注

我们已经在这方面看到了一些令人鼓舞的早期进展。例如，研究人员已经把深度学习用于医学诊断，开发出各种视网膜病变的分类算法，其精度已经与人类专家相当[388]。另一个例子是，一个经过训练的人工智能算法对良性和恶性皮肤病的分类精度，已经达到经专业认证的皮肤病医生的水准[389]。在急诊室里，深度学习现在可以帮助我们判定一个病人的 CT 扫描是否显示他有中风的迹象[390]。新的人工智能算法不仅使识别这些信号的精度可以媲美医学专家，更为重要的是，它的速度是人类的 150 倍！

当然，还有让 CASP 与会人员充满敬畏的 AlphaFold 深度学习系统。在 CASP 竞赛中，每个参赛队伍拿到的是 90 个蛋白质的氨基酸的线性序列，这些蛋白质的 3D 形状已知但是没有公开发表。参赛队伍要计算出蛋白质是如何折叠的。通过筛选过去已知的蛋白质折叠模式，AlphaFold 的平均预测精度超过了所有其他 97 支参赛队伍。

这些人工智能技术的成功运用都具备了深度学习的两个基本要素：大量的训练数据和清晰的分类方式。例如，为了检测皮肤癌，研究人员给算法输入数百万的皮肤病变的图像，并告知算法每一幅图像对应的是良性还是恶性病变。由于算法与皮肤病专家所受的训练是不一样的，算法也许看不到皮肤病专家所看到的一些模式，但这也意味着，人工智能系统也可能看到一些皮肤病专家所看不到的模式。

哪些科学领域能从这些进展中收益最多呢？我们还是再看看深度学习的两个基本要素：大量的数据以及可用于标记数据的清晰边界。这意味着那些最能从人工智能技术直接受益的科学领域需要足够的窄，从而能够有清晰的数据标记策略。这些领域还要足够的深，使得人工智能系统以科学家无法做到的方式看到所有的数据以发现新的结果。

最为重要的是，尽管机器正在快速改进精度和效率，但科学最为激动人心的未来既不属于人类也不属于机器，而是有赖于两者之间的战略伙伴关系。

人工智能与人类智能

我们再来看一下 AlphaFold。通过采用新技术，科学家在没有专门知识和专业领域训练的情况下，就能够超越该领域基于传统技术的所有专家。这个例子提出了一个重要的问题：如果把最新的技术与研究人员的专业技能结合起来会如何？

未来科学学研究的一个关键领域就涉及人工智能的集成，从而使得机器和人脑能够协同工作。我们期盼人工智能能够以一种人类合作者无法达到的能力扩展科学家的认知，而这将会给科学带来深远的影响。

我们想到了一个近期的例子。为了应对科学目前所面对的“可重复性危机”的挑战，研究人员使用深度学习来揭示科学论文表述中，表征强科学发现和弱科学发现的模式。2015 年，“可重复性项目：心理学”（RPP）分析了顶尖心理学期刊上的 100 篇论文，使用与论文原始研究一样的方法人工检测了其可重复性，结果发现其中有 61 篇未能通过可重复性检测[328]。此后，在心理学、经济学、金融学和医学等领域的研究也得到了类似的结果[391–394]。

为此，研究人员把人工智能与人类智能相结合以估算可重复性[395]。研究人员使用经过严格的人工可重复性检测的 96 项研究，用它们来训练神经网络去估测一篇论文的可重复性的概率，并使用 249 项其他研究来检测训练后的模型的泛化能力。结果是激动人心的：该模型的平均曲线下面积（AUC）达到 0.72，表明其预测精度显著高于完全随机的推断。为了把这一结果与专业评审人所提供的预测信息进行比较，研究人员用同样的数据和训练过程来训练一个新的人工智能模型，但是只使用评审人的评价指标，发现这一基于评审人指标的模型的 AUC 只有 0.68，表明其预测精度显著低于基于内容表述的模型。这些研究表明人工智能依赖于专业评审人未掌握的特征信息。事实上，尽管人们通常基于论文中的统计报告评价其价值，人工智能则更为精确地表明，论文中的表述文本事实上具有更多人们以前没有挖掘的解释能力。极为重要的是，把从表述模型和评审人指标模型所得到的信息相结合，也就是说，把机器和人类见解相结合，就可以得到具有最高精度的新的人工智能模型（AUC=0.74）。

对模型预测能力背后的机制进行分析，我们发现那些显而易见的因素，诸如单词或短语的出现频率、写作风格、学科、期刊、作者身份或主题等，并不能解释结果。而人工智能系统是基于复杂的语义关系网络来预测可重复性的。尽管科学论文中的文字要比其汇报的统计信息多出几个数量级，论文的文本在科学学研究中至今还几乎没有被发掘。算法现在可以利用论文的全文来检测人类专家可能忽视的一些新模式以及证据不那么强的科学发现。

这个例子凸显了一种新型的，并且也许是可怕的人机伙伴关系。尽管机器比人更善于阅读并消化更多的信息，当前的人工智能应用还是属于“弱人工智能”，它们只能处理特定的问题。从这点来看，目前的人工智能系统很像洗衣机。它们可以洗涤你扔进去的任何衣服，却完全不知如何清洗碗碟。你需要用洗碗机完成后一任务。类似的，我们能够建造特别擅长预测蛋白质折叠的人工智能系统，但该系统却不能做任何别的事情。相反地，人类具有学习、推理以及机器没有的创造性思维能力。

诺贝尔物理学奖得主弗兰克·维尔泽克（Frank Wilczek）有一个著名的预测，100 年后最好的物理学家将会是机器。类似于 AlphaFold 这样的进展给这一预测带来一丝曙光。但是这一预测也过于简化了：科学不仅只是求解明确定义的问题。最令人尊敬的科学家往往是那些提出新问题和开辟新的研究领域的人，那些意识到工具和知识的累积已经足以使突破性的发现应运而生的人。这让大众意识到进入这些新领域并迎接所带来的挑战的时机已经成熟。因此，科学不仅是关于问题求解，它也是关于直觉、发现新前沿的能力，前往前沿的勇气以及领导力。

人工智能在求解人类提出的问题方面已经取得巨大进展。它甚至还有可能在现有知识和范式的框架内形成新的假说。人工智能有一天是否会发展到这种地步：它感受到了创造一个新理论的必要，比如进化论或量子力学，然后孜孜不倦地为之奋斗？目前而言，还看不出人工智能具有这种能力，许多人工智能专家甚至怀疑人工智能是否存在这种可能[396]。因此，我们现在还难以宣称机器会在未来掌握科学的主导权。未来最为激动人心的发现需要人机之间的战略合作。的确，如果我们基于各自的能力分配任务，科学家与机器的协同工作有可能极大推动科学进步，减少人类的盲点，并在此过程中革新科学的实践。

但是，我们需要意识到，当前人工智能的一个主要缺陷在于它是个黑箱。它确实表现很好，但是没有人知道原因——这可能是一个大问题，特别是在科学中。考虑一下亚马逊采用人工智能挑选雇员这个案例。亚马逊从 2014 年开始采用计算机算法来评审应聘者的简历。这一实验性的人工智能工具用 1 星到 5 星给应聘者打分，很像消费者给亚马逊上的商品做星级评价。乍看起来，这像是人力资源部门的福音。你给它 100 份简历，它立刻告诉你排在前 5 位的应聘者。但是，公司很快就意识到这个新算法对女性应聘者的歧视。这个算法是用公司 10 年间所收到的简历来训练的，而那些简历绝大部分来自男性。因此，算法很快就学习到要向男性应聘者倾斜，而对包含“女性”一词的简历扣分，并降低了两所女子学院毕业生的等级[397]。

这一案例并非意味着人工智能不能正确处理事情，毕竟，人工智能系统严格执行了它受训来完成的工作。我们让它查看数百万份以前的简历，其中包括了拒掉的和录用的人，并使用这一信息以发现未来的雇员。亚马逊的失败其实表明，随着我们的工具的精度和复杂性的增加，它们会放大并进一步固化人类已有的偏差。这意味着随着科学学的进展，人们需要更好地理解我们所建立的工具和计量指标中的偏差以及因果关系。

23

科学中的偏差和因果性

科学学研究把发表的论著和引用作为主要的数据来源，这一方法具有三大值得讨论的特点。

首先，基于这一方法所探索到的科学理解和发现都局限于那些成功发表出来的构想，而绝大多数构想都是失败的，甚至有时是完全失败的。由于缺乏失败的数据，我们目前对于科学的运作机制的理解存在很多盲点。仅仅专注于那些成功的研究，无疑会固化我们对于失败的系统性偏差。

其次，对于本书中的绝大部分内容，我们所使用的成功的结果依赖于引用数据。尽管基于引用的偏差反映了一个领域当前的图景，但它也提醒我们需要超越把引用数据作为科学的唯一“货币”的观念。

最后，科学学研究的数据驱动特征表明绝大部分研究依然是观察性的。尽管这类描述性的研究能够揭示事件和结果之间的强烈相关性，为了理解某个特定的事件是否“导致”某个特定的结果，我们需要超越观察性的研究，并系统性地评估因果性。

接下来，我们将更为详细地讨论科学学中这些重要的方向。先考虑一个简单的问题：忽略失败，会有多大的问题？

失败让你成为更好的自己

在“二战”中，英国军方研制了一种在飞机上使用的防弹装甲材料。然而，这种材料比较重，为了不至于牺牲飞机的机动性和航程，只能在飞机的局部区域使用这一材料。这样一来，设计师就面临一个重要的问题：需要把这种材料首先用于飞机的哪个部分？

盟军决定采用数据驱动的方法。他们检查了执行任务后返回的 B-29 轰炸机并且标记了每一个中弹点。在收集了数据之后，决策似乎是显而易见的：把装甲材料用于弹孔最多的地方（图 23-1）。当他们要推行这一计划时，研究小组中的统计学家亚伯拉罕·沃尔德（Abraham Wald）提出了不同的意见。他向国防部指出，正确的策略应该是反过来做：把装甲材料用于那些没有中弹的部位。这是因为所有的记录都来自成功返回基地的飞机。如果一架飞机成功往返的话，那么看上去像蜂窝乳酪的机身就并非是我们关注的重点。相反，引擎部位等没有弹孔的地方才是需要额外保护的关键部位，因为这些部位中弹的飞机根本就没有返回。

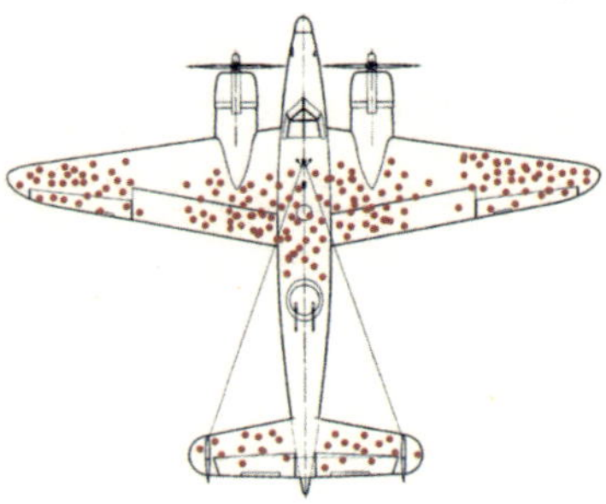

图 23-1　幸存者偏差

一架“二战”时期的轰炸机上假想的中弹点分布。返航飞机上的中弹点表明这些部分可以被击中而飞机仍然可以安全返航，而那些被击中其他部位的飞机却未能返航（本图片遵守 CC BY-SA 4.0 创作共用许可协议，取自维基百科）。

这个经典的例子表明，基于只包含成功的样本数据，所得到的初始结论可能会被完全推翻。科学中类似的偏差非常多：文献往往聚焦于那些能够获得基金、在同行评审的期刊上发表文章、获得授权专利、成立新企业以及长期多产的研究人员。聚焦这些成功的案例引发一个重要的问题：既然目前对于科学的理解几乎都是基于成功的故事而得到的，我们能否确信这些结论不需要大的修正？

科学中的失败尚未得到系统性的研究，其原因主要是人们难以精确跟踪失败的构想，个体和团队以采集真实信息。为弥补这一缺失，我们可以探索新的数据资源并与现有资源相结合。例如，2001 年以来，美国专利商标局的所有专利申请都在其优先权日期 18 个月以内被公开，而不管这些专利是否获得授权。通过跟踪所有的专利申请，我们就可以区分出那些获得美国专利商标局专利授权的成功构想，以及那些没有获得授权的构想。基金申请数据库中包含了受到资助和未受资助的基金申请，这也构建了一种丰富的信息资源，帮助我们更好地认知科学研究中的成功与失败。当然，只有数量有限的研究人员能够访问美国国家卫生研究院[398]和荷兰科学研究组织[399]这样的资助机构的内部数据库。这一数据如果与现有的文献和引用数据库相结合，就能探寻成功和失败中蕴含的丰富内容。

在这一方向上的初步努力已经有了令人惊喜的发现。以我们自己的一项研究为例[398]。我们追踪年轻科学家提交给美国国家卫生研究院的 R01 申请，并关注其是否恰好处在资助的边界上，这样我们就可以比较“侥幸成功”和“不幸失败”的申请人，从而观察他们更长期的生涯表现。尽管这两组年轻科学家在提交 R01 申请之前有着几乎一致的科研水平，获得了非常相似的资助申请评分，但是最终一组“侥幸成功”，5 年间平均得到 130 万美元的资助，而另一组则“功亏一篑”。这种早期学术生涯的挫折对于年轻科学家的影响有多大？

为此，我们跟踪了两组人员后续的表现，发现早期生涯的挫折确实有影响：

它显著增加了人员流失率。不幸失败的申请人永远离开美国国家卫生研究院系统的可能性要比侥幸成功的申请人高出10%以上。这一流失率是惊人的，因为要成为一名美国国家卫生研究院的首席研究员（PI），申请人需要有良好的业绩记录以及多年的训练。换句话说，一次挫折可以终止一个人的学术生涯。

然而最令人吃惊的是，数据显示从长期来看，不幸失败的个体如果继续其科研工作的话，会系统性超越侥幸成功的个体，前者在后续10年发表的文章具有明显更高的影响力。这一发现相当震惊。两个具有相似表现，都在努力发展的“双胞胎”似的研究人员，一个在早期就获得了基金资助，而另一个没有获得，但结果反而是那个没有获得资助的研究人员后续发表了具有更高影响力的文章。

一个可能的解释是筛选机制。不幸失败组中的“幸存者”具有先天的良好特质，从而使得继续留在领域内的人总体上比侥幸成功的人表现更好。但是我们发现这一机制本身并不能解释两组人员的表现差异。换句话说，那些早期没有获得基金资助但仍然坚持不懈的人并不是一开始就表现良好，而是逐步磨砺，也成了更好的自己，印证了“玉汝于成”这个成语。

这些结果看上去特别反直觉，因为科学遵从“富者更富”的规律，但结果却是失败而不是成功带来了更多的成功。这些发现表明科学中的失败具有很强的反作用——损伤了一部分人的研究生涯，却无意中促进了其中某些人的成功。如同早期的成功一样，早期的失败也可以成为未来成功的风向标。这是一个好消息，因为科学家即使不是每天，也会每周都经历失败。

这一研究也得出了一个更广泛适用的观点：尽管我们在理解成功方面取得了一些成功，我们也许在理解失败方面却遭遇了失败。由于研究人员更多的是经历失败而不是成功，了解他们失败的时间、原因、方式及其后果，不仅对于理解和改进科学至关重要，也将通过揭示创造性活动的全过程而极大增进我们对于人类想象力的理解。

退稿增强了文章的影响力

如果一位研究人员提交的论文一再被退稿，他可能就会觉得这篇文章并没有那么好，即使发表出来也很有可能无人问津。然而数据显示的却是另外一番景象：退稿事实上增强了文章的影响力。我们能知道这一点，要归功于一项研究。这项研究跟踪了 2006—2008 年发表在 923 种生物学期刊上的 80 748 篇文章的投稿历史[400]。研究表明二次投稿的比例是很低的：75% 的文章都发表在第一次投稿的期刊上。换句话说，科学家们擅长于判断他们的文章最适合哪个期刊。但是，通过比较二次投稿后发表的文章与那些第一次投稿就发表的文章，研究人员惊讶地发现：与那些第一次投稿就被录用的文章相比，那些发表在同一期刊上，但第一次投稿被拒，第二次投稿才被录用的文章，在发表后的 6 年时间里会获得更高的引用。失败为何能够提升影响力呢？

一种可能性是作者擅长于估计其研究的潜在影响力。因此，那些一开始提交到高影响期刊的稿件即使被退稿，其本质上也是更“适合”被引用的。但是，这一理论不能完全解释观察到的现象：因为不管二次投稿会投向更高还是更低影响力的期刊，都得到了更高的引用量。这就说明了另一种可能性：编辑和审稿人的反馈以及为了二次投稿而额外花在修改文章上的时间，使得最终文章的质量更高，也更适合被引用。因此，如果你有一篇文章被退稿，请不要为重新投稿而沮丧——那些打败不了你的确实会让你变得更强大。

影响力更广泛的定义

科学家对于评估论文的所有指标[401]都是既爱又恨。确实，为什么研究人员要依赖于那些效果存疑的指标，而不是直接阅读论文，评价其见解呢？尽管如此，引用常常被用于评估一位科学家被同行认可的程度。随着对于科学的定量理解的深入，我们越来越需要拓宽评价指标的数量和范围。以围棋为例，在棋局的每一步，你都会问自己：正确的走法是什么？答案很清楚：正确的走法应该是最有可能获胜的走法。然而科学没有单一的“正确走法”，而是多条可能的路径交织在一起。随着科学学的发展，我们有可能见证对于多个“正确走法”的探索，对于它们如何相互交织以及如何捕捉科学生产和回报的新维度有更好的理解。这些新的发展可能包括三类。

第一类包括基于引用的各类变种指标。计量指标会继续依赖于论文之间的引用关系，但是它们会超越单纯的引用计数，让引文网络中的复杂结构发挥作用。第 12 章中讨论的颠覆性指数[207]就是一个例子：我们并不关心一篇文章的引用次数，而是在与这篇文章相关的文献中考查每一个引用。如果一篇论文引用某一篇文章时，同时引用了该文章的大量参考文献，那么我们可以认为这篇被引用的文章只是巩固了现有的科学思维。但是，如果引用这篇文章的论文没有引用其参考文献，那就说明这篇文章超越了先前的文献，给这个领域带来了颠覆性的新思想。

第二类是替代指标，也可简称为 altmetric。相比于传统的基于引用量的影响力度量指标，替代指标是一个有益的补充。Web 2.0 的发展已经改变了研究成果在学术圈内外的共享方式。第一个这样的替代指标代表文章的页面浏览次数。由于期刊都推出了网络版，我们就可以精确统计一篇文章的浏览次数。同样，各种平台上对一篇文章的讨论也可用于估计文章的影响。科研人员可以使用脸书和推特（Twitter）等社交媒体，以及博客或维基百科页面上的数据来计算这样的指标。

研究人员已经计算了不同文章的页面浏览数和推文数[402, 403]。通过比较这些指标与文章随后获得的引用量，研究人员发现，通常两者之间的相关性并不大。这种相关性的缺乏既是好事也是坏事。

一方面，它表明替代指标是对引用量的补充，可近似反映公众的感知和参与，这是基于引用的指标无法反映的。由于资助机构通常需要量化其投资所产生的广泛影响，这些补充性的指标是有用的。替代指标特别吸引人的一点是它在文章发表不久后即可获取数据，从而比需要时间积累的引用数据带来更为及时的反馈。

另一方面，由于与传统的引用指标缺乏相关性，替代指标在评估和预测文章的科学影响力方面的可用性问题一直受到质疑和讨论。事实上，一些替代指标容易受到各种提升文章短期可见性的机制的影响，例如自抬身价和玩弄操控。毕竟点赞和提及等都可以买到，而且网络上的流行也未必与科学的价值体系相匹配。因此，我们仍然不清楚替代指标是否能够以及如何才能纳入科学决策。不管怎样，替代指标是朝着正确方向迈出的一步，有助于我们多样化地跟踪科学在科学以外的影响。这就给我们引入了第三类方法。

一个可发展的方向是量化并考虑影响力更广泛的定义，尤其是学术圈以外的影响力。例如，研究人员分析了美国国家卫生研究院研究资助的产出，他们没有聚焦于发表的论文和引用，而是研究了与私营企业的药物、设备以及其他医学技术相关的专利，从而把公共研究投资与商业应用联系在一起[404]。他们发现大约 10% 的美国国家卫生研究院资助直接产生专利，但是 30% 的资助是产出论文并随后被专利申请所引用。这些结果表明学术研究在商业创新上具有巨大的影响力，并且可能比我们所想中要重要得多。在一个相关的例子中，研究人员通过构建论文和专利之间的引用网络，测量了专利如何基于先前的科学研究而被发明出来[405]。研究发现，居然有高达 80% 的已发表的论文与至少一个未来的专利相连。这两个例子表明科学进步和市场发明是广泛而紧密地结合在一起的。通过扩展影响力的定义，这些研究也说明了科学研究的价值已经超越了学术圈的范围。尽管绝大部分的研究活动在象牙塔中进行，但其成果却深刻影响了专利发明的进展，并产生富有成效的商业应用。

诚然，我们需要更多的研究以理解每个新的计量指标，并帮助科研人员和政策制定者避免误用这些指标。未来的科学学研究要扩展影响力的定义，这点将会非常重要。例如，理解科学研究的实用价值对于实现资金的最优分配是非常关键的，特别是对于那些受到政府资助机构支持的研究。

解释因果性，做出更好的科学决策

资助某个人是否可以让他更为多产？要回答这个问题，我们可以收集个人所受资助的大规模数据集，并将其与个人后续产出联系起来。假设，数据清晰地表明，受资助金额与未来 5 年间发表的文章数量之间存在关联关系，我们能否对上述问题做出肯定的回答？

不一定。一系列其他因素也会提升某个人获得资助的可能性及其后续的产出。例如，也许某些领域比其他领域更为新颖，因此这些领域的研究人员更有可能获得资助和发表更多文章。机构的声望可能也会起作用：哈佛大学的研究人员可能要比那些声望较低的研究机构的人员更为容易获得资助，而哈佛教授的产出也更高。

我们可以通过在回归表中引入固定效应来控制这些因素。这一方法的局限性在于我们只能控制那些可观察的因素，但还有许多同样合理却不可观察的因素。“坚毅因素”就是其中之一[406]。坚毅的研究人员也许更有可能获得资助并且也更为高产。这类干扰因子通常是观察性研究的最大障碍，所观察到的相关关系能否推广到变量之间的因果关系也因此充满了不确定性。

我们为什么要关心某种关系是否为因果关系？首先，理解因果性对于决定我们所得到的见解的用途至关重要。例如，如果资助确实会促成更多的文章发表，那么我们就可通过增加某个领域的投资，来增加该领域的研究成果。然而，如果资助和发表论文之间的关系完全是由坚毅因素决定的，那么对于某个还没有太多探索的学科，增加资助的效果就会很小，相反我们必须找到并资助该学科中那些具有不懈探索精神的研究人员。

幸好，科学学研究人员可以从经济学家那里学习如何理解因果性。过去 30 年，微观经济学已经建立了一系列的方法，对某些经验性问题给出相对可靠的答案。这些方法被统称为“可信性革命”，依赖于两个基本的技巧[407]。

第一个技巧是利用随机对照试验，这是一种源自医学研究的方法。为了检验某个疗法是否有效，试验人群被随机分为两组：一组是接受治疗的人群，另一组是未接受治疗或只是采用安慰剂的人群。这里的关键在于分组是随机的，以确保治疗组和对照组不会有所区别。如果试验过后，两组人群之间存在可检测的差异，那么就应该只是治疗本身导致的结果，而非任何其他因素。

我们在第三部分提到，在产出高影响力的科学成果方面，团队目前已经起到主导作用。但是科学合作最初是如何形成的，我们却所知甚少。经验证据表明，新的合作通常发生在地理距离更近的人之间。一种假设认为，找到合作者相当于一个搜索问题：要找到正确的人是很难的，因此我们倾向于与周边的人合作。这一理论是有道理的，但是可能也存在另外的解释。也许我们所看到的合作人员在地理上的接近性，源于人们在共同的工作场所中建立的朋友关系，或者是由于在小的院系部门所产生的共同的研究兴趣。对于搜索问题的一个关键的检验应该是随机对照试验：如果我们通过促进面对面的交互以降低某些可能的合作者之间的搜索成本，而对其他人没有做这种促进，从而随机划分出治疗组和对照组。那么我们能否发现两组成员中合作的差异性？

研究人员在组织哈佛医学院内部资助项目的研讨会时，就进行了相关的研究[408]。在 90 分钟的思想分享环节，他们从 400 名与会者中随机选择了一些科学家，两人一组进行面对面的交流。与那些同样参加了思想分享环节但是没有面对面交流的对照组人员相比，这些“治疗组”的科学家之间合作的可能性提升了 75%。因为组合是随机的，所以合作率的提升就不应该归结为共同的研究兴趣或已存在的朋友关系等因素。相反，我们应该把这种合作可能性的提升归结为人员之间面对面的交流。

随机对照试验仍然是目前最为可靠的因果推断方法。但是，随机对照试验在科学学上的应用也面临重要的挑战。大部分随机对照试验花费都不低，因此，即使能产生与个体科学家或机构相关的显著研究成果，它们也注定会招致批评和打压[79]。基于此，准试验方法恰好可以派上用场。

如果要识别因素之间的因果关系，还有第二个技巧可以使用：找到一个随机发生的事件，并把它作为一个分界点，检查在该事件前后发生了什么。这被称作"自然实验"或"准实验"。我们在分析学术生涯早期挫折为何会促进未来的成功时，就使用了这一技巧[398]。对于青年研究人员自身的特征而言，他们恰好位于美国国家卫生研究院资助项目的临界值之上还是之下都是一个外生变量。更为坚毅的人也许对挫折的承受能力更强，能发表更具影响力的文章，但是他们无法自己选择位于这一武断的临界值的某一端。由于位于临界值之上或之下只是影响你获得资助的机会，因此如果它能预测你未来职业生涯的产出，那就意味着在资助和职业生涯产出之间一定存在关联，而且这种关联与任何其他可观察或不可观察的因素都无关。

如果能够在进行的研究中找出因果关系，我们就更加确信得到的结果。可信性革命已经对经济学产生大的影响，部分原因也在于此。2017 年，美国国家经济研究局发表的文章中有一半都包含"辨识"（identification）一词[409]。但是，这一更高的确定性是有代价的。那些可以很好地辨识出因果关系的答案，往往只包含较窄范围的主题。事实上，在解释从随机对照试验中得到的结果时，我们得到的最重要的教训之一就是：已经建立的因果关系只适用于我们所研究的随机化的群体。对美国纽约某所医院 60 岁病人行之有效的药物方案未必适用于中国的青少年。同样，针对美国国家卫生研究院资助临界值上下的研究人员的发现，也未必适用于其他人群。这意味着对于实验条件的阐述和对于实验结果的阐述同等重要。因此，随机对照试验和其他因果性辨识方法凸显了确定性和泛化能力之间的基本矛盾：小的、有限的问题可以给出确定的答案，但是更大的问题却往往会受到高得多的不确定性影响。

考虑到确定性和泛化能力之间的矛盾，实验性和观察性的见解对于我们理解科学发挥作用的机制同等重要。在一份建议对科学自身进行更多实验的倡议中，麻省理工学院的经济学家皮埃尔·阿祖莱（Pierre Azoulay）指出[79]："目前的科学组织是在第二次世界大战刚结束时建立的，如果 20 世纪运行良好的系统也同样适用于 21 世纪，那纯属巧合。"通过准实验和精心设计的实验，科学学有望做出对新时代的政策具有直接影响的因果推断。

然而，即使是在经济学内部也有越来越多的人达成共识，认为对于全球变暖等许多重大的社会问题，目前还没有可靠的解决方案[410]。但是我们不能忽视这些大问题。因此，未来的科学学将受益于观察性和实验性研究的蓬勃发展。通过与实验工作者的紧密合作，科学学研究人员将更容易从模型和大规模数据中发现具有因果性的关联，从而更好地将它们用于政策和决策中。

拥抱科学学，进入全新时代

在本书行将结束之际，我们想要发出诚挚的邀请。我们在本书的开头把近期科学领域的数据革命，与当初显微镜或望远镜等仪器如何引发相应学科的变革做了类比。正如我们已经讨论过的，由于多个不同领域研究人员的重要贡献，科学学取得了显著进展。这些领域包括信息科学、图书馆学、社会学、物理学、生物学以及工程与设计等，每个学科采用不同的模型、技巧、直觉、标准和目标来处理和评价科学活动的不同方面。

然而，这一最新的工具与显微镜或望远镜的特征有一个根本差别。科学学的本质决定了它必须是关于科学（of the science）、属于科学（by the science）和服务于科学（for the science）的。这充分说明，如果科学学只是依赖于少数几个学科，如信息科学、社会科学或工程学，那么它将会失去科学活动的一些关键的方面，而这一活动正以指数级的速度变得更大、更为复杂且更为互联。换句话说，科学学要想成功，就需要所有的科学。

在下一个 10 年，科学与科学学之间的关系将会更加密切。科学学将不再只是理解科学的过去，而是要更为深入、更具创造性地探索科学的未来。对于所有学科的科学家，这一转变突出体现了研究科学学以改进其产出所带来的好处：第一，识别出曾被忽视却是重要的探究领域；第二，让已经在开展的工作更为有效，例如，基于更多文献的语义理解进行推理，或找寻能更好引领未来研究的机制。科学的创造与我们对它的理解之间更为紧密的融合，也将有利于更快地实现研究的直接或间接复现，提升科学发现的可重复性与可靠性。

科学学本来就是为所有科学服务的，各个领域的研究人员都能从科学学的研究中受益，但是他们对科学学的贡献却不尽相同。科学学的成功需要我们克服传统学科的壁垒，其中包括寻找合适的出版刊物，让广大读者可以阅读，并以此有效交流结果、方法和见解；找到资金来源以支持一大批不同学科的研究，并把所得到的见解传递到特定的学科以使机构和系统能够做出相应的微调。

全面拥抱科学学肯定对推动这一领域发展的研究群体有益。确实，尽管一些关键性的进展带来了与科学相关的普适性发现，但不同学科在文化、习惯和偏好方面存在显著区别，使得一些跨学科的研究仍然难以被某个特定的学科所接纳。这会使得相关的政策过于表面化，难以应用于某个特定领域。随着科学变得更大、更为复杂，无视学科特点的科学学见解将会变得越发不足。

所有这些都意味着，如果我们希望科学给每个人带来最大的益处，那么科学学就需要借助于所有学科中的人才、传统和启示。因此，请接受我们诚挚的邀请，与我们共同踏上这一激动人心的旅程吧！

模拟团队组建

任何一个团队中都可能包含两类成员：一类是新成员或新手，他们经验有限且技巧生疏，但他们通常会带来令人耳目一新又有点鲁莽的创新方法；另外一类是老成员或老手，他们具有已被证明的业绩记录、已建立起的声望和已被认可的才能。如果我们把所有的科学家都分为新手或老手，那么就可以在一篇联合发表的论文中区分 4 种不同类型的合作关系：①新手—新手；②新手—老手；③老手—老手或者如果两人都是老手并且曾经一起工作过，那么就是④再次合作的老手—老手。

通过改变团队中这 4 种类型组合的比例，研究人员可以建立模型以刻画团队是如何组建的，进而帮助我们理解某些合作模式是如何影响团队成功的 [187]。新手—新手、新手—老手、老手—老手以及再次合作的老手—老手这 4 种组合的比例可以用两个参数来刻画：①老手参数 p，用来表示一个团队中老手的比例；②多样性参数 q，用来描述老手与先前合作者合作的程度。

图 24-1 表明，开始时有一群先前没有与任何人合作过的新手（绿圈）。当新手首次被选入一个团队后就会变为老手（蓝圈）。为简单起见，我们现在假设

所有的团队都具有相同的规模。在选择团队成员时，我们从老手池子中选择成员的概率是 p，从新手池子中选择成员的概率是 $1-p$。如果是从老手池子中选取，并且团队中已经有了一位老手，那么我们就要做另一个决策：如果团队需要一位老手，我们是要选择一位未合作过的老手还是合作过的老搭档？这一问题由多样性参数 q 来描述：①团队中已经存在一位随机选出的老手，在与他合作过的老手中选出一名团队新成员的概率为 q，以模拟现有团队成员选择以前的合作者的倾向；②在所有老手中随机选择一位新成员的概率为 $1-q$。

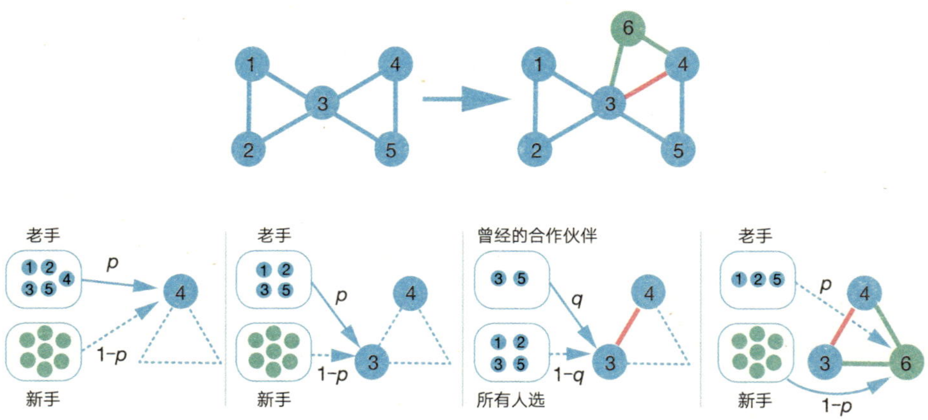

图 24-1　组建科学团队

模型从一组新手（绿圈）和老手（蓝圈）开始。在选择团队成员时，从老手池子中选择成员的概率是 p，从新手池子中选择成员的概率是 $1-p$。如果是从老手池子中选择，多样性参数 q 描述了从过去合作者中选取的可能性：①团队中已经存在一位随机选出的老手，在与他合作过的老手中选出一名团队新成员的概率为 q，以模拟现有团队成员选择以前的合作者的倾向；②新成员是在所有老手（右起第二个框）中随机选择一位新成员的概率为 $1-q$。[187]

例如，考虑组建一个 3 人团队（m=3）。在起始时刻，合作网络包含 5 个个体，全为老手（蓝圈）。此外，还有大量的新手（绿圈）想要加入新团队。举个具体的例子，我们假设老手 4 被选中作为新团队的第一个成员（位于左起第二个框）。我们假设第二个个体也是一个老手（位于左起第三个框），这意味着我们需要执行第二步，考虑是从过去的合作者中还是从未合作过的老手中选择。在这个例子中，第二个个体曾与个体4合作过，也是个体3(左起第三个框)。最后，从新手池子中选取第三个个体；该个体就成为老手 6（位于最右边的框）。

该模型为论文合作网络预测了两个不同的结果。网络的精确形状很大程度上是由老手参数 p 决定的：p 值很小意味着团队不会优先考虑有经验的老手，而是给新手进入该领域提供充分的机会。然而，频繁选择以前没有与他人合作过的新手就意味着合作网络会分散为多个很少重叠的小团队。增加 p 值也就增加了团队中有更多老手的可能性，从而增加了同一网络中两个团队产生联系的机会。事实上，由于一个老手可位于多个团队，这些老手导致网络中的重叠现象。因此，随着 p 值的增加，先前分散的团队开始在合作网络中形成一个更大的内聚簇。

有趣的是，研究人员把影响因子作为衡量团队产出质量的一个近似指标，并把它与老手参数和多样性参数（p 和 q）进行比较，发现影响因子与老手参数 p 正相关，但与多样性参数 q 负相关。这意味着在高影响因子的期刊上发表论文的团队，老手所占的比例较高。此外，期刊影响因子与多样性参数 q 之间的负相关性意味着，如果一个团队是由那些先前合作过的老手组成，那么团队水平反而会变差。尽管这种结盟行为也许会令团队成员关系更加亲密，但是却不能孵化出新成员所能带来的奇思妙想。

引用建模

普赖斯模型

普赖斯模型可以用于解释科学论文之间的引用差异性，以及与研究领域无关的引用分布的普适性。为了使引用过程更形式化，我们用 m 表示一篇论文所引用的参考文献的数量。当一位科学家引用一篇论文时，他并非是在随机选择。一篇新的论文引用论文 i 的概率取决于论文 i 已有的引用量 c_i：

$$\Pi_i = \frac{c_i}{\sum_i c_i} \quad (25\text{–}1)$$

公式 25-1 在网络科学中被称作优先连接[304]。这意味着当科学家在两篇想要引用的论文之间做选择时，如果其中一篇论文的引用量是另一篇论文的 2 倍，那么这篇引用量高的论文被选中的可能性也约为是另一篇论文的 2 倍。

然而，优先连接公式 25-1 会导致第 22 条军规一样的悖论：如果一篇论文还没有人引用（c_i=0），那么它就无法获得新的引用。为了解决这一问题，我们可以认为每篇新论文都有一个被首次引用的初始概率，叫作论文的初始吸引度 c_0。因此，论文 i 被引用的概率就修正为：

$$\Pi_i = \frac{c_i + c_o}{\sum_i (c_i + c_o)} \qquad (25\text{-}2)$$

上述模型刻画了引用的两个关键特征。

- **科学文献的增长。**新论文不断发表，每篇论文都引用 m 篇已经发表的论文。
- **优先连接。**作者选择某篇论文作为参考文献的概率并非完全一致，而是与该论文已有的引用量成正比。

公式 25-2 表示的模型最早是德里克·德索拉·普赖斯于 1976 年提出的，因此有时该模型也被称作普赖斯模型 [297]。我们可以通过该模型解析计算论文的引用量分布：

$$P_c \sim (c + c_o)^{-\gamma} \qquad (25\text{-}3)$$

其中的引用指数 γ 满足：

$$\gamma = 2 + \frac{c_o}{m} \qquad (25\text{-}4)$$

当 $c \gg c_0$ 时，公式 25-3 即变为幂律引用分布 $P_c \sim c^{-\gamma}$。公式 25-3 与普赖斯在 1965 年所观察到的引用分布 [262] 以及后续的测量 [265, 267-269, 411] 惊人的一致，它预测了引用幂指数（公式 25-4）严格大于 2。许多经验测量对应的指数都是在 3 附近，这与 $c_0=m$ 的情形相匹配。

富者是否更富

优先连接依赖的假设是，新论文倾向于引用那些引用量高的论文。但是我们如何知道在引用过程中确实存在优先连接机制呢？为了回答这个问题，我们可以测量论文的引用率（例如每年的引用量）与该论文当前的引用量之间的关系[20]。如果优先连接是起作用的，那么一篇论文的引用率就会与它的总引用量线性相关。测量结果表明确实如此[272, 412, 413]，从而为优先连接机制提供了直接的经验证据支持。

富者更富效应何时开始起作用？这取决于公式 25-2 中的初始吸引度参数 c_0。当一篇论文的引用量很少时（$c<c_0$），该论文获得新引用的可能性主要由初始吸引度 c_0 决定。为了了解一篇论文何时受益于富者更富效应，我们把普赖斯模型的预测与没有考虑初始吸引度的巴拉巴西 - 阿尔伯特模型的预测进行比较[298]，发现优先连接的转折点位于 $c_0=7$ 附近。也就是说，如果一篇论文的引用量小于 7，那么它的引用的累积与优先连接无关。一旦该论文的引用量超过 7，优先连接就开始起作用（图 25-1）。

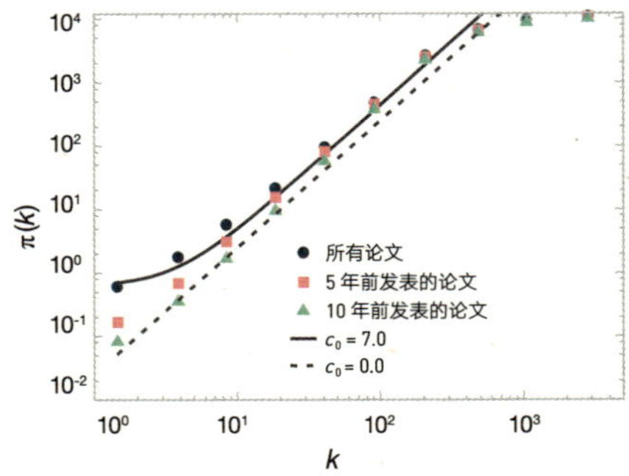

图 25-1　初始吸引度和优先连接的经验验证

实线刻画的是初始吸引度 c_0=7 的情形。虚线对应没有初始吸引度（c_0=0）的情形[269]。

优先连接的源头

富者更富效应似乎意味着科学家都是极为仔细地跟踪每篇论文的引用统计，从而可以引用那些引用量高的论文。显然，实际情况并非如此。那么，优先连接从何而来？我们可以通过审视发现和引用新论文的方式来回答这一问题。要想发现与我们的工作相关的研究，一种常用的方式就是通过已阅读的论文找到我们感兴趣的其他论文。也就是说，当我们阅读一篇论文时，往往会看它的参考文献列表，有时会选取其中的一些论文来阅读。如果我们在阅读某篇论文时，发现了另一篇论文，并且随后引用了后者，那么我们事实上是在“复制”前者的一个引用。

这一复制过程能帮助解释优先连接的起源[303, 414-420]。说得更具体一些，我们可以想象一位科学家在思考他的下一篇文章要引用哪些论文。他可以搜索适当的主题或关键词，在得到的文献中随机选择一篇论文。如果他只是这样随机地选择论文，那么最终的引用分布就会服从泊松分布，这意味着每个引用都是独立的随机事件。然而，如果我们设想该科学家有时也会选择“复制”他随机选择的论文中的某篇参考文献并加以引用，这一复制操作尽管很简单，却必然导致优先连接。这是由于一篇引用量高的论文肯定会出现在多篇论文的参考文献中。因此，一篇论文的引用量越高，它就越有可能出现在我们选择的论文的参考文献列表中，因此我们也更有可能引用它。

复制模型的优美之处在于，它并不需要我们持续跟踪已发表论文的引用统计。如果每个人只是依赖于局部信息，即先前所阅读的论文中的参考文献列表，去发现新的论文并加以引用，这一模型就必然会导致优先连接。复制模型不仅是一个理论，我们可以从数据中直接检测到它的痕迹。

复制引用的证据

密度泛函理论的先驱约翰 · P. 佩卓（John P.Perdew）是世界上论文被引用次数最高的物理学家之一，通过谷歌学术，可以查到他论文的引用量超过 22 000 次。他于 1992 年和博士生王越（Y. Wang）合作发表在《物理评论 B》上的一篇论文[421]，单篇被引用就超过了 20 000 次。然而，佩卓本人就注意到其中数千次的引用可能是引用错了，因为其中的很多作者显然是想要引用另一篇完全不同的论文。在这篇 1992 年的突破性论文发表的前一年，佩卓和王越还合作发表了另一篇不那么知名的论文，但是在一些受欢迎的论文的参考文献中却把这篇论文错误地列为那篇 1992 年的高被引论文。

分析这样的引用错误可以为引用复制提供直接的经验证据[422]。有时对某篇论文的引用会包括一个输入错误。例如，一篇论文的 4 位数页码中的一位也许写错了。如果这一相同的错误重复出现在多篇论文的参考文献列表中，那么也就表明这些引用是简单地从早期论文中复制而来的。多位研究人员全都犯了同一错误的概率确实是非常小的（在这个例子中只有 10^{-4}）。然而，当研究人员[422]跟踪某个引用错误而追溯到一篇相对有名的论文时[423]，他们发现后续引用照搬同样的错误的可能性确实是明显的。尽管不同的作者对这篇论文的引用有 196 种不同的方式，带有那个特定的输入错误的引用就有 78 次，说明这些引用可能只是简单地从某篇其他论文的参考文献中复制而来的。这些重复的错误表明，引用“复制”并不只是一个比方，而是实实在在发生的。

适者更富

普赖斯模型假设一篇论文的引用的增长速率只是由其当前的引用量决定的。基于这一基本模型，我们假设引用量同时受到优先连接和论文适应度的驱动。这就是适应度模型，也称作比安科尼 – 巴拉巴西模型[307, 308]。该模型包含如下两个假设。

- **增长。**在每个时间步长中，一篇包含 m 篇参考文献并且适应度为 η_i 的

新论文 i 发表，其中 η_i 是从分布 $p(\eta)$ 中选取的一个随机数。一旦选定，该论文的适应度就不再随时间改变。

- **优先连接。**新论文引用一篇已有论文 i 的概率，与论文 i 当前的引用量 c_i 和该论文的适应度 η_i 的乘积成正比。

$$\prod_i = \frac{\eta_i c_i}{\Sigma_j \eta_j c_j} \tag{25-5}$$

公式 25-5 中的概率依赖于 c_i，刻画了我们之前讨论过的优先连接机制。这一概率也依赖于 η_i，表明对于两篇具有相同引用量的论文，其中具有更高适应度的论文获得新引用的速率也会更高。因此，公式 25-5 保证了即使是一篇相对较新的且初始引用量很少的论文，也能很快获得新的引用，只要这篇论文比其他论文具有更高的适应度。

单篇论文引用量的最小模型

我们在第三部分讨论了影响一篇论文影响力的 4 种不同机制[298]：科学的指数增长（第 15 章）、优先连接（第 17 章），适应度（第 17 章）以及失效（第 19 章）。我们可以通过这 4 种机制的组合，建立一个引用的最小模型，用来描述一篇论文的引用量随时间的变化[298]。为此，我们把论文 i 在发表后的时刻 t 被引用的概率表示为：

$$\prod_i(t) \sim \eta_i c_i^t P_i(t) \tag{25-6}$$

在公式 25-6 中，η_i 刻画了论文的适应度，这是学术界对这一成果的反响的一个总体测量指标。c_i 刻画优先连接，表示论文被引用的概率与它已经获得的引用量成正比。最后，论文引用的长期衰减由如下的对数 - 正态生存概率函数近似描述：

$$P_i(t)=\frac{1}{\sqrt{2\pi}\sigma_i t}\exp\left(-\frac{(\ln t-\mu_i)^2}{2\sigma_i^2}\right) \tag{25-7}$$

其中 t 是论文发表至今的时间；μ 刻画影响力的即时性，决定了一篇论文达到引用峰值所需的时间；衰减度 σ 刻画引用量的衰减速率。

增长速率让我们可以计算论文 i 在发表之后的时刻 t 获得新引用的速率：

$$\frac{dc_i^t}{dN}=\frac{\Pi_i}{\sum_{i=1}^{N}\Pi_i} \tag{25-8}$$

其中，N 表示论文总数，$N(t)\approx\exp(\beta t)$，β 刻画科学的指数增长速率（见第 15 章）。速率公式 25-8 表明，随着每篇新论文的发表，论文 i 获得额外引用的机会也越来越少。对主公式 25-8 求解，获得的解析解为公式 20-1，它预测了论文 i 在发表之后的时刻 t 获得的累计引用量。

表 25-1 展示了 2004 年所有学科类别的论文截至 2012 年的平均引用量 $\langle c\rangle$[424] 以及每个类别对应的论文数量 N。表 25-1 显示了各领域的论文在引用上的明显异质性，并强调了比较和评估影响力时，引用量标准化的重要性。

表 25-1　2004 年所有学科类别截至 2012 年的平均引用量 <*c*> 和每个学科的论文数量 *N*

学科分类	< *c* >	*N*
物理学，声学	8.78	3 361
农学，农业经济和政策	7.87	592
农学，乳品和动物科学	8.99	3 868
多学科农学	12.07	2 803
农学，农艺学	10.0	4 767
医学，变态反应学	18.97	1 617
医学，解剖学与形态学	11.79	1 022
医学，男科学	11.46	248
医学，麻醉学	10.06	4 122
物理学，天文学与天体物理学	21.41	13 392
工程学，自动化和控制系统	12.91	3 449
行为科学	16.95	3 426
生物学，生物化学研究方法	20.54	9 674
生物学，生物化学与分子生物学	26.18	43 556
生物学，生物多样性保护	14.03	2 117
生物学	16.13	5 302
生物物理学	19.48	9 609
生物学，生物技术与应用微生物学	19.63	13 899
医学，心脏与心血管系统	20.21	12 472
生物学，细胞与组织工程	31.4	322
生物学，细胞生物学	32.72	17 610
分析化学	15.04	14 446

续表

学科分类	$<c>$	N
应用化学	11.76	7 542
无机核化学	12.33	10 219
医学化学	14.62	6 444
多学科化学	21.38	23 501
有机化学	14.56	16 878
物理化学	18.52	29 735
医学，临床神经病学	16.95	15 563
计算机科学，人工智能	16.77	4 690
计算机科学，控制论	10.42	1 068
计算机科学，硬件体系结构	9.83	2 890
计算机科学，信息系统	11.58	4 633
计算机科学，跨学科应用	10.25	5 761
计算机科学，软件工程	8.85	4 718
计算机科学，理论与方法	9.59	3 918
工程学，土木建筑与施工技术	7.36	2 302
医学，危重病医学	18.15	3 116
化学，晶体学	8.1	7 032
医学，口腔外科与医学	11.11	5 040
医学，皮肤病学	10.08	4 808
生物学，发育生物学	31.01	3 289
生态学	18.02	9 860
教育学，科学科目	6.32	1 930

续表

学科分类	< c >	N
化学，电化学	17.34	5 539
医学，急诊医学	7.59	1 661
内分泌与代谢病学	21.68	11 259
工程学，能源和燃料	11.9	5 977
工程学，航空航天科学	4.7	1 902
生物医学工程学	18.82	4 717
化学工程学	10.78	13 612
土木工程学	7.0	5 972
电子与电气工程学	11.32	26 432
环境工程学	16.39	4 850
地质工程学	7.08	1 406
工业工程学	8.28	3 109
工程学，制造业	8.28	3 385
海事工程学	1.06	489
机械工程学	7.54	8 503
多学科工程学	7.3	4 443
海洋工程学	7.5	874
石油工程学	2.14	1 613
生物学，昆虫学	7.76	4 371
环境科学	14.88	16 938
生物学，进化生物学	22.88	3 170
农学，渔业	10.79	3 495

续表

学科分类	$<c>$	N
食品科学与技术	11.97	9 457
林学	11.42	2 811
医学，胃肠病学与肝脏病学	19.03	7 518
生物学，遗传学与遗传	25.56	12 947
地理学，地球化学与地球物理学	15.79	5 777
自然地理学	14.6	2 230
地理学，地质学	12.42	1 604
多学科地理学	11.71	10 683
老年医学	15.1	2 387
医学，保健科学和服务	11.78	3 577
医学，血液学	25.88	9 875
历史与科学哲学	4.18	919
成像科学与摄影技术	16.28	1 136
医学，免疫学	22.17	17 048
医学，传染病学	18.47	7 727
工程学，仪器与仪表学	8.28	8 599
医学，综合与补充医学	10.45	885
湖沼生物学	13.27	1 208
生物学，海洋和淡水生物学	12.33	6 939
材料科学，生物材料学	23.02	2 082
材料科学，陶瓷工艺	7.87	3 443
材料科学，表征与测试	4.59	1 293

续表

学科分类	$<c>$	N
材料科学，涂料与薄膜	11.03	4 993
材料科学，复合材料	9.44	1 539
多学科材料科学	13.68	34 391
材料科学，纸与木材	4.67	1 048
材料科学，纺织	5.72	949
生物学，数学和计算生物学	20.05	2 304
数学	4.61	13 390
应用数学	6.65	11 863
数学，跨学科应用	10.37	4 370
力学	9.49	10 165
医学伦理学	6.27	443
医学，医学信息学	11.66	1 196
医学，医学检验技术	11.13	2 210
医学，普通内科医学	19.97	14 814
法医学	7.02	993
医学，研究与实验	20.29	8 861
冶金和冶金工程学	8.12	8 077
物理学，气象学和大气科学	15.86	6 720
生物学，微生物学	19.84	13 224
显微镜学	9.9	674
工程学，矿物学	10.95	1 724
工程学，矿业与矿物加工	6.01	1 553

续表

学科分类	<c>	N
多学科科学	48.85	10 909
生物学，真菌学	10.45	1 019
纳米科学与纳米技术	20.63	7 183
生物学，神经影像学	25.95	1 430
生物学，神经科学	23.48	23 796
工程学，核科学与技术	6.03	7 589
医学，护理学	7.86	2 365
医学，营养与饮食学	18.44	4 767
医学，产科学与妇科学	11.78	7 384
地理学，海洋地理学	13.66	4 159
医学，肿瘤学	23.44	19 647
运筹学与管理科学	10.69	3 902
医学，眼科学	11.97	6 359
物理学，光学	12.16	12 693
生物学，鸟类学	8.36	928
医学，矫形外科学	13.0	5 607
医学，耳鼻喉科学	9.01	3 235
生物学，古生物学	9.7	1 559
寄生虫学	11.06	2 239
医学，病理学	14.42	5 694
医学，儿科学	10.69	9 553
医学，周围性血管疾病	25.41	8 353

续表

学科分类	$<c>$	N
医学，药理学与药剂学	14.65	20 991
应用物理	14.24	28 999
原子、分子与化学物理学	14.32	12 973
物理学，凝聚态物理	13.39	22 654
物理学，流体与等离子体	12.31	5 648
数学物理学	11.38	6 624
多学科物理学	16.17	15 438
核物理学	10.24	4 987
物理学，粒子与场	14.33	8 759
生理学	18.73	7 846
生物学，植物学	15.45	12 844
材料科学，高分子科学	14.16	11 170
医学，初级保健护理	6.93	1 140
医学，精神病学	20.88	9 108
医学，心理学	17.93	2 942
医学，公共、环境与职业卫生	15.31	10 171
医学，放射学、核医学与医学影像学	15.78	12 165
康复医学	11.45	1 863
工程学，遥感技术	14.94	1 301
生物学，生殖生物学	15.26	3 710
医学，呼吸系统	16.34	6 259
医学，风湿病学	18.28	3 058

续表

学科分类	<*c*>	*N*
工程学，机器人学	11.17	497
土壤科学	11.08	2 766
材料科学，光谱学	9.56	6 648
体育科学	13.44	4 701
数学，统计学与概率论	9.04	4 922
物质滥用	16.99	1 049
医学，外科学	12.25	22 687
工程学，电信学	9.97	5 196
物理学，热力学	9.76	3 809
医学，毒理学	13.82	6 214
医学，移植医学	13.21	4 665
医学，运输科学与技术	5.44	1 562
医学，热带医学	11.39	1 298
医学，泌尿学与肾脏学	15.58	7 784
医学，兽医学	7.64	7 967
医学，滤过性微生物学	21.66	4 713
水资源	10.86	5 490
生物学，动物学	10.07	6 684

参考文献

[1] W. Dennis, Bibliographies of eminent scientists. *Scientific Monthly*, 79(3), (1954), 180–183.

[2] D. K. Simonton, Creative productivity: A predictive and explanatory model of career trajectories and landmarks. *Psychological Review*, 104(1), (1997), 66.

[3] S. Brodetsky, Newton: Scientist and man. *Nature*, 150, (1942), 698–699.

[4] Y. Dong, H. Ma, Z. Shen, et al., A century of science: Globalization of scientific collaborations, citations, and innovations, in *Proceedings of the 23rd ACM SIGKDD International Conference on Knowledge Discovery and Data Mining* (New York: ACM, 2017), pp. 1437–1446.

[5] R. Sinatra, P. Deville, M. Szell, et al., A century of physics. *Nature Physics*, 11(10), (2015), 791–796.

[6] M. L. Goldberger, B. A. Maher, and P. E. E. Flattau, *Doctorate Programs in the United States: Continuity and Change* (Washington, DC: The National Academies Press, 1995).

[7] L. Baird, Departmental publication productivity and reputational quality: Disciplinary differences. *Tertiary Education and Management*, 15(4), 2009), 355–369.

[8] J. P. Ioannidis, Why most published research findings are false. *PLOS Medicine*, 2(8), (2005), e124.

[9] W. Shockley, On the statistics of individual variations of productivity in research laboratories. *Proceedings of the IRE*, 45(3), (1957), 279–290.

[10] P. Fronczak, A. Fronczak, and J. A. Hołyst, Analysis of scientific productivity using maximum entropy principle and fluctuation-dissipation theorem. *Physical Review E*, 75(2), (2007), 026103.

[11] A. J. Lotka, The frequency distribution of scientific productivity. *Journal of Washington Academy Sciences*, 16(12), (1926), 317–324.

[12] D. de Solla Price, *Little Science, Big Science and Beyond* (New York: Columbia University Press, 1986).

[13] H. C. Lehman, Men's creative production rate at different ages and in different countries. *The Scientific Monthly*, 78, (1954), 321–326.

[14] P. D. Allison and J. A. Stewart, Productivity differences among scientists: Evidence for accumulative advantage. *American Sociological Review*, 39(4), (1974), 596–606.

[15] F. Radicchi and C. Castellano, Analysis of bibliometric indicators for individual scholars in a large data set. *Scientometrics*, 97(3), (2013), 627–637.

[16] A. -L. Barabási, *The Formula: The Universal Laws of Success* (London: Hachette, 2018).

[17] D. Bertsimas, E. Brynjolfsson, S. Reichman, et al., OR forum-tenure analytics: Models for predicting research impact. *Operations Research*, 63(6), (2015), 1246–1261.

[18] P. E. Stephan, *How Economics Shapes Science* vol. 1 (Cambridge, MA: Harvard University Press, 2012).

[19] A. Clauset, S. Arbesman, and D. B. Larremore, Systematic inequality and hierarchy in faculty hiring networks. *Science Advances*, 1(1), (2015), e1400005.

[20] W. J. Broad, The publishing game: Getting more for less. *Science*, 211 (4487), (1981), 1137–1139.

[21] N. R. Smalheiser and V. I. Torvik, Author name disambiguation. *Annual Review of Information Science and Technology*, 43(1), (2009), 1–43.

[22] A. A. Ferreira, M. A. Gonçalves, and A. H. Laender, A brief survey of automatic methods for author name disambiguation. *ACM SIGMOD Record*, 41(2), (2012), 15–26.

[23] V. I. Torvik, M. Weeber, D. R. Swanson, et al., A probabilistic similarity metric for Medline records: A model for author name disambiguation. *Journal of the American Society for Information Science and Technology*, 56(2), (2005), 140–158.

[24] A. J. Hey and P. Walters, *Einstein's Mirror* (Cambridge, UK: Cambridge University Press, 1997).

[25] D. N. Mermin, My life with Landau, in E. A. Gotsman, Y. Ne'eman, and A. Voronel, eds., *Frontiers of Physics, Proceedings of the Landau Memorial Conference* (Oxford: Pergamon Press, 1990), p. 43.

[26] J. E. Hirsch, An index to quantify an individual's scientific research output. *Proceedings of the National Academy of Sciences*, 102(46), (2005), 16569–16572.

[27] R. Van Noorden, Metrics: A profusion of measures. *Nature*, 465(7300), (2010), 864–866.

[28] A. F. Van Raan, Comparison of the Hirsch-index with standard bibliometric indicators and with peer judgment for 147 chemistry research groups. *Scientometrics*, 67(3), (2006), 491–502.

[29] L. Zhivotovsky and K. Krutovsky, Self-citation can inflate *h*-index. *Scientometrics*, 77(2), (2008), 373–375.

[30] A. Purvis, The *h* index: playing the numbers game. *Trends in Ecology and*

Evolution, 21(8), (2006), 422.

[31] J. E. Hirsch, Does the *h* index have predictive power? *Proceedings of the National Academy of Sciences*, 104(49), (2007), 19193–19198.

[32] J. M. Cattell, *American Men of Science: A Biographical Directory* (New York: The Science Press, 1910).

[33] J. Lane, Let's make science metrics more scientific. *Nature*, 464(7288), (2010), 488–489.

[34] S. Alonso, F. J. Cabrerizo, E. Herrera-Viedma, et al., h_g-index: A new index to characterize the scientific output of researchers based on the *h*-and *g*-indices. *Scientometrics*, 82(2), (2009), 391–400.

[35] S. Alonso, F. J. Cabrerizo, E. Herrera-Viedma, et al., *h*-index: A review focused in its variants, computation and standardization for different scientific fields. *Journal of Informetrics*, 3(4), (2009), 273–289.

[36] Q. L. Burrell, On the *h*-index, the size of the Hirsch core and Jin's *a*-index. *Journal of Informetrics*, 1(2), (2007), 170–177.

[37] F. J. Cabrerizo, S. Alonso, E. Herrera-Viedma, et al., q^2-Index: Quantitative and qualitative evaluation based on the number and impact of papers in the Hirsch core. *Journal of Informetrics*, 4(1), (2010), 23–28.

[38] B. Jin, L. Liang, R. Rousseau, et al., The *R*-and *AR*-indices: Complementing the *h*-index. *Chinese Science Bulletin*, 52(6), (2007), 855–863.

[39] M. Kosmulski, A new Hirsch-type index saves time and works equally well as the original *h*-index. *ISSI Newsletter*, 2(3), (2006), 4–6.

[40] L. Egghe, An improvement of the *h*-index: the *g*-index. *ISSI Newsletter*, 2(1), (2006), 8–9.

[41] L. Egghe, Theory and practise of the *g*-index. *Scientometrics*, 69(1), (2006), 131–152.

[42] S. N. Dorogovtsev and J. F. F. Mendes, Ranking scientists. *Nature Physics*, 11(11), (2015), 882–883.

[43] F. Radicchi, S. Fortunato, and C. Castellano, Universality of citation distributions: Toward an objective measure of scientific impact. *Proceedings of the National Academy of Sciences*, 105(45), (2008), 17268–17272.

[44] J. Kaur, F. Radicchi, and F. Menczer, Universality of scholarly impact metrics. *Journal of Informetrics*, 7(4), (2013), 924–932.

[45] A. Sidiropoulos, D. Katsaros, and Y. Manolopoulos, Generalized Hirsch h-index for disclosing latent facts in citation networks. *Scientometrics*, 72(2), (2007), 253–280.

[46] J. Hirsch, An index to quantify an individual's scientific research output that takes into account the effect of multiple coauthorship. *Scientometrics*, 85(3), (2010), 741–754.

[47] J. E. Hirsch, h_α: An index to quantify an individual's scientific leadership. *Scientometrics*, 118(2), (2019), 673–686.

[48] M. Schreiber, A modification of the h-index: The h_m-index accounts for multi-authored manuscripts. *Journal of Informetrics*, 2(3), (2008), 211–216.

[49] L. Egghe, Mathematical theory of the h-and g-index in case of fractional counting of authorship. *Journal of the American Society for Information Science and Technology*, 59(10), (2008), 1608–1616.

[50] S. Galam, Tailor based allocations for multiple authorship: A fractional *gh* index. *Scientometrics*, 89(1), (2011), 365.

[51] T. Tscharntke, M. E. Hochberg, T. A. Rand et al., Author sequence and credit for contributions in multiauthored publications. *PLOS Biology*, 5(1), (2007), eI8.

[52] M. Ausloos, Assessing the true role of coauthors in the h-index measure of an author scientific impact. *Physica A: Statistical Mechanics and its Applications*,

422, (2015), 136–142.

[53] X. Z. Liu and H. Fang, Modifying *h*-index by allocating credit of multiauthored papers whose author names rank based on contribution. *Journal of Informetrics*, 6(4), (2012), 557–565.

[54] X. Hu, R. Rousseau, and J. Chen, In those fields where multiple authorship is the rule, the *h*-index should be supplemented by role-based *h*-indices. *Journal of Information Science*, 36(1), (2010), 73–85.

[55] Google Scholar.

[56] F. Radicchi, S. Fortunato, B. Markines, et al., Diffusion of scientific credits and the ranking of scientists. *Physical Review E*, 80(5), (2009), 056103.

[57] A. Abbott, D. Cyranoski, N. Jones, et al., Metrics: Do metrics matter? *Nature News*, 465(7300), (2010), 860–862.

[58] M. Pavlou and E. P. Diamandis, The athletes of science. *Nature*, 478(7369), (2011), 419–419.

[59] T. S. Kuhn, *The Structure of Scientific Revolutions* (Chicago: University of Chicago Press, 1962).

[60] R. K. Merton, The Matthew effect in science. *Science*, 159(3810), (1968), 56–63.

[61] T. S. Simcoe and D. M. Waguespack, Status, quality, and attention: What's in a (missing) name? *Management Science*, 57(2), (2011), 274–290.

[62] A. Tomkins, M. Zhang, and W. D. Heavlin, Reviewer bias in single-versus double-blind peer review. *Proceedings of the National Academy of Sciences*, 114(48), (2017), 12708–12713.

[63] B. McGillivray and E. De Ranieri, Uptake and outcome of manuscripts in Nature journals by review model and author characteristics. *Research Integrity and Peer Review* 3, (2018), 5.

[64] R. M. Blank, The effects of double-blind versus single-blind reviewing: Experimental

evidence from the American Economic Review. *The American Economic Review*, 81(5), (1991), 1041–1067.

[65] A. M. Petersen, S. Fortunato, R. K. Pan, et al., Reputation and impact in academic careers. *Proceedings of the National Academy of Sciences*, 111 (2014), 15316–15321.

[66] S. Cole, Age and scientific performance. *American Journal of Sociology*, (1979), 958–977.

[67] M. Newman, *Networks: An Introduction* (Oxford: Oxford University Press, 2010).

[68] A. -L. Barabási, *Network Science* (Cambridge: Cambridge University, 2015).

[69] J. B. Fenn, M. Mann, C. K. Meng, et al., Electrospray ionization for mass spectrometry of large biomolecules. *Science*, 246(4926), (1989), 64–71.

[70] A. Mazloumian, Y. -H. Eom, D. Helbing, et al., How citation boosts promote scientific paradigm shifts and Nobel Prizes. *PlOS ONE*, 6(5), (2011), e18975.

[71] F. C. Fang, R. G. Steen, and A. Casadevall, Misconduct accounts for the majority of retracted scientific publications. *Proceedings of the National Academy of Sciences*, 109(42), (2012), 17028–17033.

[72] S. F. Lu, G. Jin, B. Uzzi, et al., The retraction penalty: Evidence from the Web of Science. *Scientific Reports*, 3(3146), (2013).

[73] P. Azoulay, J. L. Furman, J. L. Krieger, et al., Retractions. *Review of Economics and Statistics*, 97(5), (2015), 1118–1136.

[74] P. Azoulay, A. Bonatti, and J. L. Krieger, The career effects of scandal: Evidence from scientific retractions. *Research Policy*, 46(9), (2017), 1552–1569.

[75] G. Z. Jin, B. Jones, S. Feng Lu, et al., *The Reverse Matthew Effect: Catastrophe and Consequence in Scientific Teams*, working paper 19489 (Cambridge, MA: National Bureau of Economic Research, 2013).

[76] R. K. Merton, Singletons and multiples in scientific discovery: A chapter in

the sociology of science. *Proceedings of the American Philosophical Society*, 105(5), (1961), 470–486.

[77] P. Azoulay, T. Stuart, and Y. Wang, Matthew: Effect or fable? *Management Science*, 60(1), (2013), 92–109.

[78] E. Garfield, and A. Welljams-Dorof, Of Nobel class: A citation perspective on high impact research authors. *Theoretical Medicine*, 13(2), (1992), 117–135.

[79] P. Azoulay, Research efficiency: Turn the scientific method on ourselves. *Nature*, 484(7392), (2012), 31–32.

[80] M. Restivo, and A. Van De Rijt, Experimental study of informal rewards in peer production. *PLOS ONE*, 7(3), (2012), e34358.

[81] A. Van De Rijt, S. M. Kang, M. Restivo, et al., Field experiments of success-breeds-success dynamics. *Proceedings of the National Academy of Sciences*, 111(19), (2014), 6934–6939.

[82] B. Alberts, M. W. Kirschner, S. Tilghman, et al., Opinion: Addressing systemic problems in the biomedical research enterprise. *Proceedings of the National Academy of Sciences*, 112(7), (2015), 1912–1913.

[83] J. Kaiser, Biomedical research. The graying of NIH research. *Science*, 322(5903), (2008), 848–849.

[84] G. M. Beard, *Legal Responsibility in Old Age* (New York: Russells' American Steam Printing House, 1874) pp. 5–42.

[85] H. C. Lehman, *Age and Achievement* (Princeton, NJ: Princeton University Press, 1953).

[86] W. Dennis, Age and productivity among scientists. *Science*, 123, (1956), 724–725.

[87] W. Dennis, Creative productivity between the ages of 20 and 80 years. *Journal of Gerontology*, 21(1), (1966), 1–8.

[88] B. F. Jones, Age and great invention. *The Review of Economics and Statistics*,

92(1), (2010), 1–14.

[89] B. Jones, E. J. Reedy, and B. A. Weinberg, *Age and Scientific Genius*, working paper 19866 (Cambridge, MA: National Bureau of Economic Research, 2014).

[90] A. P. Usher, *A History of Mechanical Inventions*, revised edition (North Chelmsford, MA: Courier Corporation, 1954).

[91] M. L. Weitzman, Recombinant growth. *Quarterly Journal of Economics*, 113(2), (1998), 331–360.

[92] B. Uzzi, S. Mukherjee, M. Stringer, et al., Atypical combinations and scientific impact. *Science*, 342(6157), (2013), 468–472.

[93] K. A. Ericsson, R. T. Krampe, and C. Tesch-Römer, The role of deliberate practice in the acquisition of expert performance. *Psychological Review*, 100(3), (1993), 363–406.

[94] K. A. Ericsson, and A. C. Lehmann, Expert and exceptional performance: Evidence of maximal adaptation to task constraints. *Annual Review of Psychology*, 47(1), (1996), 273–305.

[95] K. A. Ericsson, R. R. Hoffman, A. Kozbelt, et al., *The Cambridge Handbook of Expertise and Expert Performance* (Cambridge, UK: Cambridge University Press, 2006).

[96] D. C. Pelz, and F. M. Andrews, *Scientists in Organizations: Productive Climates for Research and Development* (New York: Wiley, 1966).

[97] A. E. Bayer, and J. E. Dutton, Career age and research-professional activities of academic scientists: Tests of alternative nonlinear models and some implications for higher education faculty policies. *The Journal of Higher Education*, 48(3), (1977), 259–282.

[98] R. T. Blackburn, C. E. Behymer, and D. E. Hall, Research note: Correlates of faculty publications. *Sociology of Education*, 51(2) (1978), 132–141.

[99] K. R. Matthews, K. M. Calhoun, N. Lo, et al., The aging of biomedical research in the United States. *PLOS ONE,* 6(12), (2011), e29738.

[100] C. W. Adams, The age at which scientists do their best work. ISIS*,* 36(3/4) (1946), 166–169.

[101] H. Zuckerman, *Scientific Elite: Nobel Laureates in the United States* (Piscataway, NJ: Transaction Publishers, 1977).

[102] D. K. Simonton, Career landmarks in science: Individual differences and interdisciplinary contrasts. *Developmental Psychology*, 27(1), (1991), 119–130.

[103] B. F. Jones, and B. A. Weinberg, Age dynamics in scientific creativity. *Proceedings of the National Academy of Sciences*, 108(47), (2011), 18910–18914.

[104] B. F. Jones, The burden of knowledge and the "death of the renaissance man": Is innovation getting harder? *The Review of Economic Studies*, 76(1), (2009), 283–317.

[105] B. F. Jones, As science evolves, how can science policy? *Innovation Policy and the Economy*, 11 (2011), 103–131.

[106] F. Machlup, *The Production and Distribution of Knowledge in the United States* (Princeton, NJ: Princeton University Press, 1962).

[107] S. Fortunato, Growing time lag threatens Nobels. *Nature*, 508(7495), (2014), 186–186.

[108] D. C. Cassidy, *Uncertainty: The Life and Science of Werner Heisenberg* (New York: Freeman, 1992), p. 1.

[109] B. A. Weinberg, and D. W. Galenson, *Creative Careers: The Life Cycles of Nobel Laureates in Economics*, working paper 11799 (Cambridge, MA: National Bureau of Economic Research, 2005).

[110] M. Rappa and K. Debackere, Youth and scientific innovation: The role of young

scientists in the development of a new field. *Minerva*, 31(1), (1993), 1–20.

[111] M. Packalen and J. Bhattacharya, *Age and the Trying out of New Ideas*. working paper 20920 (Cambridge, MA: National Bureau of Economic Research, 2015).

[112] D. W. Galenson, *Painting Outside the Lines: Patterns of Creativity in Modern Art* (Cambridge, MA: Harvard University Press, 2009).

[113] D. W. Galenson, *Old Masters and Young Geniuses: The Two Life Cycles of Artistic Creativity* (Princeton, NJ: Princeton University Press, 2011).

[114] D. L. Hull, P. D. Tessner, and A. M. Diamond, Planck's principle. *Science*, 202(4369), (1978), 717–723.

[115] P. Azoulay, J. S. Zivin, and J. Wang, Superstar extinction. *Quarterly Journal of Economics*, 125(2), (2010), 549–589.

[116] R. Sinatra, D. Wang, P. Deville, et al., Quantifying the evolution of individual scientific impact. *Science*, 354(6312), (2016), aaf5239.

[117] L. Liu, Y. Wang, R. Sinatra, et al., Hot streaks in artistic, cultural, and scientific careers. *Nature*, 559, (2018), 396–399.

[118] D. K. Simonton, Creative productivity, age, and stress: A biographical time-series analysis of 10 classical composers. *Journal of Personality and Social Psychology*, 35(11), (1977), 791–804.

[119] D. K. Simonton, Quality, quantity, and age: The careers of ten distinguished psychologists. *International Journal of Aging & Human Development*, 21(4), (1985), 241–254.

[120] D. K. Simonton, *Genius, Creativity, and Leadership: Historiometric Inquiries* (Cambridge, MA; Harvard University Press, 1984).

[121] D. K. Simonton, *Scientific Genius: A Psychology of Science* (Cambridge, UK: Cambridge University Press, 1988).

[122] J. Li, Y. Yin, S. Fortunato, et al., Nobel laureates are almost the same as us.

Nature Reviews Physics, 1(5), (2019), 301–303.

[123] P. Azoulay, B. F. Jones, N. J. D. Kim, et al., *Age and High-Growth Entrepreneurship* working paper 24489 (Cambridge, MA: National Bureau of Economic Research, 2018).

[124] P. Azoulay, B. Jones, J. D. King, et al., Research: The average age of a successful startup founder is 45. *Harvard Business Review*, (2018), July 11.

[125] N. Powdthavee, Y. E. Riyanto, and J. L. Knetsch, Lower-rated publications do lower academics' judgments of publication lists: Evidence from a survey experiment of economists. *Journal of Economic Psychology*, 66, (2018), 33–44.

[126] T. Gilovich, R. Vallone, and A. Tversky, The hot hand in basketball: On the misperception of random sequences. *Cognitive Psychology*, 17(3), (1985), 295–314.

[127] J. Miller and A. Sanjurjo, Surprised by the hot hand fallacy? A truth in the law of small numbers. *Econometrica*, 86(6), (2018), 2019–2047.

[128] P. Ayton, and I. Fischer, The hot hand fallacy and the gambler's fallacy: Two faces of subjective randomness? *Memory & Cognition*, 32(8), (2004), 1369–1378.

[129] M. Rabin, and D. Vayanos, The gambler's and hot-hand fallacies: Theory and applications. *Review of Economic Studies*, 77(2), (2010), 730–778.

[130] J. M. Xu, and N. Harvey, Carry on winning: The gamblers' fallacy creates hot hand effects in online gambling. *Cognition*, 131(2), (2014), 173–180.

[131] P. Csapo and M. Raab, Correction "Hand down, Man down." Analysis of defensive adjustments in response to the hot hand in basketball using novel defense metrics (vol 9, e114184, 2014). *PLOS ONE*, 10(4), (2015), e0124982.

[132] A. -L. Barabási, The origin of bursts and heavy tails in human dynamics. *Nature*, 435(7039), (2005), 207–211.

[133] A. Vázquez, J. G. Oliveira, Z. Dezsö, et al., Modeling bursts and heavy tails in human dynamics. *Physical Review E*, 73(3), (2006), 036127.

[134] A. -L. Barabási, *Bursts: The Hidden Patterns Behind Everything We Do, From Your E-mail to Bloody Crusades* (New York: Penguin, 2010).

[135] B. P Abbott, R. Abbott, T. D. Abbott, et al., Observation of gravitational waves from a binary black hole merger. *Physical Review Letters*, 116(6), (2016), 061102.

[136] S. Wuchty, B.F. Jones, and B. Uzzi, The increasing dominance of teams in production of knowledge. *Science*, 316(5827), (2007), 1036–1039.

[137] N. J. Cooke and M. L. Hilton (eds.), *Enhancing the Effectiveness of Team Science* (Washington, DC: National Academies Press, 2015).

[138] N. Drake, What is the human genome worth? *Nature News*, (2011).

[139] J. Whitfield, Group theory. *Nature*, 455(7214), (2008), 720–723.

[140] J. M. Valderas, Why do team-authored papers get cited more? *Science*, 317 (5844), (2007), 1496–1498.

[141] E. Leahey, From solo investigator to team scientist: Trends in the practice and study of research collaboration. *Annual Review of Sociology*, 42, (2016), 81–100.

[142] C. M. Rawlings and D. A. McFarland, Influence flows in the academy: Using affiliation networks to assess peer effects among researchers. *Social Science Research*, 40(3), (2011), 1001–1017.

[143] B. F. Jones, S. Wuchty, and B. Uzzi, Multi-university research teams: shifting impact, geography, and stratification in science. *Science*, 322 (5905), (2008), 1259–1262.

[144] Y. Xie and A. A. Killewald, *Is American Science in Decline?* (Cambridge, MA: Harvard University Press, 2012).

[145] J. Adams, Collaborations: The fourth age of research. *Nature*, 497(7451),

(2013), 557–560.

[146] Y. Xie, "Undemocracy": Inequalities in science. *Science*, 344(6186), (2014), 809–810.

[147] M. Bikard, F. Murray, and J. S. Gans, Exploring trade-offs in the organization of scientific work: Collaboration and scientific reward. *Management Science*, 61(7), (2015), 1473–1495.

[148] C. F. Manski, Identification of endogenous social effects: The reflection problem. *The Review of Economic Studies*, 60(3), (1993), 531–542.

[149] B. Sacerdote, Peer effects with random assignment: Results for Dartmouth roommates. *The Quarterly Journal of Economics*, 116(2), (2001), 681–704.

[150] A. Mas and E. Moretti, Peers at work. *The American Economic Review*, 99(1), (2009), 112–145.

[151] D. Herbst and A. Mas, Peer effects on worker output in the laboratory generalize to the field. *Science*, 350(6260), (2015), 545–549.

[152] A. K. Agrawal, J. McHale, and A. Oettl, *Why Stars Matter* working paper 20012 (Cambrdige, MA: National Bureau of Economic Research, 2014).

[153] J. D. Angrist and J. -S. Pischke, *Mostly Harmless Econometrics: An Empiricist's Companion* (Princeton, NJ: Princeton University Press, 2008).

[154] G. J. Borjas and K. B. Doran, Which peers matter? The relative impacts of collaborators, colleagues, and competitors. *Review of Economics and Statistics*, 97(5), (2015), 1104–1117.

[155] F. Waldinger, Peer effects in science: Evidence from the dismissal of scientists in Nazi Germany. *The Review of Economic Studies*, 79(2), (2011), 838–861.

[156] D. Crane, *Invisible Colleges: Diffusion of Knowledge in Scientific Communities* (Chicago: University of Chicago Press, 1972).

[157] A. Oettl, Sociology: Honour the helpful. *Nature*, 489(7417), (2012), 496–497.

[158] A. Oettl, Reconceptualizing stars: Scientist helpfulness and peer performance. *Management Science*, 58(6), (2012), 1122–1140.

[159] J. W. Grossman, Patterns of research in mathematics. *Notices of the AMS*, 52(1), (2005), 35–41.

[160] G. Palla, A. -L. Barabási, and T. Vicsek, Quantifying social group evolution. *Nature*, 446(7136), (2007), 664–667.

[161] J. W. Grossman and P. D. Ion, On a portion of the well-known collaboration graph. *Congressus Numerantium*, 108, (1995), 129–132.

[162] J. W. Grossman, The evolution of the mathematical research collaboration graph. *Congressus Numerantium*, 158, (2002), 201–212.

[163] A. -L Barabási, H. Jeong, Z. Neda, et al., Evolution of the social network of scientific collaborations. *Physica A: Statistical Mechanics and its Applications*, 311(3), (2002), 590–614.

[164] M. E. Newman, Coauthorship networks and patterns of scientific collaboration. *Proceedings of the National Academy of Sciences*, 101 (suppl 1), (2004), 5200–5205.

[165] M. E. Newman, The structure of scientific collaboration networks. *Proceedings of the National Academy of Sciences*, 98(2), (2001), 404–409.

[166] J. Grossman, The Erdös Number Project at Oakland University (2018).

[167] D. J. Watts and S. H. Strogatz, Collective dynamics of "small-world" networks. *Nature*, 393(6684), (1998), 440–442.

[168] B. Uzzi and J. Spiro, Collaboration and creativity: The small world Problem1. *American Journal of Sociology*, 111(2), (2005), 447–504.

[169] W. M. Muir, Group selection for adaptation to multiple-hen cages: Selection program and direct responses. *Poultry Science*, 75(4), (1996), 447–458.

[170] D. S. Wilson, *Evolution for Everyone: How Darwin's Theory Can Change the*

Way We Think About Our Lives (McHenry, IL: Delta, 2007).

[171] M. A., Marks, J. E. Mathieu, and S. J. Zaccaro, A temporally based framework and taxonomy of team processes. *Academy of Management Review*, 26(3), (2001), 356–376.

[172] J. Scott, Discord turns academe's hot team cold: The self-destruction of the English department at Duke. *The New York Times*, (November 21, 1998).

[173] D. Yaffe, The department that fell to Earth: The deflation of Duke English. *Lingua Franca: The Review of Academic Life*, 9(1), (1999), 24–31.

[174] R. I. Swaab, M. Schaerer, E. M. Anicich, et al., The too-much-talent effect team interdependence determines when more talent is too much or not enough. *Psychological Science*, 25(8), (2014), 1581–1591.

[175] R. Ronay, K. Greenaway, E. M. Anicich, et al., The path to glory is paved with hierarchy when hierarchical differentiation increases group effectiveness. *Psychological Science*, 23(6), (2012), 669–677.

[176] B. Groysberg, J. T. Polzer, and H. A. Elfenbein, Too many cooks spoil the broth: How high-status individuals decrease group effectiveness. *Organization Science*, 22(3), (2011), 722–737.

[177] B. Uzzi, S. Wuchty, J. Spiro, et al., Scientific teams and networks change the face of knowledge creation, in B. Vedres and M. Scotti (eds.), *Networks in Social Policy Problems* (Cambridge: Cambridge University Press, 2012), pp. 47–59.

[178] R. B. Freeman and W. Huang, Collaboration: Strength in diversity. *Nature*, 513(7518), (2014), 305–305.

[179] R. B. Freeman and W. Huang, *Collaborating with People Like me: Ethnic Coauthorship Within the US*, working paper 19905, (Cambridge, MA: National Bureau of Economic Research, 2014).

[180] M. J. Smith, C. Weinberger, E. M. Bruna, et al., The scientific impact of nations:

Journal placement and citation performance. *PLOS ONE*, 9(10), (2014), e109195.

[181] B. K. AlShebli, T. Rahwan, and W. L. Woon, The preeminence of ethnic diversity in scientific collaboration. *Nature Communications*, 9(1), (2018), 5163.

[182] K. Powell, These labs are remarkably diverse: Here's why they're winning at science. *Nature*, 558(7708), (2018), 19–22.

[183] J. N. Cummings, S. Kiesler, R. Bosagh Zadeh, et al., Group heterogeneity increases the risks of large group size a longitudinal study of productivity in research groups. *Psychological Science*, 24(6), (2013), 880–890.

[184] I. J. Deary, *Looking Down on Human Intelligence: From Psychometrics to the Brain* (Oxford: Oxford University Press, 2000).

[185] C. Spearman, "General Intelligence," objectively determined and measured. *The American Journal of Psychology*, 15(2), (1904), 201–292.

[186] A.W. Woolley, C. F. Chabris, A. Pentland, et al., Evidence for a collective intelligence factor in the performance of human groups. *Science*, 330 (6004), (2010), 686–688.

[187] R. Guimera, B. Uzzi, J. Spiro, et al., Team assembly mechanisms determine collaboration network structure and team performance. *Science*, 308 (5722), (2005), 697–702.

[188] M. De Vaan, D. Stark, and B. Vedres, Game changer: The topology of creativity. *American Journal of Sociology*, 120(4), (2015), 1144–1194.

[189] B. Vedres, Forbidden triads and creative success in jazz: The Miles Davis factor. *Applied Network Science*, 2(1), (2017), 31.

[190] A. M. Petersen, Quantifying the impact of weak, strong, and super ties in scientific careers. *Proceedings of the National Academy of Sciences*, 112 (34), (2015), E4671–E4680.

[191] L. Dahlander and D. A. McFarland, Ties that last tie formation and persistence

in research collaborations over time. *Administrative Science Quarterly*, 58(1), (2013), 69–110.

[192] M. S. Brown and J. L. Goldstein, A receptor-mediated pathway for cholesterol homeostasis. *Science*, 232(4746), (1986), 34–47.

[193] M. Heron, Deaths: Leading causes for 2012. *National Vital Statistics Reports*, 64(10), (2015).

[194] G. Aad, B. Abbott, J. Abdallah, et al., Combined measurement of the Higgs boson mass in *pp* collisions at √s= 7 and 8 TeV with the ATLAS and CMS experiments. *Physical Review Letters*, 114(19), (2015), 191803.

[195] D. Castelvecchi, Physics paper sets record with more than 5 000 authors. *Nature News*, May 15, 2015.

[196] S. Milojevic, Principles of scientific research team formation and evolution. *Proceedings of the National Academy of Sciences*, 111(11), (2014), 3984–3989.

[197] M. Klug and J. P. Bagrow, Understanding the group dynamics and success of teams. *Royal Society Open Science*, 3(4), (2016), 160007.

[198] P. B. Paulus, N. W. Kohn, L. E. Arditti, et al., Understanding the group size effect in electronic brainstorming. *Small Group Research*, 44(3), (2013), 332–352.

[199] K. R. Lakhani, K. J. Boudreau, P.-R. Loh, et al., Prize-based contests can provide solutions to computational biology problems. *Nature Biotechnology*, 31(2), (2013), 108–111.

[200] S. J. Barber, C. B. Harris, and S. Rajaram, Why two heads apart are better than two heads together: Multiple mechanisms underlie the collaborative inhibition effect in memory. *Journal of Experimental Psychology: Learning Memory and Cognition*, 41(2), (2015), 559–566.

[201] J. A. Minson and J. S. Mueller, The cost of collaboration: Why joint decision-making exacerbates rejection of outside information. *Psychological Science*,

23(3), (2012), 219–224.

[202] S. Greenstein and F. Zhu, Open content, Linus' law, and neutral point of view. *Information Systems Research*, 27(3), (2016), 618–635.

[203] C. M. Christensen, and C. M. Christensen, *The Innovator's Dilemma: The Revolutionary Book that Will Change the Way You Do Business* (New York: Harper Business Essentials, 2003).

[204] P. Bak, C. Tang, and K. Wiesenfeld, Self-organized criticality: An explanation of the 1/f noise. *Physical Review Letters*, 59(4), (1987), 381–384.

[205] K.B. Davis, M. -O. Mewes, M. R. Andrews, et al., Bose-Einstein condensation in a gas of sodium atoms. *Physical Review Letters*, 75(22), (1995), 3969–3973.

[206] L. Wu, D. Wang, and J. A. Evans, Large teams develop and small teams disrupt science and technology. *Nature*, 566(7744), (2019), 378–382.

[207] R. J. Funk, and J. Owen-Smith, A dynamic network measure of technological change. *Management Science*, 63(3), (2017), 791-817.

[208] A. Einstein, Die feldgleichungen der gravitation. Sitzung der physikalische-mathematischen Klasse, 25, (1915), 844–847.

[209] J. N. Cummings and S. Kiesler, Coordination costs and project outcomes in multi-university collaborations. *Research Policy*, 36(10), (2007), 1620–1634.

[210] M. Biagioli and P. Galison, *Scientific Authorship: Credit and Intellectual Property in Science* (Abingdon, UK: Routledge, 2014).

[211] E. A. Corrêa Jr, F. N. Silva, L. da F. Costa, et al., Patterns of authors contribution in scientific manuscripts. *Journal of Informetrics*, 11(22), (2016), 498–510.

[212] V. Larivière, N. Desrochers, B. Macaluso, et al., Contributorship and division of labor in knowledge production. *Social Studies of Science*, 46(3), (2016), 417–435.

[213] R. M. Slone, Coauthors' contributions to major papers published in the AJR:

frequency of undeserved coauthorship. *American Journal of Roentgenology*, 167(3), (1996), 571–579.

[214] P. Campbell, Policy on papers' contributors. *Nature*, 399(6735), (1999), 393.

[215] V. Ilakovac, K. Fister, M. Marusic, et al., Reliability of disclosure forms of authors' contributions. *Canadian Medical Association Journal*, 176(1), (2007), 41–46.

[216] R. Deacon, M. J. Hurley, C. M. Rebolledo, et al., Nrf2: a novel therapeutic target in fragile X syndrome is modulated by NNZ2566. *Genes, Brain, and Behavior*, 16(7), (2017), 1–10.

[217] M. L. Conte, S. L. Maat, and M. B. Omary, Increased co-first authorships in biomedical and clinical publications: a call for recognition. *The FASEB Journal*, 27(10), (2013), 3902–3904.

[218] E. Dubnansky and M. B. Omary, Acknowledging joint first authors of published work: the time has come. *Gastroenterology*, 143(4), (2012), 879–880.

[219] M. B. Omary, M. B. Wallace, E. M. El-Omar, et al., A multi-journal partnership to highlight joint first-authors of manuscripts. *Gut*, 64(2), (2015), 189.

[220] D. G. Drubin, MBoC improves recognition of co-first authors. *Molecular Biology of the Cell*, 25(13), (2014), 1937.

[221] L. Waltman, An empirical analysis of the use of alphabetical authorship in scientific publishing. *Journal of Informetrics*, 6(4), (2012), 700–711.

[222] S. Jabbehdari and J. P. Walsh, Authorship norms and project structures in science. *Science, Technology, and Human Values*, 42(5), (2017), 872–900.

[223] A. G. Heffner, Authorship recognition of subordinates in collaborative research. *Social Studies of Science*, 9(3), (1979), 377–384.

[224] S. Shapin, The invisible technician. *American Scientist*, 77(6), (1989), 554–563.

[225] G. Schott, *Mechanica hydraulico-pneumatica* (Wurzburg, 1657).

[226] A. S. Rossi, Women in science: Why so few? *Science*, 148(3674), (1965), 1196–1202.

[227] Y. Xie and K. A. Shauman, *Women in Science: Career Processes and Outcomes* (Cambridge, MA: Harvard University Press, 2003).

[228] S. J. Ceci, D. K. Ginther, S. Kahn, et al., Women in academic science: A changing landscape. *Psychological Science in the Public Interest*, 15(3), (2014), 75–141.

[229] D. K. Ginther and S. Kahn, Women in economics: moving up or falling off the academic career ladder? *The Journal of Economic Perspectives*, 18(3), (2004), 193–214.

[230] H. Sarsons, Gender differences in recognition for group work. Working paper (2017), available online at https://scholar.harvard.edu/files/sarsons/ files/full_v6.pdf.

[231] M. Niederle and L. Vesterlund, Do women shy away from competition? Do men compete too much? *The Quarterly Journal of Economics*, 122(3), (2007), 1067–1101.

[232] W. I. Thomas and D. S. Thomas, *The Child in America: Behavior Problems and Programs*. (New York: A. A. Knopf. 1928).

[233] R. K. Merton, The Thomas theorem and the Matthew effect. *Social Forces*, 74(2), (1995), 379–422.

[234] R. K. Merton, *The Sociology of Science: Theoretical and Empirical Investigations* (Chicago: University of Chicago Press, 1973).

[235] G. Arnison, A. Astbury, B. Aubert, et al., Experimental observation of isolated large transverse energy electrons with associated missing energy at sqrt (s)= 540 GeV. *Physics Letters B*, 122 (1983), 103–116.

[236] H. -W. Shen and A. -L. Barabási, Collective credit allocation in science. *Proceedings of the National Academy of Sciences*, 111(34), (2014), 12325–

12330.

[237] F. Englert and R. Brout, Broken symmetry and the mass of gauge vector mesons. *Physical Review Letters*, 13(9), (1964), 321–323.

[238] P. W. Higgs, Broken symmetries and the masses of gauge bosons. *Physical Review Letters*, 13(16), (1964), 508–509.

[239] G. S. Guralnik, C. R. Hagen, and T. W. Kibble, Global conservation laws and massless particles. *Physical Review Letters*, 13(20), (1964), 585–587.

[240] J. -P. Maury, *Newton: Understanding the Cosmos* (London: Thames & Hudson, 1992).

[241] D. de Solla Price, *Science Since Babylon* (New Haven, CT: Yale University Press, 1961).

[242] G. N. Gilbert and S. Woolgar, The quantitative study of science: An examination of the literature. *Science Studies*, 4(3), (1974), 279–294.

[243] M. Khabsa and C. L. Giles, The number of scholarly documents on the public web. *PLOS ONE*, 9(5), (2014), e93949.

[244] A. Sinha, Z. Shen, Y. Song, et al., An overview of Microsoft Academic Service (MAS) and applications, in *WWW'15 Companion: Proceedings of the 24th International Conference on World Wide Web* (New York: ACM, 2015), pp. 243–246.

[245] *The Works of Francis Bacon vol. IV: Translations of the Philosophical Works ed.* J. Spedding, R. L. Ellis, D. D. Heath (London: Longmans & Co., 1875), p. 109.

[246] M. Baldwin, "Keeping in the race": Physics, publication speed and national publishing strategies in *Nature*, 1895–1939. *The British Journal for the History of Science*, 47(2), (2014), 257–279.

[247] Editorial, Form follows need. *Nature Physics*, 12, (2016), 285.

[248] A. Csiszar, *The Scientific Journal: Authorship and the Politics of Knowledge in*

the Nineteenth Century (Chicago: University of Chicago Press, 2018).

[249] C. Wendler, B. Bridgeman, F. Cline, et al., *The Path Forward: The Future of Graduate Education in the United States* (Prnceton, NJ: Educational Testing Service, 2010).

[250] Council of Graduate Schools, *PhD Completion and Attrition: Policy, Numbers, Leadership, and Next Steps* (Washington, DC: Council of Graduate Schools, 2004).

[251] M. Schillebeeckx, B. Maricque, and C. Lewis, The missing piece to changing the university culture. *Nature Biotechnology*, 31(10), (2013), 938–941.

[252] D. Cyranoski, N. Gilbert, H. Ledford, et al., Education: The PhD factory. *Nature News*, 472(7343), (2011), 276–279.

[253] Y. Yin and D. Wang, The time dimension of science: Connecting the past to the future. *Journal of Informetrics*, 11(2), (2017), 608–621.

[254] R. D. Vale, Accelerating scientific publication in biology. *Proceedings of the National Academy of Sciences*, 112(44), (2015), 13439–13446.

[255] C. Woolston, Graduate survey: A love–hurt relationship. *Nature*, 550 (7677), (2017), 549–552.

[256] K. Powell, The future of the postdoc. *Nature*, 520(7546), (2015), 144.

[257] N. Zolas, N. Goldschlag, R. Jarmin, et al., Wrapping it up in a person: Examining employment and earnings outcomes for PhD recipients. *Science*, 350(6266), (2015), 1367–1371.

[258] Editorial, Make the most of PhDs. *Nature News*, 528(7580), (2015), 7.

[259] N. Bloom, C. I. Jones, J. Van Reenen, et al., *Are Ideas Getting Harder to Find?* working paper 23782 (Cambridge, MA: National Bureau of Economic Research, 2017).

[260] S. Milojevic, Quantifying the cognitive extent of science. *Journal of Informetrics*,

9(4), (2015), 962–973.

[261] R. Van Noorden, B. Maher, and R. Nuzzo, The top 100 papers. *Nature*, 514(7524), (2014), 550–553.

[262] D. J. de Solla Price, Networks of scientific papers. *Science*, 149(3683), (1965), 510–515.

[263] E. Garfield and I. H. Sher, New factors in the evaluation of scientific literature through citation indexing. *American Documentation*, 14(3), (1963), 195–201.

[264] V. Pareto, *Cours d'économie politique* (Geneva: Librairie Droz, 1964).

[265] A. Vázquez, Statistics of citation networks.

[266] S. Lehmann, B. Lautrup, and A. D. Jackson, Citation networks in high energy physics. *Physical Review E*, 68(2), (2003) 026113.

[267] P. O. Seglen, The skewness of science. *Journal of the American Society for Information Science*, 43(9), (1992) 628–638.

[268] I. I. Bommarito, J. Michael, and D. M. Katz, Properties of the United States code citation network.

[269] Y. -H. Eom and S. Fortunato, Characterizing and modeling citation dynamics. *PlOS ONE*, 6(9), (2011), e24926.

[270] F. Menczer, Evolution of document networks. *Proceedings of the National Academy of Sciences*, 101(suppl 1), (2004), 5261–5265.

[271] F. Radicchi and C. Castellano, Rescaling citations of publications in physics. *Physical Review E*, 83(4), (2011), 046116.

[272] S. Redner, Citation statistics from 110 years of *Physical Review*. *Physics Today*, 58 (2005), 49–54.

[273] M. J. Stringer, M. Sales-Pardo, and L. A. N. Amaral, Effectiveness of journal ranking schemes as a tool for locating information. *PLOS ONE*, 3(2), (2008), e1683.

[274] C. Castellano and F. Radicchi, On the fairness of using relative indicators for comparing citation performance in different disciplines. *Archivum immunologiae et therapiae experimentalis*, 57(2), (2009), 85–90.

[275] M. J. Stringer, M. Sales-Pardo, and L. A. N. Amaral, Statistical validation of a global model for the distribution of the ultimate number of citations accrued by papers published in a scientific journal. *Journal of the American Society for Information Science and Technology*, 61(7), (2010), 1377–1385.

[276] M. L. Wallace, V. Larivière, and Y. Gingras, Modeling a century of citation distributions. *Journal of Informetrics*, 3(4), (2009), 296–303.

[277] A. D. Anastasiadis, M. P. de Albuquerque, M. P. de Albuquerque, et al., Tsallis *q*-exponential describes the distribution of scientific citations: A new characterization of the impact. *Scientometrics*, 83(1), (2010), 205–218.

[278] A. F. van Raan, Two-step competition process leads to quasi power-law income distributions: Application to scientific publication and citation distributions. *Physica A: Statistical Mechanics and its Applications*, 298(3), (2001), 530–536.

[279] A. F. Van Raan, Competition amongst scientists for publication status: Toward a model of scientific publication and citation distributions. *Scientometrics*, 51(1), (2001) 347–357.

[280] V. V. Kryssanov, E. L. Kuleshov, and F. J. Rinaldo et al., We cite as we communicate: A communication model for the citation process. .

[281] A. -L. Barabási, C. Song, and D. Wang, Publishing: Handful of papers dominates citation. *Nature*, 491(7422), (2012), 40.

[282] D. W., Aksnes, Citation rates and perceptions of scientific contribution. *Journal of the American Society for Information Science and Technology*, 57(2), (2006), 169–185.

[283] F. Radicchi, In science "there is no bad publicity": Papers criticized in

comments have high scientific impact. *Scientific Reports*, 2 (2012), 815.

[284] M. J. Moravcsik and P. Murugesan, Some results on the function and quality of citations. *Social Studies of Science*, 5(1), (1975), 86–92.

[285] J. R. Cole and S. Cole, *Social Stratification in Science* (Chicago: University of Chicago Press, 1973).

[286] B. Cronin, Research brief rates of return to citation. *Journal of Documentation*, 52(2), (1996), 188–197.

[287] S. M. Lawani and A. E. Bayer, Validity of citation criteria for assessing the influence of scientific publications: New evidence with peer assessment. *Journal of the American Society for Information Science*, 34(1), (1983), 59–66.

[288] T. Luukkonen, Citation indicators and peer review: Their time-scales, criteria of evaluation, and biases. *Research Evaluation*, 1(1), (1991), 21–30.

[289] C. Oppenheim and S. P. Renn, Highly cited old papers and the reasons why they continue to be cited. *Journal of the American Society for Information Science*, 29(5), (1978), 225–231.

[290] E. J. Rinia, T. N. van Leeuwen, H. G. van Vuren, et al., Comparative analysis of a set of bibliometric indicators and central peer review criteria: Evaluation of condensed matter physics in the Netherlands. *Research policy*, 27(1), (1998), 95–107.

[291] F. Radicchi, A. Weissman, and J. Bollen, Quantifying perceived impact of scientific publications. *Journal of Informetrics*, 11(3), (2017), 704–712.

[292] A. B. Jaffe, Patents, patent citations, and the dynamics of technological change. *NBER Reporter*, (1998, summer), 8–11.

[293] A. B. Jaffe, M. S. Fogarty, and B. A. Banks, Evidence from patents and patent citations on the impact of NASA and other federal labs on commercial innovation. *The Journal of Industrial Economics*, 46(2), (1998), 183–205.

[294] M. Trajtenberg, A penny for your quotes: patent citations and the value of innovations. *The Rand Journal of Economics*, 221(1), (1990), 172–187.

[295] B. H. Hall, A. B. Jaffe, and M. Trajtenberg, *Market Value and Patent Citations: A First Look*, working paper 7741, (Cambridge, MA: National Bureau of Economic Research, 2000).

[296] D. Harhoff, F. Narin, F. M. Scherer, et al., Citation frequency and the value of patented inventions. *Review of Economics and Statistics*, 81(3), (1999), 511–515.

[297] D. de Solla Price, A general theory of bibliometric and other cumulative advantage processes. *Journal of the American Society for Information Science*, 27(5), (1976), 292–306.

[298] D. Wang, C. Song, and A. -L. Barabási, Quantifying long-term scientific impact. *Science*, 342(6154), (2013), 127–132.

[299] F. Eggenberger and G. Pólya, Über die statistik verketteter vorgänge. *ZAMM-Journal of Applied Mathematics and Mechanics/Zeitschrift für Angewandte Mathematik und Mechanik*, 3(4), (1923), 279–289.

[300] G. U. Yule, A mathematical theory of evolution, based on the conclusions of Dr. JC Willis, FRS. *Philosophical Transactions of the Royal Society of London. Series B, Containing Papers of a Biological Character*, 213 (1925), 21–87.

[301] R. Gibrat, *Les inégalités économiques* (Paris: Recueil Sirey, 1931).

[302] G. K. Zipf, *Human Behavior and the Principle of Least Effort* (Boston, MA: Addison-Wesley Press, 1949).

[303] H. A. Simon, On a class of skew distribution functions. *Biometrika*, 42(3/4), (1955), 425–440.

[304] A. -L. Barabási and R. Albert, Emergence of scaling in random networks. *Science*, 286(5439), (1999), 509–512.

[305] M. E .J. Newman, The first-mover advantage in scientific publication. *EPL*

(Europhysics Letters), 86(6), (2009), 68001.

[306] J. Bardeen, L. N. Cooper, and J. R. Schrieffer, Theory of superconductivity. *Physical Review*, 108(5), (1957), 1175–1204.

[307] G. Bianconi and A. -L. Barabási, Competition and multiscaling in evolving networks. *EPL (Europhysics Letters)*, 54(4), (2001), 436–442.

[308] G. Bianconi and A. -L. Barabási, Bose–Einstein condensation in complex networks. *Physical Review Letters*,. 86(24), (2001) 5632.

[309] L. Fleming, S. Mingo, and D. Chen, Collaborative brokerage, generative creativity, and creative success. *Administrative Science Quarterly*, 52(3), (2007), 443-475.

[310] H. Youn, D. Strumsky, L. M. A. Bettencourt, et al., Invention as a combinatorial process: Evidence from US patents. *Journal of The Royal Society Interface*, 12(106), (2015), 20150272.

[311] J. Wang, R. Veugelers, and P. Stephan, Bias against novelty in science: A cautionary tale for users of bibliometric indicators. *Research Policy*, 46(8), (2017), 1416–1436.

[312] Y. -N. Lee, J. P. Walsh, and J. Wang, Creativity in scientific teams: Unpacking novelty and impact. *Research Policy*, 44(3), (2015), 684–697.

[313] C. J. Phiel, F. Zhang, E. Y. Huang, et al., Histone deacetylase is a direct target of valproic acid, a potent anticonvulsant, mood stabilizer, and teratogen. *Journal of Biological Chemistry*, 276(39), (2001), 36734–36741.

[314] P. Stephan, R. Veugelers, and J. Wang, Reviewers are blinkered by bibliometrics. *Nature News*,. 544(7651), (2017), 411.

[315] R. Van Noorden, Interdisciplinary research by the numbers. *Nature*, 525(7569), (2015), 306–307.

[316] C. S. Wagner, J. D. Roessner, K. Bobb, et al., Approaches to understanding and

measuring interdisciplinary scientific research (IDR): A review of the literature. *Journal of Informetrics*, 5(1), (2011), 14–26.

[317] V. Larivière, S. Haustein, and K. Börner, Long-distance interdisciplinarity leads to higher scientific impact. *PLOS ONE*, 10(3), (2015), e0122565.

[318] E. Leahey, and J. Moody, Sociological innovation through subfield integration. *Social Currents*, 1(3), (2014), 228-256.

[319] J. G. Foster, A. Rzhetsky, and J.A. Evans, Tradition and innovation in scientists' research strategies. *American Sociological Review*, 80(5), (2015), 875–908.

[320] L. Fleming, Breakthroughs and the "long tail" of innovation. *MIT Sloan Management Review*, 49(1), (2007), 69.

[321] K. J. Boudreau, E. Guinan, K. R. Lakhani, et al., Looking across and looking beyond the knowledge frontier: Intellectual distance, novelty, and resource allocation in science. *Management Science*, 62(10), (2016), 2765–2783.

[322] L. Bromham, R. Dinnage, and X. Hua, Interdisciplinary research has consistently lower funding success. *Nature*, 534(7609), (2016), 684–687.

[323] J. Kim, C. -Y. Lee, and Y. Cho, Technological diversification, coretechnology competence, and firm growth. *Research Policy*, 45(1), (2016), 113–124.

[324] D. P. Phillips, E. J. Kanter, B. Bednarczyk, et al., Importance of the lay press in the transmission of medical knowledge to the scientific community. *The New England Journal of Medicine*, 325(16), (1991), 1180–1183.

[325] F. Gonon, J. -P. Konsman, D. Cohen, et al., Why most biomedical findings echoed by newspapers turn out to be false: The case of attention deficit hyperactivity disorder. *PLOS ONE*, 7(9), (2012), e44275.

[326] E. Dumas-Mallet, A. Smith, T. Boraud, et al., Poor replication validity of biomedical association studies reported by newspapers. *PLoS One*, 12(2), (2017), e0172650.

[327] R. D. Peng, Reproducible research in computational science. *Science*, 334(6060), (2011), 1226–1227.

[328] Open Science Collaboration, A. Aarts, J. Anderson, et al., Estimating the reproducibility of psychological science. *Science*, 349(6251), (2015), aac4716.

[329] A. J. Wakefield, S. H. Murch, A. Anthony, et al., RETRACTED: Ileallymphoid-nodular hyperplasia, non-specific colitis, and pervasive developmental disorder in children. *The Lancet*, 351(1998), 637–641.

[330] C. Catalini, N. Lacetera, and A. Oettl, The incidence and role of negative citations in science. *Proceedings of the National Academy of Sciences*, 112(45), (2015), 13823–13826.

[331] F. C. Fang and A. Casadevall, Retracted science and the retraction index. *Infection and Immunity*, 79(10), (2011), 3855–3859.

[332] A. Sandison, Densities of use, and absence of obsolescence, in physics journals at MIT. *Journal of the American Society for Information Science*, 25(3), (1974), 172–182.

[333] C. Candia, C. Jara-Figueroa, C. Rodriguez-Sickert, et al., The universal decay of collective memory and attention. *Nature Human Behaviour*, 3(1), (2019), 82–91.

[334] S. Mukherjee, D. M. Romero, B. Jones, et al., The age of past knowledge and tomorrow's scientific and technological breakthroughs. *Science Advances*, 3(4), (2017), e1601315.

[335] A. Odlyzko, The rapid evolution of scholarly communication. *Learned Publishing*, 15(1), (2002), 7–19.

[336] V. Larivière, É. Archambault, and Y. Gingras, Long-term variations in the aging of scientific literature: From exponential growth to steady-state science (1900–2004). *Journal of the American Society for Information Science and Technology*, 59(2), (2008), 288–296.

[337] A. Verstak, A. Acharya H. Suzuki et al., On the shoulders of giants: The growing impact of older articles.

[338] J. A. Evans, Electronic publication and the narrowing of science and scholarship. *Science*, 321(5887), (2008), 395–399.

[339] J. C. Burnham, The evolution of editorial peer review. *Journal of the American Medical Association*, 263(10), (1990), 1323–1329.

[340] R. Spier, The history of the peer-review process. *Trends in Biotechnology*, 20(8), (2002), 357–358.

[341] Q. L. Burrell, Modelling citation age data: Simple graphical methods from reliability theory. *Scientometrics*, 55(2), (2002), 273–285.

[342] W. Glänzel, Towards a model for diachronous and synchronous citation analyses. *Scientometrics*, 60(3), (2004), 511–522.

[343] H. Nakamoto, Synchronous and diachronous citation distribution, in L. Egghe and R. Rousseau (eds.), *Informetrics 87/88: Select Proceedings of the First International Conference on Bibliometrics and Theoretical Aspects of Information Retrieval* (Amsterdam: Elsevier Science Publishers, 1988).

[344] R. K. Pan, A. M. Petersena, F. Pammolli, et al., The memory of science: Inflation, myopia, and the knowledge network. *Journal of Informetrics*, 12, (2016), 656–678.

[345] P. D. B. Parolo, R. K. Pan, R. Ghosh, et al., Attention decay in science. *Journal of Informetrics*, 9(4), (2015), 734–745.

[346] A. F. Van Raan, Sleeping beauties in science. *Scientometrics*, 59(3), (2004), 467–472.

[347] Q. Ke, E. Ferrara, F. Radicchi, et al., Defining and identifying Sleeping Beauties in science. *Proceedings of the National Academy of Sciences*, 112 (24), (2015), 7426–7431.

[348] Z. He, Z. Lei, and D. Wang, Modeling citation dynamics of "atypical" articles. *Journal of the Association for Information Science and Technology*, 69(9), (2018), 1148–1160.

[349] E. Garfield, Citation indexes for science. *Science*, 122(3159), (1955), 108–111.

[350] P. Erdős, and A. Rényi, On the evolution of random graphs. *Publications of the Mathematical Institute of the Hungarian Academy of Sciences*, 5(1), (1960), 17–61.

[351] J. A. Evans, Future science. *Science*, 342(44), (2013), 44–45.

[352] Y. N. Harari, *Sapiens: A Brief History of Humankind* (London: Random House, 2014).

[353] J. A. Evans, and J. G. Foster, Metaknowledge. *Science*, 331(6018), (2011), 721–725.

[354] R. D. King, J. Rowland, S. G. Olive et al., The automation of science. *Science*, 324(5923), (2009), 85–89.

[355] J. Evans, and A. Rzhetsky, Machine science. *Science*, 329(5990), (2010), 399–400.

[356] D. R. Swanson, Migraine and magnesium: Eleven neglected connections. *Perspectives in Biology and Medicine*, 31(4), (1988), 526–557.

[357] A. Rzhetsky, J. G. Foster, I. T. Foster, et al., Choosing experiments to accelerate collective discovery. *Proceedings of the National Academy of Sciences*, 112(47), (2015), 14569–14574.

[358] P. Azoulay, J. Graff-Zivin, B. Uzzi, et al., Toward a more scientific science. *Science*, 361(6408), (2018), 1194–1197.

[359] S. A., Greenberg, How citation distortions create unfounded authority: analysis of a citation network. *The BMJ*, 339, (2009), b2680.

[360] A. S. Gerber, and N. Malhotra, Publication bias in empirical sociological

research: Do arbitrary significance levels distort published results? *Sociological Methods and Research*, 37(1), (2008), 3–30.

[361] D. J. Benjamin, J. O. Berger, M. Johannesson, et al., Redefine statistical significance. *Nature Human Behaviour*, 2(1), (2018), 6–10.

[362] O. Efthimiou, and S. T. Allison, Heroism science: Frameworks for an emerging field. *Journal of Humanistic Psychology*,. 58(5), (2018), 556–570.

[363] B. A. Nosek, C. R. Ebersole, A. C. DeHaven, et al., The preregistration revolution. *Proceedings of the National Academy of Sciences*, 115(11), (2018), 2600–2606.

[364] T. S. Kuhn, *The Essential Tension: Selected Studies in Scientific Tradition and Change* (Chicago: University of Chicago Press, 1977).

[365] P. Bourdieu, The specificity of the scientific field and the social conditions of the progress of reasons. *Social Science Information*, 14(6), (1975), 19–47.

[366] L. Yao, Y. Li, S. Ghosh, et al., Health ROI as a measure of misalignment of biomedical needs and resources. *Nature Biotechnology*, 33(8), (2015), 807–811.

[367] W. Willett, *Nutritional Epidemiology* (New York: Oxford University Press, 2012).

[368] J. M. Spector, R. S. Harrison, and M.C. Fishman, Fundamental science behind today's important medicines. *Science Translational Medicine*, 10(438), (2018), eaaq1787.

[369] A. Senior, J. Jumper, and D. Hassabis, AlphaFold: Using AI for scientific discovery. Deepmind article/blog post.

[370] Y. N. Harari, Reboot for the AI revolution. *Nature News*, 550(7676), (2017), 324–327.

[371] A. Krizhevsky, I. Sutskever, and G. E. Hinton. ImageNet classification with deep convolutional neural networks, in *Advances in Neural Information*

Processing Systems 25 (NIPS 2012) (San Diego, CA: NIPS Foundation, 2012).

[372] C. Farabet, C. Couprie, L. Najman, et al., Learning hierarchical features for scene labeling. *IEEE Transactions on Pattern Analysis and Machine Intelligence*, 35(8), (2012), 1915–1929.

[373] J. J. Tompson, A. Jain, Y. LeCun, et al., Joint training of a convolutional network and a graphical model for human pose estimation, in *Advances in Neural Information Processing Systems 27 (NIPS 2014)* (San Diego, CA: NIPS Foundation, 2014).

[374] C. Szegedy, W. Liu, Y. Jia, et al., Going deeper with convolutions, in *Proceedings of the IEEE Conference on Computer Vision and Pattern Recognition* (Piscataway, NJ: IEEE, 2015), pp. 1–9.

[375] T. Mikolov, A. Deoras, D. Povey, et al., Strategies for training large scale neural network language models, in *2011 IEEE Workshop on Automatic Speech Recognition & Understanding* (Piscataway, NJ: IEEE, 2011), pp. 196–201.

[376] G. Hinton, L. Deng, D. Yu, et al., Deep neural networks for acoustic modeling in speech recognition. *IEEE Signal Processing Magazine*, 29(6), (2012), 82–97.

[377] T. N. Sainath, A. Mohamed, B. Kingsbury, et al. Deep convolutional neural networks for LVCSR, in *2013 IEEE International Conference on Acoustics, Speech and Signal Processing* (Piscataway, NJ: IEEE, 2013), pp. 8614–8618.

[378] A. Bordes, S. Chopra, and J. Weston, Question answering with subgraph embeddings.

[379] S. Jean, K. Cho, R. Memisevic, et al., On using very large target vocabulary for neural machine translation.

[380] I. Sutskever, O. Vinyals, and Q. V. Le. Sequence to sequence learning with neural networks, in *Advances in Neural Information Processing Systems 27 (NIPS 2014)* (San Diego, CA: NIPS Foundation, 2014).

[381] J. Ma, R. P. Sheridan, A. Liaw, et al., Deep neural nets as a method for quantitative

structure–activity relationships. *Journal of Chemical Information and Modeling*,. 55(2), (2015), 263–274.

[382] T. Ciodaro, D. Deva, J. M. de Seixas, et al., Online particle detection with neural networks based on topological calorimetry information. *Journal of Physics: Conference Series,* 368, (2012), 012030.

[383] Kaggle. Higgs boson machine learning challenge.

[384] M. Helmstaedter, K. Briggman, S. Turaga, et al., Connectomic reconstruction of the inner plexiform layer in the mouse retina. *Nature*, 500(7461), (2013), 168–174.

[385] M. K. Leung, H. Y. Xiong, L. Lee, et al., Deep learning of the tissueregulated splicing code. *Bioinformatics*, 30(12), (2014), i121–i129.

[386] H. Y. Xiong, B. Alipanahi, L. Lee, et al., The human splicing code reveals new insights into the genetic determinants of disease. *Science*, 347(6218), (2015), 1254806.

[387] D. Silver, T. Hubert, J. Schrittwieser, et al., A general reinforcement learning algorithm that masters chess, shogi, and Go through self-play. *Science*, 362(6419), (2018), 1140–1144.

[388] J. De Fauw, J. R. Ledsam, B. Romera-Parede, et al., Clinically applicable deep learning for diagnosis and referral in retinal disease. *Nature Medicine*, 24(9), (2018), 1342–1350.

[389] A. Esteva, B. Kuprel, R. A. Novoa, et al., Dermatologist-level classification of skin cancer with deep neural networks. *Nature*, 542(7639), (2017), 115–118.

[390] J. J. Titano, M. Badgeley, J. Schefflein, et al., Automated deep-neuralnetwork surveillance of cranial images for acute neurologic events. Nature Medicine, 24(9), (2018), 1337–1341.

[391] B. A. Nosek and T. M. Errington, Reproducibility in cancer biology: Making

sense of replications. *Elife*, 6, (2017), e23383.

[392] C. F.Camerer, A.Dreber, E. Forsell, et al., Evaluating replicability of laboratory experiments in economics. *Science*, 351(6280), (2016), 1433–1436.

[393] C. F. Camerer, A. Dreber, F. Holzmeister, et al., Evaluating the replicability of social science experiments in *Nature* and *Science* between 2010 and 2015. *Nature Human Behaviour*, 2(9), (2018), 637–644.

[394] A. Chang and P. Li, Is economics research replicable? Sixty published papers from thirteen journals say "usually not." Finance and Economics Discussion Series 2015-083. Washington, DC: Board of Governors of the Federal Reserve System.

[395] Y. Wu, Y. Yang, and B. Uzzi, An artificial and human intelligence approach to the replication problem in science. [Unpublished data.]

[396] M. Tegmark, *Life 3.0: Being Human in the Age of Artificial Intelligence* (New York: Alfred A. Knopf, (2017).

[397] J. Dastin, Amazon scraps secret AI recruiting tool that showed bias against women.

[398] Y. Wang, B. F. Jones, and D. Wang, Early-career setback and future career impact. *Nature Communications*, 10, (2019), 4331.

[399] T. Bol, M. de Vaan, and A. van de Rijt, The Matthew effect in science funding. *Proceedings of the National Academy of Sciences*, 115(19), (2018), 4887–4890.

[400] V. Calcagno, E. Demoinet, K. Gollner, et al., Flows of research manuscripts among scientific journals reveal hidden submission patterns. *Science*, 338(6110), (2012), 1065–1069.

[401] P. Azoulay, Small-team science is beautiful. *Nature*, 566(7744), (2019), 330–332.

[402] S. Haustein, I. Peters, C. R. Sugimoto, et al., Tweeting biomedicine: An analysis of tweets and citations in the biomedical literature. *Journal of the*

Association for Information Science and Technology, 65(4), (2014), 656–669.

[403] T. V. Perneger, Relation between online "hit counts" and subsequent citations: Prospective study of research papers in *The BMJ*. *The BMJ*, 329(7465), (2004), 546–547.

[404] D. Li, P. Azoulay and B. N. Sampat, The applied value of public investments in biomedical research. *Science*,. 356(6333), (2017), 78–81.

[405] M. Ahmadpoor and B. F. Jones, The dual frontier: Patented inventions and prior scientific advance. *Science*,. 357(6351), (2017), 583–587.

[406] A. Duckworth and A. Duckworth, *Grit: The Power of Passion and Perseverance* (New York: Scribner, 2016).

[407] J. D. Angrist and J. -S. Pischke, The credibility revolution in empirical economics: How better research design is taking the con out of econometrics. *Journal of Economic Perspectives*, 24(2), (2010), 3–30.

[408] K. J. Boudreau, T. Brady, I. Ganguli, et al., A field experiment on search costs and the formation of scientific collaborations. *Review of Economics and Statistics*, 99(4), (2017), 565–576.

[409] H. J. Kleven, Language trends in public economics.

[410] C. J. Ruhm, *Deaths of Despair or Drug Problems?*, working paper 24188 (Cambridge, MA: National Bureau of Economic Research, 2018).

[411] S. Redner, How popular is your paper? An empirical study of the citation distribution. *The European Physical Journal B: Condensed Matter and Complex Systems*, 4(2), (1998), 131–134.

[412] H. Jeong, Z. Néda, and A. -L. Barabási, Measuring preferential attachment in evolving networks. *Europhysics Letters*, 61(4), (2003), 567.

[413] M. E. Newman, Clustering and preferential attachment in growing networks. *Physical Review E*, 64(2), (2001), 025102.

[414] P. L. Krapivsky and S. Redner, Organization of growing random networks. *Physical Review E*, 63(6), (2001), 066123.

[415] G. J. Peterson, S. Pressé, and K.A. Dill, Nonuniversal power law scaling in the probability distribution of scientific citations. *Proceedings of the National Academy of Sciences*, 107(37), (2010), 16023–16027.

[416] M. V. Simkin and V. P. Roychowdhury, Do copied citations create renowned papers? *Annals of Improbable Research*, 11(1), (2005), 24–27.

[417] M. V. Simkin and V. P. Roychowdhury, A mathematical theory of citing. *Journal of the American Society for Information Science and Technology*, 58(11), (2007), 1661–1673.

[418] R. A. Bentley, M.W. Hahn, and S. J. Shennan, Random drift and culture change. *Proceedings of the Royal Society of London. Series B: Biological Sciences*, 271(1547), (2004), 1443–1450.

[419] A. Vazquez, Knowing a network by walking on it: Emergence of scaling.

[420] J. M. Kleinberg, R. Kumar, P. Raghavan, et al., The web as a graph: Measurements, models, and methods, in *Lecture Notes in Computer Science*, vol. 1627, *Computing and Combinatorics,* (Berlin: Springer-Verlag, 1999), pp. 1–17.

[421] J. P. Perdew and Y. Wang, Accurate and simple analytic representation of the electron–gas correlation energy. *Physical Review B*, 45(23), (1992), 13244.

[422] M. V. Simkin and V. P. Roychowdhury, Read before you cite!

[423] J. M. Kosterlitz and D. J. Thouless, Ordering, metastability and phase transitions in two-dimensional systems. *Journal of Physics C: Solid State Physics*, 6(7), (1973), 1181–1203.

[424] F. Radicchi and C. Castellano, A reverse engineering approach to the suppression of citation biases reveals universal properties of citation distributions. *PLOS ONE*, 7(3), (2012), e33833.

[425] Albert, Réka, Hawoong Jeong, and Albert-László Barabási. "Diameter of the world-wide web." *Nature* 401, no. 6749 (1999): 130–131.

[426] Gates, Alexander J., Qing Ke, Onur Varol, and Albert-László Barabási. "Nature's reach: narrow work has broad impact." (2019): 32–34.

未来，属于终身学习者

我这辈子遇到的聪明人（来自各行各业的聪明人）没有不每天阅读的——没有，一个都没有。巴菲特读书之多，我读书之多，可能会让你感到吃惊。孩子们都笑话我。他们觉得我是一本长了两条腿的书。

——查理·芒格

互联网改变了信息连接的方式；指数型技术在迅速颠覆着现有的商业世界；人工智能已经开始抢占人类的工作岗位……

未来，到底需要什么样的人才？

改变命运唯一的策略是你要变成终身学习者。未来世界将不再需要单一的技能型人才，而是需要具备完善的知识结构、极强逻辑思考力和高感知力的复合型人才。优秀的人往往通过阅读建立足够强大的抽象思维能力，获得异于众人的思考和整合能力。未来，将属于终身学习者！而阅读必定和终身学习形影不离。

很多人读书，追求的是干货，寻求的是立刻行之有效的解决方案。其实这是一种留在舒适区的阅读方法。在这个充满不确定性的年代，答案不会简单地出现在书里，因为生活根本就没有标准确切的答案，你也不能期望过去的经验能解决未来的问题。

而真正的阅读，应该在书中与智者同行思考，借他们的视角看到世界的多元性，提出比答案更重要的好问题，在不确定的时代中领先起跑。

湛庐阅读 App：与最聪明的人共同进化

有人常常把成本支出的焦点放在书价上，把读完一本书当作阅读的终结。其实不然。

时间是读者付出的最大阅读成本

怎么读是读者面临的最大阅读障碍

“读书破万卷”不仅仅在“万”，更重要的是在“破”！

现在，我们构建了全新的“湛庐阅读”App。它将成为你“破万卷”的新居所。在这里：

- 不用考虑读什么，你可以便捷找到纸书、电子书、有声书和各种声音产品；
- 你可以学会怎么读，你将发现集泛读、通读、精读于一体的阅读解决方案；
- 你会与作者、译者、专家、推荐人和阅读教练相遇，他们是优质思想的发源地；
- 你会与优秀的读者和终身学习者为伍，他们对阅读和学习有着持久的热情和源源不绝的内驱力。

从单一到复合，从知道到精通，从理解到创造，湛庐希望建立一个“与最聪明的人共同进化”的社区，成为人类先进思想交汇的聚集地，与你共同迎接未来。

与此同时，我们希望能够重新定义你的学习场景，让你随时随地收获有内容、有价值的思想，通过阅读实现终身学习。这是我们的使命和价值。

CHEERS

本书阅读资料包

给你便捷、高效、全面的阅读体验

本书参考资料

湛庐独家策划

- 参考文献
  为了环保、节约纸张，本书注释与参考文献以电子版方式提供
- 主题书单
  编辑精心推荐的延伸阅读书单，助你开启主题式阅读
- 图片资料
  部分图片提供高清彩色原版大图，方便保存和分享

相关阅读服务

终身学习者必备

- 电子书
  便捷、高效，方便检索，易于携带，随时更新
- 有声书
  保护视力，随时随地，有温度、有情感地听本书
- 精读班
  2~4周，最懂这本书的人带你读完、读懂、读透这本好书
- 课　程
  课程权威专家给你开书单，带你快速概览一个领域的知识全貌
- 讲　书
  30分钟，大咖给你讲本书，让你挑书不费劲

湛庐编辑为您独家呈现
助您更好获得书里和书外的思想和智慧，请扫码查收！

（阅读资料包的内容因书而异，最终以湛庐阅读App页面为准）